# GÉOMÉTRIE

ET

*MÉCHANIQUE*

DES

# ARTS ET MÉTIERS

*ET DES BEAUX-ARTS.*

PARIS. — IMPRIMERIE DE FAIN, RUE RACINE, N°. 4,
PLACE DE L'ODÉON.

# GÉOMÉTRIE
ET
## *MÉCHANIQUE*
DES
# ARTS ET MÉTIERS
## *ET DES BEAUX-ARTS.*

**COURS NORMAL**

*A l'usage des Artistes et des Ouvriers, des Sous-Chefs et des Chefs d'ateliers et de manufactures;*

Professé au Conservatoire royal des arts et métiers,

*PAR LE BARON CHARLES DUPIN,*

Membre de l'Institut (Académie des sciences), officier supérieur au corps du Génie maritime, officier de la Légion-d'Honneur et chevalier de Saint-Louis.

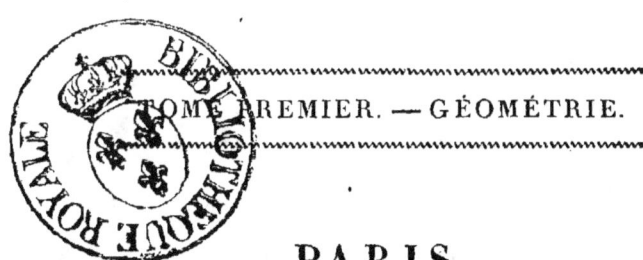

TOME PREMIER. — GÉOMÉTRIE.

## PARIS,
BACHELIER, LIBRAIRE, succ. DE M.me V.e COURCIER,
QUAI DES AUGUSTINS, N.º 55.

1825.

# AUX
# OUVRIERS FRANÇAIS.

Mes amis,

Je vous consacre l'ouvrage qui m'a fait le plus de plaisir à composer. Je vous offre les leçons que j'ai professées à beaucoup d'entre vous ; ils en ont retiré quelque fruit. Puisse un fruit pareil, et plus grand encore, s'étendre à vous tous, d'un bout à l'autre de notre chère patrie.

Je suis allé dans le pays de nos rivaux en industrie ; j'ai vu que les savants et les puissants y réunissaient leurs efforts pour procurer aux ouvriers anglais, écossais, irlandais, une instruction nouvelle, qui rend les hommes plus habiles, plus à l'aise et plus sages. J'ai désiré pour vous les mêmes biens, et mieux encore. J'ai pensé qu'on pourrait vous donner un enseignement plus complet et plus avantageux : j'ai tâché de le faire.

Jamais je n'ai souhaité plus ardemment le succès d'une entreprise ; parce que jamais je n'eus l'espoir de me rendre plus utile à plus d'hommes, à plus de compatriotes.

Si vous étudiez les leçons que je publie pour votre instruction, chacun de vous saura mieux apprécier les services que la science doit fournir à sa profession. Chacun de vous apprendra quels services pareils retirent aussi de la science les autres professions; souvent, ce que la science a fait pour un métier, vous donnera l'idée de ce qu'elle peut faire pour un autre métier; les perfectionnements d'un art serviront de la sorte aux perfectionnements de beaucoup d'autres arts. Quand l'un de vous améliorera quelque procédé de son industrie particulière, qu'il se dise avec un contentement généreux : « Le service que je viens de rendre aux » ouvriers qui travaillent dans le même genre que » moi, deviendra peut-être la source de services » semblables, rendus à beaucoup d'autres ouvriers, » qui travaillent dans des genres différents : et moi » aussi, j'aurai pu devenir utile à tout mon pays! » Ouvriers français, élevez votre âme au bonheur d'une pareille espérance !

Si vous étudiez l'application de la géométrie et de la méchanique à vos arts, à vos métiers, vous trouverez dans cette étude un moyen de travailler avec plus de régularité, de précision, d'intelligence, de facilité et de rapidité. Vous ferez mieux et plus vite; vous apprendrez à raisonner vos travaux et vos inventions.

Parmi vous, n'en doutez pas, la nature, si généreuse envers la nation française, a créé beaucoup de talents cachés, beaucoup d'esprits heureux, qui n'attendent que l'usage habituel de la réflexion et l'exercice de la pensée, pour produire, dans leurs arts respectifs, des chefs-d'œuvre raisonnés et calculés. Puisse l'ouvrage que je publie, hâter le développement de ces talents supérieurs, et les donner à notre France !

Il serait trop long de vous parler de tous les hommes sortis de vos rangs pour remplir la terre de leur nom ; en voici du moins quelques exemples :

Ce Franklin, qui fut le défenseur et l'ambassadeur de son pays ; qui nous apprit, ce qu'on ne savait pas avant lui, à s'emparer de la foudre, à la diriger avec des paratonnères, pour sauver nos maisons, nos églises, nos palais ; ce Franklin, c'était un ouvrier, *un garçon imprimeur*, qui étudia l'application de la géométrie et de la méchanique aux arts.

Cet Arkwright qui, par une seule méchanique, a donné aux Anglais le moyen de primer, en trente années, dans l'art de filer les cotons, art où les Indiens excellaient depuis trois mille ans ; cet Arkwright qui, pour sa terre natale, a préparé les moyens d'exporter annuellement sur tous les points du globe, pour plus de quatre cents millions de cette substance, filée ou tissée ; c'était un ouvrier, *un perruquier*, qui se mit à méditer sur la méchanique.

Ce Watt, qui perfectionna la machine à vapeur, qui, seul, sut donner à ses concitoyens une force égale à la force productive de deux millions d'hommes robustes ; ce Watt, à qui le roi d'Angleterre et les ministres et les savants de trois royaumes, viennent de voter une statue, près du tombeau des monarques et des grands hommes ; c'était *un raccommodeur d'instruments de mathématiques*, mais un *raccommodeur* qui sut bien appliquer la méchanique et la géométrie.

Enfin, ce Dalembert, qui a reculé les bornes de la géométrie, de la méchanique et de l'astronomie; ce savant français qui a vécu l'ami des rois et des empereurs, c'est dans une boutique *de vitrier* que son talent a commencé d'éclore.

Ouvriers! voilà des exemples qui parlent; ils suffiront pour enflammer d'un noble zèle ceux d'entre vous dont le génie peut suivre de pareilles traces.

Mais ce sera le petit nombre. Pour tous les autres, il suffira d'avoir acquis des moyens d'exécuter avec plus d'intelligence, et par conséquent avec plus de plaisir, des travaux rendus moins rudes par la combinaison du savoir et de l'adresse; il leur suffira d'avoir acquis des moyens d'ajouter à leur bien-être et à celui de leur famille.

Quand vous goûterez cette amélioration de votre sort, quand votre travail sera fini, et que vous reviendrez auprès de votre femme et de vos enfants, si j'ai pu vous aider en quelque chose à trouver le moyen de mieux satisfaire à leurs besoins, de les rendre plus heureux, de les mieux vêtir, de les mieux loger, de les mieux nourrir, de les instruire plus sagement, et de leur montrer plus de choses utiles; au milieu de ce bonheur, quand vous jouirez de votre sort amélioré, s'il vous reste quelque souvenir à donner, que votre cœur le ramène vers les vœux et l'espoir de votre ami,

CHARLES DUPIN.

# NOTE PRÉLIMINAIRE

*Sur les progrès de l'enseignement de la géométrie et de la méchanique appliquées aux arts et métiers, en faveur de la classe industrielle, à l'heure où finit le travail des ateliers.*

Nous avons commencé cet enseignement en novembre 1824, au Conservatoire des arts et métiers. Plus de six cents personnes, chefs d'ateliers et de manufactures, artistes et simples ouvriers de tout âge et de toute profession, l'ont suivi avec un zèle et une attention dignes des plus grands éloges.

En janvier 1825, M. Morin, ingénieur des ponts et chaussées, à Nevers, a commencé un cours analogue; plus de deux cents personnes l'ont suivi.

En juillet 1825, M. Guigon de Grandval, professeur royal d'hydrographie à la Rochelle, a de même ouvert, le soir, un cours de géométrie appliquée aux arts; trois cents personnes assistèrent à ses premières leçons : au bout d'un mois il avait trois cent quatre-vingts auditeurs.

A Metz, MM. Poncelet, Bergery, Bardin, Woisard et Lemoine, anciens élèves de l'Ecole polytechnique, se proposent de donner des leçons du même genre, dès novembre prochain.

A Lyon, M. Tabaraud, ancien officier du génie militaire, va professer, à la même époque, la géométrie des arts et métiers.

A Amiens, un architecte et un professeur d'application des sciences à l'industrie vont suivre ces exemples. Le même projet est formé par de généreux citoyens, à Lille, à Versailles, à Bar-le-Duc, à Strasbourg, etc.

Nous avons lieu d'espérer que l'illustre duc de la Rochefoucauld-Liancourt établira seul et à ses frais, un enseignement de ce genre, à Liancourt; il présentera de la sorte un noble exemple à tous les riches manufacturiers qui possèdent de grands établissements d'industrie, et qui font vivre beaucoup d'ouvriers.

Les Ternaux, les Poupard de Neuflize, les Kœchlin, les Hartmann, les Périer, les Delessert,... ont promis leur appui et leur vaste crédit, pour propager cet enseignement dans toutes nos villes manufacturières.

Son Excellence le comte de Chabrol, ministre de la marine et des colonies, vient de prescrire à tous les professeurs d'hydrographie, dans *quarante-quatre* ports de mer, militaires ou marchands, de professer le cours que nous publions maintenant. Ainsi, la géométrie et la méchanique appliquées aux arts et métiers, seront enseignées à la classe industrielle, dans les villes de Marseille, Bordeaux, Nantes, Caen, le Havre, Rouen, Dunkerque, Brest, Cherbourg, Lorient, Rochefort, Toulon, etc., etc., etc. Voilà l'un des plus nobles bienfaits du gouvernement, envers les manufactures et le commerce de France.

A mesure que le nouvel enseignement se propagera, à mesure que des sacrifices généreux seront faits, des tentatives utiles mises en exécution, des résultats avantageux obtenus dans les différentes villes de l'intérieur ou des côtes, nous prions MM. les professeurs, les manufacturiers et les administrateurs d'avoir la bonté de nous en instruire, afin que nous puissions offrir ces résultats en exemple au reste de la France, et par ce moyen faire naître dans les départements, entre toutes les villes industrieuses, une salutaire émulation.

# GÉOMÉTRIE

DES

# ARTS ET MÉTIERS

## ET DES BEAUX-ARTS.

### PREMIÈRE LEÇON.

*La ligne droite, les angles, les perpendiculaires et les obliques.*

La géométrie a pour objet de mesurer les étendues et d'en évaluer les rapports.

Une étendue peut être prise en trois dimensions : longueur, largeur, hauteur ou épaisseur.

Tous les corps que renferme la nature, et tous ceux que l'industrie façonne, présentent ces trois dimensions.

Tout espace, soit vide, soit occupé par un corps, présente aussi ces trois dimensions.

*La surface* d'un corps se compose de tous les points qui séparent la portion de l'espace occupée par ce corps, et par le reste de l'espace.

Par conséquent une surface a nécessairement de la longueur et de la largeur; mais elle n'a pas d'épaisseur; les points cachés dans l'épaisseur d'un corps ne pouvant pas faire partie de la surface même de ce corps.

On appelle *ligne* la suite continue des points qui séparent deux portions de la surface d'un corps. Une ligne géométrique n'a pas d'épaisseur ni de largeur, elle n'a que de la longeur.

L'espace qu'un corps occupe, dans un moment donné, a toutes les dimensions de ce corps. On peut s'en faire une idée complète, en moulant ce corps même et le retirant de son moule. Alors, à la simple vue du moule, l'œil se forme une image très-exacte de l'espace que le corps occupait. Une boîte vide renferme une portion de l'espace, et la figure de cette portion est précisément celle de l'intérieur de la boîte.

Toutes les propriétés géométriques des dimensions d'un corps appartiennent par conséquent aux dimensions mêmes de l'espace occupé par ce corps. Il en est de même pour les propriétés qu'a la surface des corps, et pour celles qu'a la partie de l'espace occupée, dans un moment donné, par cette surface.

Voilà pourquoi le géomètre purement théoricien ne considère pas tel ou tel corps en particulier, ni sa surface individuelle, pour étudier les rapports qu'ont les dimensions de ce corps et de cette surface. Il se figure dans l'espace les formes mêmes du corps et de sa surface, et ces formes lui suffisent. D'abord une pareille abstraction présente quelques difficultés ; mais elle exerce l'esprit et fortifie l'imagination ; elle finit par donner de grandes ressources, dans les conceptions de la géométrie pure, et dans celles de la géométrie appliquée aux arts. Il importe donc beaucoup d'y habituer par degrés les élèves. Faisons-leur remarquer une différence essentielle entre les corps tels que les considère le géomètre et ceux sur lesquels l'artiste travaille.

En géométrie, rien n'empêche notre imagination de supposer des corps qui entrent l'un dans l'autre de manière à ce qu'ils occupent à la fois en tout ou en partie une même portion de l'espace. Mais, dans les arts, il ne saurait en être ainsi. Jamais les parties matérielles de deux corps ne peuvent occuper à la fois un même espace. Lorsque cela paraît avoir lieu, l'on doit simplement en conclure que les portions matérielles de l'un se placent dans les vides de l'autre : c'est ce qui s'effectue quand de l'eau s'infiltre dans une éponge. On verra combien ces considérations sont essentielles pour concevoir les effets et le jeu des machines.

Si l'on suppose qu'un corps diminue par degrés sa longueur, sa largeur et son épaisseur, il se rapprochera de plus en plus d'une limite idéale, c'est le *point* des géomètres, pour lequel chacune de ces dimensions est réduite à zéro.

Dans les arts, on donne souvent le nom de *point* à des portions de surface et de solide qui n'ont que des dimensions fort-petites. Tels sont les *points* de l'écriture, ceux des lignes *ponctuées* dans le dessin géométrique, ou du *pointillé*, dans le dessin au crayon, dans la miniature, dans la gravure, etc. Tel est encore le *point de couture* des tailleurs, etc.

On appelle *pointe*, *poinçon*, un corps aigu qui se termine, à l'endroit où finit sa longueur, par une partie presque sans largeur, et qui se rapproche ainsi du *point*, tel que les géomètres le conçoivent.

Il est essentiel que les élèves s'habituent à bien distinguer ces diverses manières de considérer le point, dans la géométrie pure et dans ses applications.

Afin de faciliter l'étude de la géométrie, on traite d'abord des lignes, puis des surfaces; puis des corps, qu'on appelle *volumes* par rapport à l'espace qu'ils occupent, et *solides* s'ils ont des formes qu'ils puissent garder par eux-mêmes: sans être contenus dans des vases ou des bords résistants, comme le vin dans les bouteilles, l'eau dans le lit des rivières, des lacs et des mers, etc.

La géométrie suppose que les corps sont solides, ou du moins que leur figure n'est pas sujette à se déformer sans règle et sans limite, au moment où elle en fait l'objet de son étude.

La plus simple de toutes les lignes, et celle qu'on emploie le plus fréquemment dans les arts, c'est la *ligne droite*.

La ligne droite est celle qu'on parcourt en suivant toujours la même direction : c'est le plus court chemin pour aller d'un point à un autre.

Comme il n'y a pas, entre deux points, deux chemins dont chacun puisse être le plus court, on ne peut pas mener, entre deux points, deux lignes droites différentes. Donc, quand deux lignes droites aboutissent aux mêmes points, elles n'en font qu'une. Si ces lignes droites sont figurées sur deux corps, en rapprochant les deux corps de manière à ce qu'on mette en contact deux points de la première droite avec deux points de la seconde, les deux droites s'appliquent exactement l'une sur l'autre, comme si elles n'en formaient qu'une seule. L'industrie fait usage de cette propriété de la ligne droite.....

1°. *Pour s'assurer qu'une ligne déjà tracée est droite, au moyen d'une autre ligne qu'on sait être parfaitement droite.* Il suffit en effet d'appliquer en deux points la seconde sur la première, pour voir si elle s'y applique aussi dans tous les autres points. Dans le cas contraire, la ligne examinée n'est pas droite et l'on peut la rendre telle, c'est-à-dire, la rectifier. 2°. *Pour tracer des lignes droites*. On trace de telles lignes avec des corps ayant une ou plusieurs arêtes rectilignes, comme des règles et des carrelets.

On pose la règle ou le carrelet sur une surface où la ligne droite que représente cette règle ou ce carrelet, s'applique en tous points exactement : sans cela il n'est pas possible de tracer une ligne droite sur la surface. Ensuite, avec un crayon, un poinçon ou tout autre instrument qui se termine soit en pointe soit en tranchant, on trace une ligne qui touche partout la règle ou le carrelet : c'est une ligne droite.

Voilà comment le *vitrier*, avec sa règle et sa pointe de diamant, taille en ligne droite les carreaux qu'il doit poser.

Lorsqu'on désire tracer une ligne par deux points donnés, il faut approcher également la règle de ces deux points, et aussi près que le comporte l'épaisseur du crayon ou de la pointe avec laquelle on doit tracer ; puis tenir la règle dans une position invariable durant le tracé, en ayant soin que le crayon ou le poinçon reste toujours en contact avec la règle.

Quand les élèves commencent à dessiner des figures géométriques, il leur faut des soins et du temps pour tirer exactement une simple ligne droite, même au crayon. Lorsqu'ils la mettent à l'encre, ils ont une difficulté de plus ; c'est de conserver aux lignes qu'ils tracent une largeur partout la même. Quand cette largeur est trop considérable elle suffit pour détruire l'exactitude du dessin. Il faut donc que les élèves s'habituent par degrés à ne donner aux lignes qu'ils traceront, que l'épaisseur nécessaire pour qu'elles soient distinctement visibles.

Nous parlons ici de la largeur des lignes exécutées pour les travaux des arts. Il faut, en effet, dire de la ligne droite ce que nous avons dit du point : le géomètre suppose que cette ligne n'a que de la longueur sans largeur. Au contraire, toutes les lignes exécutées dans les arts ont de la largeur : même celles qui représentent les lignes idéales des géomètres.

Dans l'industrie, on donne souvent le nom de *ligne* à des cavités ou à des reliefs étroits, peu profonds et fort longs, qui par là semblent se rapprocher de la ligne idéale des géomètres. Telles sont les *lignes de fortification passagère* dont l'assiégeant ou l'assiégé entourent une place.

Dans l'écriture et l'imprimerie, on appelle *ligne* une suite de mots alignés sur une même direction, et dont la hauteur, égale à celle des lettres, est fort petite par rapport à sa longueur.

Les cordiers appellent *ligne* une corde qui a fort peu de grosseur comparativement à sa longueur. Il faut placer cette ligne ou cordeau parmi les instruments de géométrie pratique employés dans les arts. Un *cordeau* tendu par les deux bouts, abstraction faite des effets de la pesanteur, prend la figure d'une ligne droite. Si donc le cordeau (bien tendu par les extrémités) est posé sur la surface où l'on veut faire l'empreinte d'une ligne droite, et qu'on ait frotté le cordeau avec du blanc, du rouge ou du noir, puis, qu'on le pince pour le laisser retomber sur la surface, il y tracera la ligne droite désirée.

Nous recommanderons, encore, au sujet de la ligne droite, comme au sujet du point, de distinguer soigneusement le tracé idéal du géomètre et le tracé matériel de l'artiste. On verra qu'en beaucoup de cas le progrès des arts consiste à se rapprocher de plus en plus, dans les opérations de l'industrie, de cet idéal géométrique, dont il importe de bien faire connaître aux élèves et la nature et les propriétés.

Mais, avant d'y parvenir, il faut leur donner l'idée d'une surface qu'on peut former avec une ligne droite. C'est la *surface plane* ou le *plan*.

En quelque sens qu'on pose une ligne droite sur un plan, si deux points de la ligne droite sont en contact avec le plan, tous les autres points de la ligne droite le touchent pareillement.

Dans les arts, le plan peut servir à fabriquer la ligne droite et la ligne droite à fabriquer le plan. C'est ce que nous expliquerons avec détails, lorsque nous parlerons spécialement des surfaces. (Voyez sixième leçon.)

La plupart des tracés nécessaires aux arts s'exécutent sur un plan préparé d'avance à cet effet. Pour les tracés les moins grands, c'est une feuille de papier, de parchemin, d'ivoire même. Pour les tracés plus étendus, souvent on prépare un vaste plancher, comme les constructeurs de vaisseaux préparent le plancher de leur salle des *gabarits* ou modèles. Les charpentiers de maisons et les appareilleurs font souvent leurs tracés sur la face plane d'un mur; les ingénieurs tracent les épures des ponts sur des aires horizontales, en plâtre; ils ne peuvent espérer quelque exactitude si la surface supposée plane n'est au préable bien vérifiée : de manière à garantir qu'une ligne droite, posée dans tous les sens sur le plan, s'y applique exactement d'un bout à l'autre.

*Mesures de longueur.* La ligne droite, étant le plus court chemin pour aller d'un premier point à un second, sert très-convenablement à mesurer cette plus courte distance entre deux points.

Les dimensions ordinaires des corps se mesurent avec la ligne droite. C'est ainsi qu'on mesure la longueur, la largeur et la hauteur d'une pile de bois, d'une maison, d'un navire, etc.

Afin de comparer ces diverses mesures, il faut en prendre une pour unité, et voir combien de fois elle est répétée dans l'objet mesuré. Si elle y est répétée exactement 1, 2, 3, 4, 5... fois, en un mot un nombre exact de fois, nulle difficulté. Il n'en est pas de même lorsqu'il reste à mesurer un bout qui n'égale pas une fois la longueur prise pour unité.

Alors on prend l'unité de longueur; on la divise elle-même en un certain nombre de parties égales, en 10, en 100 en 1000; puis on cherche combien le bout de ligne droite qui reste à mesurer contient de dixièmes, de centièmes, de millièmes, etc., de l'unité de mesure.

*Echelle.* C'est une ligne droite, AB, fig. 1, sur laquelle on marque un certain nombre d'unités de mesure et les subdivisions de ces unités. La géométrie enseigne les moyens de diviser et de tracer les échelles avec une grande exactitude. C'est une des opérations les plus importantes dans les travaux de l'industrie où le succès dépend de la précision. (Voy. cinquième leçon.)

Il est très-commode pour les artistes d'avoir avec eux une ligne droite toute divisée suivant le système de mesures universellement adopté. Tels étaient l'ancien pied et l'aune; tel est aujourd'hui le *mètre* gradué sur une règle.

Souvent des ouvriers, par une économie mal entendue, achètent à vil prix, des mesures qui ne sont pas divisées avec exactitude ou qui sont sujettes à se déjeter, à s'altérer par l'effet du temps, à s'user d'un bout ou de l'autre. On ne saurait trop recommander, au contraire, à nos artistes, de se gêner plutôt, pour acheter toujours de *bonnes* mesures, et de *bons* instruments en tout genre : la perfection que ces instruments leur permettront de donner à leurs ouvrages, les indemnisera, avec usure, de cette première dépense. Nous reviendrons souvent sur cette vérité.

Après avoir considéré la ligne droite isolément, il faut considérer plusieurs lignes droites dans leurs rapports de position.

Supposons que la ligne droite ABX, figure 2, tourne autour du point fixe A, et prenne successivement les positions AC, AD, AE, etc.; dans ce mouvement elle s'écartera de plus en plus de la position primitive ABX. On appelle *angle*, cet écartement BAC ou BAD, ou BAE, etc., d'une ligne par rapport à une autre : le point A d'où partent deux lignes AB, AC, est le *sommet* de l'angle; les lignes mêmes AB, AC sont les *côtés* de l'angle.

Pour indiquer l'angle formé par les cotés AB, AC, on dit quelquefois l'angle A et le plus souvent l'angle BAC, mettant la lettre A qui indique le sommet, entre B et C qui appartiennent respectivement aux deux côtés.

La ligne AX, fig. 2, tournant toujours autour du sommet A, arrivera dans la position AM directement opposée à AB. Si elle continue de tourner, elle se rapprochera de AB par le côté contraire; jusqu'à ce qu'elle revienne sur AB même, après avoir fait un *tour* complet.

Il est évident que, dans la position AM, la ligne droite AX a fait un *demi-tour* depuis AB ; en effet, si l'on repliait la partie de figure BAME sur la partie inférieure, la première couvrirait exactement la seconde, et se confondrait avec elle.

Dans les manœuvres des troupes, après les avoir *alignées*, c'est-à-dire placées en ligne droite et faisant face d'un côté, on a souvent besoin de faire face du côté opposé. Alors on commande *demi-tour*, qui s'opère par la droite ; aussitôt chaque homme se met à tourner sur un de ses talons A, fig. 3. Pour ne pas gêner ce mouvement, il a posé l'autre pied B derrière le premier, position figure 4 ; il tourne en même temps sur ses talons. Les deux pieds accomplissent chacun un *demi-tour*, fig. 5. Alors le pied qui était derrière se trouve devant ; on le ramène sur l'alignement du premier, fig. 6. Si le soldat faisait encore un demi-tour, il se retrouverait dans sa direction primitive ; il aurait fait alors un *tour entier*.

Considérons les angles que forme la droite AC avec la droite DAB, dans la figure 7. Il y a deux angles, un petit BAC et un grand CAD ; leur somme égale toujours un demi-tour de révolution de AC, depuis AB jusqu'en AD.

Donc l'angle BAC est ce qui manque à l'angle DAC pour former un demi-tour complet ; de même DAC est ce qui manque à l'angle BAC pour former un demi-tour complet. Voilà pourquoi l'on dit que BAC est le *supplément*, *l'angle supplémentaire* de DAC; de même que DAC est le *supplément*, *l'angle supplémentaire* de BAC.

Supposons que l'angle BAC grandisse, parce que AC s'écarte de AB; alors l'angle supplémentaire DAC diminuera. Il arrivera un moment où le moindre angle BAC croissant toujours, et le plus grand DAC diminuant, ils seront égaux, fig. 8. Chacun de ces angles égaux est ce qu'on appelle un *angle droit*. L'angle droit est donc la moitié du demi-tour d'une révolution complète : c'est *un quart de tour*.

L'*angle droit* BAC, ou DAC fig. 8, ou quart de tour, est un angle qu'on a besoin de produire ou de mesurer, à chaque instant, pour exécuter une foule de travaux des arts.

Dans la manœuvre des troupes on fait souvent usage du quart de tour, qu'on appelle *quart de conversion*. Lorsqu'un peloton aligné sur AB, fig. 8, doit passer de cette position à la position perpendiculaire AC, il tourne, il converse autour du point A; il ferait un tour, une conversion complète pour revenir à sa position première, s'il tournait toujours dans le même sens; il ne fait qu'un *quart de conversion* pour arriver à la position perpendiculaire. On détermine le sens du mouvement, en commandant la conversion *par la droite*, ou *par la gauche*.

Supposons maintenant deux nouvelles lignes droites MON et OL, fig. 9 et 10, pour lesquelles on ait pareillement trouvé la position de OL, telle que les deux angles NOL et MOL sont égaux. Je dis que ces deux angles sont égaux aux deux premiers BAC, CAD, fig. 8, que nous venons d'appeler *angles droits*.

Pour le démontrer, posons la ligne droite DAB, fig. 8, sur MON, fig. 9, de manière qu'elles se confondent dans tous leurs points, comme deux lignes droites peuvent le faire, et que le point A tombe sur le point O; alors il faudra que le côté AC couvre exactement le côté OL. Admettons, s'il se peut, que AC, fig. 9, ait une autre position, et tombe à gauche de OL ; il est évident que les angles CAB, CAD étant égaux entr'eux, MOL qui surpasse de COL le premier angle, et NOL qui est surpassé, par le second, de ce même angle COL, ne pourraient plus être égaux entr'eux. Au contraire, si AC, fig. 10, tombait à droite de OL, les angles BAC, DAC étant égaux entr'eux, MOL plus petit que DAC, et NOL plus grand que BAC ne pourraient plus être égaux. Par conséquent AC ne peut tomber ni à droite ni à gauche de OL : donc AC tombe exactement sur OL. Donc les angles droits que forment, d'une part les deux lignes droites AC, BD, de l'autre les deux lignes droites différentes OL, MN, sont toujours égaux entr'eux.

Tel est le premier principe sur lequel est fondé l'usage de l'équerre. *Une équerre* peut être formée de deux parties de règles droites AB, AC, fig. 11, fixées invariablement en A, de manière à former un angle droit. Lorsqu'on veut, à partir du point O, fig. 12, mener une ligne OL qui fasse deux angles droits avec MON, on pose un côté AC de l'équerre le long de ON, de manière que le point A vienne aussi près que possible du point O; puis on trace la ligne droite OL par les moyens ordinaires : c'est la ligne cherchée.

Si les artistes employaient une équerre qui ne fût pas très-exacte, toutes leurs opérations participeraient à cette inexactitude. Il faut donc qu'ils aient grand soin de vérifier les équerres dont ils se servent : rien n'est plus facile.

*Vérification des équerres.* Pour vérifier l'équerre BAC, fig. 11, je commence par tirer très-exactement, sur une surface plane, la ligne droite MON, fig. 13; ensuite je pose le côté AC le plus près possible le long de ON; je trace OL le long de AB. Cela fait, je retourne l'équerre; je la place en B'A'C', mettant A'C' le long de OM, et je vois quelle est la direction du second côté A'B'. 1°. S'il tombe juste sur la ligne OL déjà tracée, l'équerre est exacte. 2°. Si le second côté de l'équerre n'arrive pas jusqu'à OL, l'équerre est inexacte, et l'angle qu'elle indique est trop petit. 3°. Si le second côté dépasse OL, l'équerre est encore inexacte, et l'angle qu'elle indique est trop grand.

Nous verrons par quels moyens l'artiste peut rectifier une équerre qui n'est pas exacte.

Les charpentiers de marine appellent *fausse-équerre*, un instrument XYZ, fig. 14, très-commode pour prendre et transporter toute espèce d'angles. Cet instrument se compose de deux règles qui tournent sur un même pivot auquel elles sont fixées, de manière à pouvoir former tous les angles depuis le plus petit jusqu'au plus grand. On a soin d'ailleurs de serrer assez les deux règles l'une contre l'autre, pour qu'elles ne tournent pas ainsi l'une sur l'autre sans éprouver quelque résistance de frottement; de sorte qu'elles gardent leurs positions respectives quand on ne fait plus effort pour ouvrir ou fermer l'angle qu'elles représentent. On va voir, d'après cette explication, combien il est facile de rapporter un angle quelconque BAC, fig. 14, à partir d'un point O, fig. 15, en se donnant un côté OL du nouvel angle LOM, qui doit égaler BAC.

On ajustera la fausse équerre de manière que les côtés XY, YZ suivent respectivement les directions AC, AB, fig. 14. Ensuite on transportera la fausse équerre sur la fig. 15, en ayant bien soin de n'en pas altérer l'angle. On posera XY sur OL. Alors en traçant avec un crayon, ou une pointe, ou un cordeau, la ligne droite OM suivant le côté YZ, l'angle MOL sera égal à BAC.

*Superposition.* Il est essentiel de remarquer le moyen que nous employons ici soit pour former des angles, soit pour nous assurer qu'ils sont égaux, en posant les équerres sur les figures et les figures les unes sur les autres. Ce même moyen sert dans une foule de pratiques de l'industrie et dans un grand nombre de démonstrations de la géométrie. Quand deux figures posées l'une sur l'autre s'ajustent, se confondent dans toutes leurs parties, elles ont même forme et même grandeur; elles sont parfaitement égales; et l'on fait une figure égale à une autre, quand on l'exécute de manière à remplir cette condition. C'est ainsi que les tailleurs et les modistes posent des patrons sur l'étoffe qu'ils veulent exactement tailler suivant le contour de ces patrons qui représentent les formes qu'on doit figurer ou couvrir.

Quand la ligne AC, fig. 16, fait avec DAB les deux angles droits BAC, CAD, on dit que AC est *perpendiculaire* à DAB. Par conséquent on mène une perpendiculaire AC, à la droite DAB, toutes les fois qu'on pose une équerre XYZ d'un côté YZ le long de AB, et qu'on trace une droite AC le long du côté XY. J'indiquerai d'autres moyens de mener des perpendiculaires.

Plions en deux la fig. 17, de manière que la ligne droite ABE soit le pli même, les angles ABD, ABC étant égaux, la droite BC se posera sur BD. Donc l'angle CBE couvrira exactement DBE; donc ces deux derniers angles sont égaux comme les deux premiers. Ainsi, quand deux droites se coupent, si parmi les quatre angles qu'elles forment, un seul est droit, les trois autres le sont pareillement; alors chaque partie AB, BE d'une des droites est perpendiculaire à l'autre droite.

Il est essentiel de prouver que d'un point B,

figure 18, on ne peut mener qu'une perpendiculaire BA sur une ligne droite donnée DAC.

Pour nous en convaincre, supposons que du point B l'on puisse mener deux perpendiculaires BA, BD, sur la même ligne droite DAC. Je prolonge BA de manière que A$b$ égale AB; puis je mène la ligne droite D$b$; ensuite je replie toute la partie DAC$b$ sur DACB. Les angles $b$AC, BAC étant égaux, A$b$ se pose sur AB, et le point $b$ sur le point B. Donc D$b$ se pose aussi sur DB; donc l'angle AD$b$ égale l'angle droit ADB. Ainsi D$b$ ferait partie de la perpendiculaire DB, et l'on pourrait mener deux lignes droites $b$AB, $b$DB, entre les points $b$ et B; ce qui est absurde.

Ces préliminaires établis sur les angles droits, il faut parler des angles obliques.

Quand la droite CD, fig. 19, forme deux angles inégaux avec la droite ACB, il y en a un plus petit et l'autre plus grand que l'angle droit ACE : le petit s'appelle un *angle aigu*, et le grand un *angle obtus*.

Il est évident que ces deux angles occuperont l'espace autour de C, d'un côté de AB, de même que les deux angles droits ACE, BCE. Donc la somme de l'angle aigu BCD et de l'angle obtus ACD, égale deux angles droits.

Il est facile, en effet, de voir que l'angle aigu BCD égale un angle droit moins DCE, et que l'angle obtus ACD égale un angle droit plus DCE; donc leur somme égale deux angles droits.

Supposons maintenant qu'on prolonge DC en CF, et comparons les deux nouveaux angles ACF, BCF avec les premiers.

## PREMIÈRE LEÇON.

1°. L'angle ACD plus l'angle BCD, formés par CD et la ligne droite AB, égalent deux angles droits; par conséquent BCD égale deux angles droits moins ACD. 2°. L'angle ACD, plus l'angle ACF, formés par AC sur la ligne droite DCF, égalent deux angles droits ; par conséquent ACF égale deux angles droits moins ACD. Par conséquent aussi BCD, ainsi que ACF, égalant chacun deux angles droits moins ACD, sont égaux entr'eux. On démontre de même l'égalité des angles ACD, BCF, qui, comme les premiers, sont *opposés au sommet*.

Ainsi, quand deux lignes droites se croisent, elles forment quatre angles. Alors : 1°. les angles adjacents, pris deux à deux, font une somme de deux angles droits; 2°. les angles *opposés au sommet* sont égaux.

Actuellement nous pouvons comparer entre elles les perpendiculaires et les obliques.

Si l'on mène, d'un point D quelconque, fig. 20, une droite DE jusqu'à la droite AB, et que les angles AED, DEB ne soient pas droits, la ligne DE n'est pas perpendiculaire à AB, elle est *oblique*. Si de plus on mène DC perpendiculaire à AB, des deux angles AED, BED, le dernier, celui qui regarde DC, est *aigu*; l'autre est *obtus*.

A présent, je prolonge DC jusqu'en *d*, de manière que CD égale C*d*. Je mène la droite E*d*; puis je replie la partie inférieure de la figure, en la faisant tourner sur AB comme sur une charnière. Alors C*d* se pose sur CD et *d* sur D; puisque les angles BCD, BC*d* sont égaux. Donc E*d* égale ED. De plus la ligne brisée DE*d* est plus longue que la ligne droite D*d* menée entre les mêmes extrémités D, *d*. Donc la moitié de DE*d*, c'est-à-dire l'oblique DE est plus longue que la moitié de DC*d*, c'est-à-dire la perpendiculaire DC.

Telle est donc la propriété générale d'une droite DC, fig. 20, perpendiculaire à une autre droite AB, *d'être plus courte que toute oblique menée de l'extrémité D de la perpendiculaire à cette ligne AB.* Les lignes droites DC, DE mesurant les distances du point D à la ligne droite AB, il en résulte que *pour aller d'un point à une ligne droite, le plus court chemin est la perpendiculaire menée de ce point à cette droite.*

Voilà l'une des propriétés de la géométrie élémentaire, les plus remarquables et les plus avantageuses dans les applications aux arts.

Vous aurez souvent à chercher les distances les *moins* grandes, les surfaces les *moins* étendues, les volumes les *moins* considérables qui satisfassent à des conditions données : mais il ne vous sera pas toujours aussi facile de les trouver. Les questions de cet ordre, desquelles dépend toute l'économie des pratiques de l'industrie, nous occuperont beaucoup, et nous tâcherons d'en bien faire comprendre l'esprit.

Supposons qu'ayant mené, fig. 21, DB perpendiculaire à AC, on ait BA égal à BC, je dis que les obliques menées de D en A, et de D en C sont égales. En effet, si nous replions la partie BDC sur BDA, la perpendiculaire BD servant de charnière, les deux angles droits ABD, CBD étant égaux, BC tombe sur BA et C sur A; donc DC égale DA. Par conséquent *deux obliques également éloignées de la perpendiculaire sont égales.*

*Application à la vérification des perpendiculaires.* Les dessinateurs, les menuisiers, les charpentiers, les appareilleurs, etc., font un fréquent usage de cette propriété, quand ils veulent vérifier si une ligne est perpendiculaire à une autre, sans recourir à l'équerre. Ils mesurent très-exactement deux parties BA, BC égales entre elles, à partir de la ligne BD dont ils veulent vérifier la position. Ils mesurent ensuite, avec une règle ou tout autre instrument, la distance des points A et D, c'est-à-dire la longueur de l'oblique AD; ils portent cette longueur sur DC à partir de D; si elle aboutit exactement en C, alors les deux obliques AD, DC sont égales, et la ligne BD est perpendiculaire à AC.

Quand on veut vérifier la position d'une perpendiculaire DB sur ABC, il ne faut pas prendre d'oblique D*a*, trop voisine de la perpendiculaire; car si elle était très-près de B, un dérangement même assez sensible dans la position de cette perpendiculaire, n'en produirait qu'un fort petit dans la longueur de l'oblique D*b*, et l'on s'exposerait à se tromper. Il y aurait également de l'inconvénient à trop écarter les obliques. Les positions les meilleures se rapprochent de celles pour lesquelles AB, BC, BD sont égales.

C'est par des précautions de ce genre, appliquées dans le même esprit à chaque cas particulier, que les artistes pourront donner à leurs tracés, à leurs constructions, à leurs machines ce grand degré de précision, nécessaire à l'état d'une industrie très-perfectionnée.

Il ne suffit pas d'avoir prouvé que les obliques sont toujours plus longues que la perpendiculaire, il faut prouver que *les obliques sont d'autant plus longues qu'elles s'éloignent davantage de la perpendiculaire.*

Soit, fig. 22, OD perpendiculaire à OB; je dis que, des deux obliques DC, DB, la plus courte est la plus voisine de la perpendiculaire. En effet, menons CK perpendiculaire à CD; nous aurons par cela même DC plus court que DK, et à plus forte raison que DB.

Nous verrons cette propriété présenter dans la méchanique des applications très-fréquentes. Supposons qu'on veuille rapprocher un corps B, fig. 23, de la position AC perpendiculaire à BM. Supposons aussi qu'on ait attaché ce corps à deux cordes BA, BC; puis qu'on tire la première du point A, la deuxième du point C, pour diminuer les distances de ces points au corps. Il faudra que le corps avance de plus en plus, de manière à présenter des lignes AB′, puis AB″, CB′, puis CB″ *de moins en moins obliques*, et qui par cela même seront plus courtes. Au contraire, s'il fallait éloigner B de AC, on emploierait des tiges inflexibles de fer ou de bois, pour le pousser à partir des points C et A. On ferait prendre à ces tiges une position *de plus en plus oblique*, et par conséquent, une longueur de plus en plus considérable, soit entre B et A, soit entre B et C.

I. GÉOMÉTRIE.   ARTS ET MÉTIERS e9

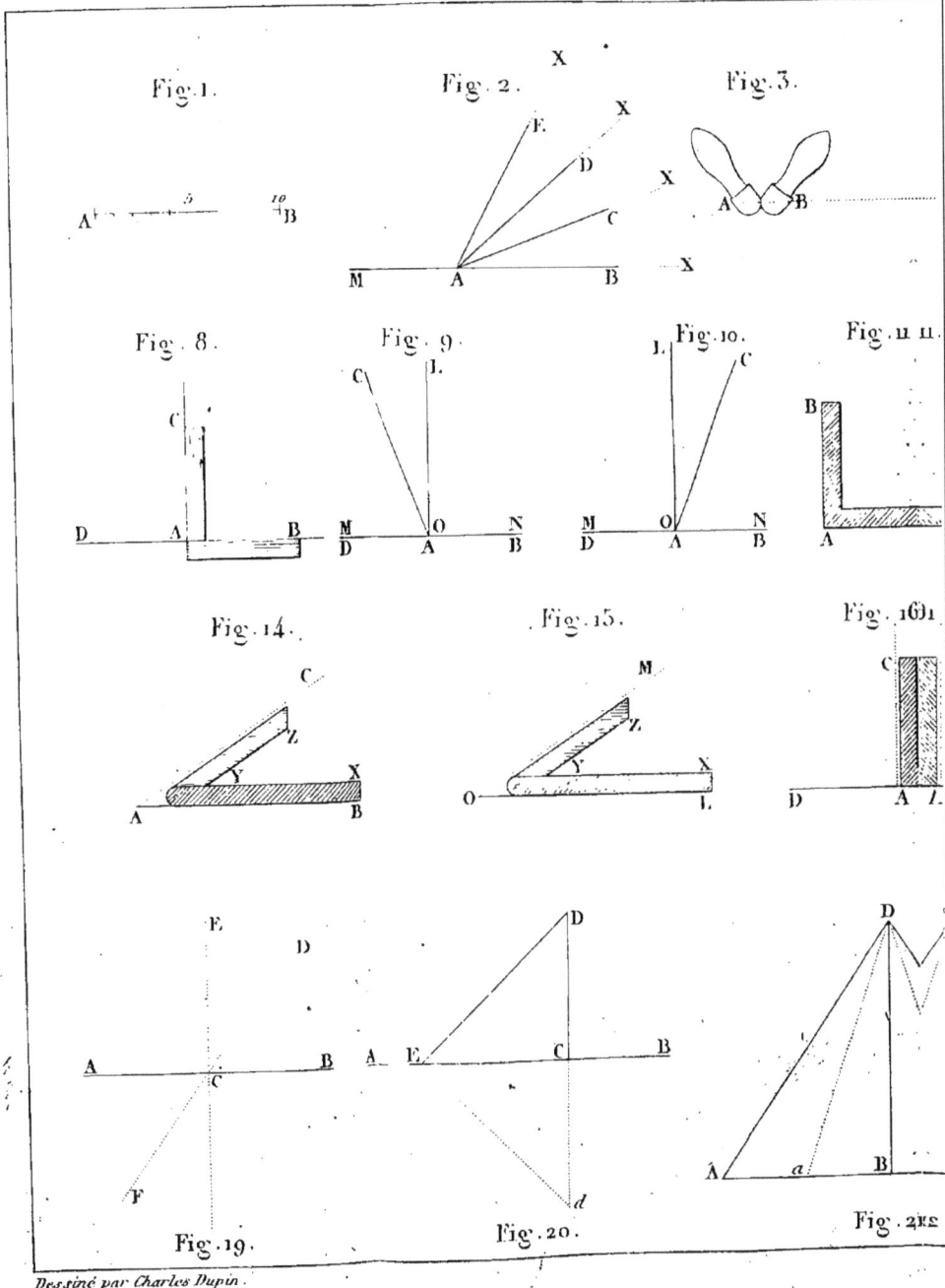

Dessiné par Charles Dupin.

BEAUX-ARTS.                                 I.ère LEÇON.

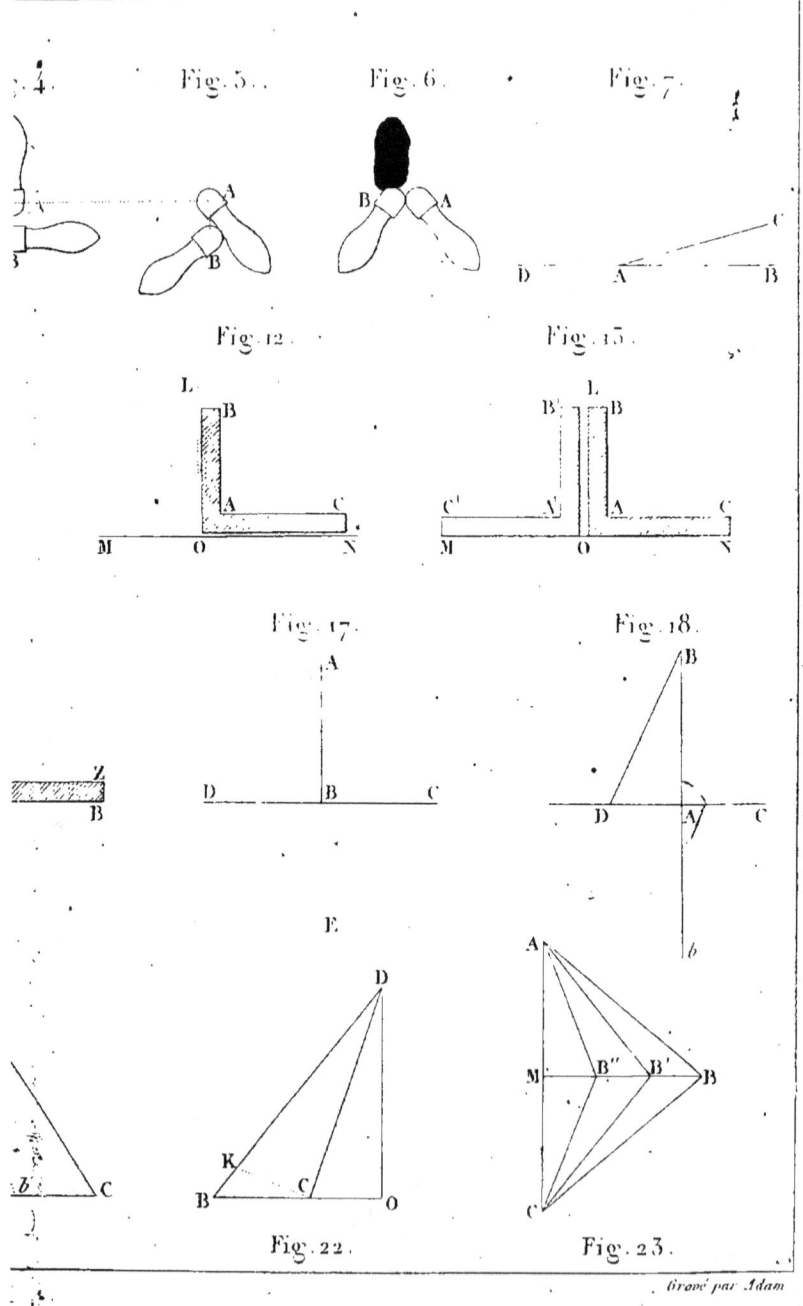

Gravé par Adam.

# DEUXIÈME LEÇON.

*Des lignes parallèles, et de leurs combinaisons avec les perpendiculaires et les obliques.*

Deux lignes droites sont parallèles quand elles ne se rencontrent jamais, quelque loin qu'on les prolonge des deux côtés.

Par un point A, fig. 1 et fig. 2, l'on peut mener *une* ligne droite AB, qui, prolongée par les deux bouts, ne rencontre jamais une autre ligne droite CD; et l'on n'en peut mener *qu'une* par un même point A.

Pour trouver AB, il faut du point A mener AC perpendiculaire à CD; puis AB perpendiculaire à AC. Alors AB sera parallèle à CD. En effet, si les deux lignes AB, CD se rencontraient en un point, on pourrait de ce point abaisser deux perpendiculaires sur une droite AC; chose que nous avons démontrée impossible (première leçon).

A présent prouvons que toute autre ligne AE coupe CD. Quelque petit que soit l'angle BAE, l'on conçoit qu'en faisant tourner AE autour de A, pour l'éloigner de AB, l'on répétera l'angle BAE un assez grand nombre de fois pour couvrir tout l'espace compris dans le quart de tour BAC. Mais si l'on prend autant de points qu'on voudra $C_1$, $C_2$, $C_3$, $C_4$, etc., éloignés l'un de l'autre d'une distance égale à CA, puis qu'on élève les perpendiculaires $C_1D_1$, $C_2D_2$, $C_3D_3$…, ces perpendiculaires diviseront l'espace $BACC_1C_2C_3\ldots$ en bandes parallèles ayant toutes la même superficie que ABCD. Or on pourra toujours faire un plus grand nombre de bandes qu'il n'y a de petits angles $BAE$; $EAE_1$; $E_1AE_2$; $E_2AE_3$; … dans l'angle droit $BACC_1$. Donc l'espace occupé par une seule bande $BACD,\ldots$ est toujours moindre que l'espace compris dans un angle BAE, quelque petit que soit cet angle. Une telle condition exige que la ligne droite AE prolongée coupe CD; car, sans cela, il faudrait que l'espace BAE, simple partie de BACD, fût plus grand que BACD même : ce qui serait absurde.

Ainsi, dès l'instant où deux lignes droites AB, CD sont parallèles, si l'une est perpendiculaire à une troisième ligne AC, l'autre est aussi perpendiculaire à cette troisième.

Dans l'art du dessin et dans les tracés du menuisier, l'on fait usage de cette propriété qu'ont les parallèles. On fabrique un instrument qu'on appelle T, parce qu'il est formé de deux parties droites, MN, OP, fig. 3, assemblées en forme de T. On pose la branche MN plus épaisse et saillante en dessous, le long du bord AD de la planche ABCD; l'autre branche OP étant perpendiculaire à la première, il en résulte que toutes les lignes droites AB, EF, tracées le long de la branche OP, sont des parallèles.

Quand on veut ranger des troupes en colonne, c'est-à-dire, par pelotons parallèles AB, CD, EF, etc., fig. 4, on place des guides A, C, E, G, en ligne droite et à égale distance; ensuite on aligne chaque peloton perpendiculairement à la droite ACEG...: on est sûr qu'alors les pelotons sont parallèles entr'eux.

Les arts emploient fréquemment des lignes droites qui sont à la même distance les unes des autres.

Dans l'écriture faite à la main et dans l'impression des livres, les caractères sont posés sur des lignes partout également distantes, et par conséquent parallèles. Ces caractères mêmes ont leurs parties droites, comme les jambages d'un *m* et d'un *n*, équidistantes en haut et en bas : la seule différence qu'on remarque entre les directions parallèles de ces jambages, est qu'ils sont perpendiculaires aux lignes dans l'écriture ronde et dans le caractère d'impression dit *romain*, inclinés à droite dans la *coulée* et l'*italique*, inclinés à gauche dans la *bâtarde*.

La musique fait usage de lignes parallèles équidistantes, fig. 5, pour y poser des points pleins ou vides, simples ou distingués par des queues parallèles entr'elles. On groupe ces points de manière à ce qu'il faille un même temps pour chanter ou pour exécuter les sons de chaque groupe; ce temps est ce qu'on appelle une mesure, et les diverses mesures sont séparées par des lignes droites perpendiculaires aux premières parallèles. Par conséquent, ces perpendiculaires sont aussi des lignes parallèles entr'elles.

Souvent on trace à la fois les cinq lignes parallèles, avec un tire-ligne à cinq pointes placées en ligne droite, qu'on appuie contre une règle, de manière que les cinq pointes soient sur un alignement perpendiculaire à la règle : il est évident qu'on trace ainsi cinq lignes partout également distantes, et par conséquent parallèles.

L'usage des parallèles équidistantes est infini dans les arts. Le laboureur forme ses sillons suivant des lignes ainsi disposées. Quand il herse la terre et qu'il traîne sa herse en ligne droite, les pointes de la herse placées à égale distance les unes des autres, décrivent des lignes droites parallèles ; par conséquent, les pointes de l'instrument agissent partout également, pour diviser les mottes de terre que le soc de la charrue a détachées et soulevées par masses plus ou moins grosses.

Quand un graveur veut figurer des surfaces unies et planes, il représente leurs parties plus ou moins ombrées, par des hachures plus ou moins fortes, mais parallèles, et toutes à la même distance les unes des autres.

Quand il veut figurer des surfaces planes dont une partie s'éloigne du spectateur, ou la surface du ciel, il emploie encore des hachures droites, parallèles. Il peut les faire à égale distance, pourvu que les plus voisines du spectateur soient plus foncées ou plus larges que les autres. Il peut aussi faire toutes ses hachures également foncées, également larges, mais de plus en plus éloignées les unes des autres, à mesure que les points de l'espace qu'elles indiquent, sont moins ombrés ou moins voisins du spectateur. Ces dégradations elles-mêmes sont soumises à des règles géométriques; et les artistes qui veulent opérer d'une manière éclairée, doivent s'en former une idée précise.

On peut prouver maintenant que deux lignes droites parallèles, sont dans toute leur longueur à la même distance l'une de l'autre.

Ayant tracé les deux parallèles AB, CD, fig. 6, et les droites AC, MN, perpendiculaires à ces deux lignes, marquons H au milieu de AM, et menons HK perpendiculairement aux deux parallèles; replions ensuite sur HK, comme sur une charnière, la partie gauche de la figure sur la partie droite. Les angles droits KHA et KHM d'une part, HKC et HKN de l'autre étant égaux entr'eux, HA viendra s'appliquer sur HM, et KC sur KN. De plus, les angles HAC, HMN étant droits et par conséquent égaux, AC s'appliquera sur MN; et le point C tombera sur le point N. Donc la perpendiculaire AC égale la perpendiculaire MN.

Ainsi *toutes les perpendiculaires*, telles que AC, MN, fig. 6, *qui mesurent en diverses positions la distance de deux parallèles, sont égales entr'elles* : ce sont les plus courtes distances de ces parallèles.

Les perpendiculaires AC, MN, à la même ligne droite AB, sont parallèles : donc les droites AM, CN, qui leur sont perpendiculaires, sont de même égales entr'elles.

Par conséquent, lorsqu'on a deux parallèles AB, CD, et deux autres droites AC, MN parallèles entr'elles, mais perpendiculaires aux premières parallèles, les portions des deux premières droites, comprises entre les secondes, sont égales entr'elles, et les portions des deux secondes comprises entre les deux premières, sont de même égales entr'elles.

*Application aux routes en fer, ou routes ornières.* Ce sont des routes sur lesquelles on pratique d'avance, soit en creux, soit en relief, des ornières parfaitement droites et parfaitement unies, dans lesquelles ou sur lesquelles doivent se mouvoir avec précision quatre roues de chariots, deux sur l'ornière de droite et deux sur celle de gauche. Quand une des deux ornières est droite, l'autre doit donc être partout éloignée de celle-ci, d'une distance égale à l'écartement des roues placées sur un même essieu. Ainsi les deux ornières sont parallèles. C'est précisément parce que les ornières n'ont pas d'inégalités, et sont exactement *rectilignes et parallèles*, qu'on trouve un si grand avantage, une économie si précieuse dans les transports effectués sur ces ornières, comparativement aux transports effectués sur des routes ordinaires.

Supposons maintenant qu'on fasse avancer vers AB, fig. 6, la ligne CD, sans qu'elle cesse d'être perpendiculaire à AC; elle ne cessera pas d'être parallèle à AB, dont elle s'approchera de plus en plus, mais également dans toutes ses parties.

Ce mouvement des lignes parallèles, et cette égalité qu'elles conservent dans leurs distances, ont une très-grande importance dans la méchanique.

*Application des parallèles au jeu des Mull-Jenny ou chariots qui servent à filer le coton.*

Qu'on imagine un chariot dirigé suivant CD, fig. 6, et qui puisse avancer ou reculer parallèlement à AB, au moyen de roulettes qui courent sur deux *ornières parallèles* AC, MN. Les fils de coton partent de AM, où ils sont disposés à égale distance, pour aller s'enrouler sur des bobines alignées suivant CN, aussi à égale distance. Quand le chariot CN se rapproche de AM, les distances des points de CN à la droite AM diminuent toutes également; par conséquent les fils s'enroulent avec égalité sur les bobines, sans qu'ils cessent tous d'être également tendus. Lorsque le chariot s'éloigne de AM pour revenir en CN, les fils sont tous alongés également. Ainsi, c'est en profitant de *l'égalité des parallèles comprises entre parallèles*, que l'on a pu parvenir à construire ces belles machines à filer, qui n'ont pas seulement l'avantage d'opérer, par le seul mouvement d'un chariot, le filage de 40, 50, 60 fils et même plus, mais qui confectionnent tous les fils avec une égalité à laquelle on n'aurait jamais atteint, en les filant à part, et sans moyens géométriques.

Jusqu'ici nous n'avons comparé les parallèles qu'avec des perpendiculaires, comparons-les avec des *obliques*. Supposons que l'on mène, fig. 7, les deux lignes AB, CD obliques par rapport à EACF; si les deux angles EAB, ECD (*appelés correspondants*) sont égaux, les deux lignes droites AB, CD sont parallèles (1).

La réciproque est également vraie, c'est-à-dire, quand ces lignes sont parallèles, toute oblique les coupe de manière à former avec elles quatre angles aigus égaux entr'eux, et quatre angles obtus pareillement égaux entr'eux (2).

---

(1) En effet, si elles ne sont pas parallèles, en les prolongeant assez elles se rencontreront quelque part, soit en-dessus, soit en-dessous de EACF : voyons si cela se peut.

Je prolonge BA et DC jusqu'en $b$ et $d$, puis je prends la figure BACD, que je renverse de manière que A se pose en C et C en A.

Mais l'angle BAF, qui égale EA$b$, égale DCF qui égale EC$d$; donc le côté AB renversé se posera sur C$d$, et le côté CD renversé se posera sur A$b$. Donc enfin, si les deux lignes droites $b$AB, $d$CD se rencontrent en un premier point, d'un côté de AC, il faudra qu'elles se rencontrent en un second point, de l'autre côté de AC. Cette conséquence est impossible, puisqu'on aurait deux lignes droites qui se rencontreraient en deux points.

Ainsi, règle invariable, quand deux lignes droites $b$AB, $d$CD forment avec une oblique EACF, des angles aigus égaux $a$, $a'$, $a''$, $a'''$, et par conséquent des angles obtus égaux, $o$, $o'$, $o''$, $o'''$, ces lignes sont parallèles.

(2) Pour s'en convaincre, il suffit d'observer que la ligne droite

Dans les arts où l'on a besoin de mener une droite parallèle à une autre, l'on fait souvent usage de ces deux propriétés des parallèles.

L'on se sert pour cela d'une règle et d'un triangle $xyz$, fig. 8, en bois, en verre ou en métal : c'est *une équerre de dessinateur*. Ce triangle s'appelle équerre, parce qu'il a deux côtés $xz$, $yz$ qui sont à angle droit ou *d'équerre*.

Supposons maintenant qu'on demande de faire passer par le point A une droite parallèle à CD, fig. 8. On commencera par poser l'équerre $xyz$ de manière qu'un de ses côtés $xy$ suive exactement la direction de CD. Ensuite on posera la règle contre le côté $xz$ de l'équerre; on appuiera fortement d'une main sur la règle, ou bien on fixera cette règle sur le plan par des poids. Alors l'autre main conduira l'équerre le long de la règle jusqu'à ce que le côté $xy$ vienne aussi près que possible du point A, vu la nature de l'instrument dont on doit se servir pour tracer la ligne droite AB demandée. Cette ligne tracée le long de $xy$ sera nécessairement parallèle à CD, puisque les angles aigus correspondants, formés par la règle et les deux lignes AB, CD, sont égaux entr'eux.

---

$d$CD, menée part le point C de manière que les angles $a''$ et $a'''$ égalent $a$ et $a'$, est parallèle à $b$AB. Or, on ne peut mener par le point C qu'une seule ligne parallèle à $b$AB. C'est donc la droite pour laquelle $a, a', a'', a'''$ sont égaux, de même que $o, o', o'', o'''$.

T. I.— Géom.

Avec le côté $yz$ de l'équerre, on peut tracer partout des lignes qui soient perpendiculaires à la règle; ce qui est beaucoup plus expéditif que de mener des perpendiculaires au moyen d'obliques également inclinées. Mais il faut avoir des équerres bien justes, et rien n'est plus rare. Même dans les villes où les arts sont le plus avancés, il n'y a qu'un petit nombre d'artistes qui fassent des équerres et des règles d'une précision satisfaisante pour de bons dessinateurs.

Examinons maintenant l'application des propriétés que nous venons d'indiquer, à la construction et au mouvement des corps.

Ayant, fig. 10, une figure ABCD de forme invariable, supposons qu'on veuille la faire avancer, de manière que tous ses points en ligne droite A$mnp$.... se meuvent suivant cette même droite A$mnpa$...., je dis que tout autre point B ou C, ou D, de la figure ABCD, parcourra une droite B$b$, C$c$, D$d$ parallèle à A$a$. En effet, la figure ne changeant pas de forme durant son mouvement, chaque point B, C, D, reste toujours à la même distance de la droite A$a$. Donc il décrit une ligne droite parallèle à A$mnpa$.

L'industrie fait l'usage le plus fréquent de cette belle propriété donnée par la géométrie.

*Application au jeu des tiroirs dans leurs emboîtements.* Les tiroirs des tables, des commodes et des armoires, fig. 9, sont emboîtés et guidés dans leur mouvement par un encadrement dont les joints rectilignes représentent autant de lignes droites parallèles A$a$, B$b$, D$d$, C$c$. Quand le tiroir avance ou recule, si le meuble est bien exécuté, c'est-à-dire si le parallélisme de toutes ses parties est exactement observé, le tiroir ne cesse pas de s'ajuster dans son emboîtement ; et nulle part il n'est gêné dans ses mouvements, parce que des parallèles toujours comprises entre les mêmes parallèles, et par conséquent égales, représentent la distance des divers points de ce tiroir considéré dans ses diverses positions.

*Application au jeu des pistons dans les pompes.* La même explication nous fait comprendre comment un piston qui s'emboîte exactement dans un corps de pompe dont le contour est formé de lignes droites parallèles, s'y meut avec exactitude, sans éprouver d'obstacles ni de jeu : quand le corps de pompe et le piston sont exécutés avec précision. Lorsque le piston monte et descend alternativement, chacun des points de son contour devient une ligne droite parallèle à l'axe du corps de pompe ; toutes les parallèles ainsi décrites doivent être entièrement placées sur le contour intérieur du corps de pompe. C'est surtout en exécutant des machines à vapeur, que le moindre défaut de parallélisme et la plus légère déviation produiraient de graves inconvénients et une grande perte de force.

*Application à l'ourdissage et au tissage des étoffes.* Pour ourdir une étoffe, on étend d'abord parallèlement un certain nombre de fils qu'on réunit d'un bout sur une lisière, et qu'on enroule de l'autre bout sur un arbre ; on tend ces fils de manière à ce que la partie développée présente une suite de lignes droites parallèles et placées sur le même plan. Afin que l'étoffe qu'on veut fabriquer ne soit pas trop lâche en certaines parties et trop serrée en d'autres, on fait usage d'un instrument appelé peigne : il se compose de lamelles très-minces et droites, qui sont tenues à égale distance l'une de l'autre, et parallèlement, par deux garnitures convenables. On fait passer dans chacun des intervalles qui séparent les lamelles du peigne, un fil de la chaîne ; ce qui règle l'écartement des fils. Par ce double système de lignes droites parallèles, dont l'un sert de régulateur à l'autre, quand le peigne est exécuté avec une extrême précision, on parvient à confectionner des tissus d'une grande largeur, d'une grande longueur et d'une parfaite égalité dans toutes leurs parties.

On sait à quel degré de finesse et de beauté les Indiens ont porté la fabrication de leurs célèbres *cachemires*. Cependant, comme ils n'ont point, pour assurer le parallélisme et l'égale distance des fils, de moyens comparables en précision avec ceux des Européens, il leur est impossible d'exécuter des fonds de châles qui, pour l'égalité du tissu, rivalisent avec ceux que produisent les Européens, quoique nos fabricants ne comptent pas encore vingt années d'essais, dans cette nouvelle carrière ouverte à leur industrie.

Il est essentiel de faire sentir aux élèves que la supériorité, ainsi conquise dans un art très-perfectionné, tient aux moyens employés pour s'approcher de la précision, telle que la conçoit la géométrie idéale, dans le parallélisme des lignes droites représentées ici par des fils très-fins.

On aura souvent l'occasion de présenter des conséquences analogues, et partout on verra combien les progrès de l'industrie exigent qu'on introduise la rigueur des conceptions et des constructions géométriques dans le travail des ateliers. Voilà, répétons-le souvent, ce qui rend de plus en plus nécessaire, à nos artistes, de bien connaître la géométrie appliquée aux arts.

Les propriétés des lignes parallèles sont très-souvent mises en pratique pour exécuter une figure ou un corps exactement égaux à un corps ou à une figure donnés.

Supposons, par exemple, qu'il s'agisse d'exécuter une figure *abcd*, fig. 11, exactement égale à la figure ABCD, déjà construite. On mènera les lignes B*b*, C*c*, D*d*, égales et parallèles à A*a*, puis les lignes *ab*, *bc*, *cd*, *da*; celles-ci seront nécessairement égales et parallèles à AB, BC, CD, DA; et les deux figures seront égales.

*Application aux tracés de l'architecture civile et de l'architecture navale.* Lorsqu'on doit donner à un morceau de bois, de pierre ou de fer, un relief qui s'adapte exactement à la figure d'une cavité ou creux préparé pour recevoir la pièce en relief, on se sert alors de la propriété des parallèles dont nous venons de faire usage. Supposons, par exemple, que dans le rentrant représenté par ABCDEF, fig. 12, on veuille ajuster exactement une pièce de bois XY, après l'avoir convenablement taillée. Il suffira pour cela de mener les lignes A*a*, B*b*, C*c*, D*d*, E*e*, F*f*, égales et parallèles entr'elles, puis de tracer le contour *abcdef*, et de tailler la pièce XY suivant ce contour.

On emploie ce moyen pour faire, avec des planches légères, les modèles ou *gabarits* des lignes principales avec lesquelles on construit un navire, suivant un plan donné. Les charpentiers de vaisseaux appellent *tricage* cette manière d'appliquer les propriétés des parallèles; c'est de son exactitude que dépend la fidélité parfaite avec laquelle les formes conçues par l'ingénieur sont reproduites dans l'exécution.

Quant à l'emploi du même procédé pour l'assemblage des pièces en creux et en relief, fig. 13, qui doivent emboîter l'une dans l'autre, c'est de sa précision que dépend la solidité même du navire, et la résistance qu'il oppose à ce que ses parties prennent du jeu, quand ce bâtiment éprouve les tourmentes de la mer : jeu qui, comme nous le verrons plus tard, est une des causes de destruction les plus dangereuses.

*Application des parallèles au dessin de la géométrie descriptive : méthode des projections.* Nous avons dit un mot du moyen de construire une figure égale à une autre, à l'aide des parallèles. On s'est servi de ce moyen pour en faire un mode général de représentation, de description des corps : tel est le but du dessin de la *géométrie descriptive*.

C'est sur un plan appelé *plan de projection*, tel qu'une table, un plancher, une feuille de papier tendue, qu'on rapporte l'objet qu'il faut représenter. A partir de chaque point de l'objet même, on mène une ligne droite *parallèle* à une direction qu'on fixe d'abord d'après certaines convenances. On conçoit que chaque point du corps représenté, quitte sa place primitive et vienne se poser sur le plan de projection, en suivant la direction parallèle qu'on a choisie. La position nouvelle du point, sur le plan de projection, est *la projection du point*.

Si l'on projette ainsi tous les points d'une droite ou d'une courbe, ils formeront, sur le plan de projection, une droite ou une courbe nouvelle, qui seront les *projections de la droite ou de la courbe primitive*.

Voilà le genre de dessin dont on fait usage pour représenter les objets dans l'architecture civile, militaire et navale, dans la charpente et dans la coupe des pierres, dans le dessin pour l'exécution des machines, etc.

Une seule représentation des objets ne suffit pas; il en faut deux pour déterminer exactement leur figure et leur grandeur. C'est pourquoi l'on emploie deux plans de projection; l'on trouve simple et commode de supposer l'un vertical et l'autre horizontal. Sur le plan vertical, on rapporte, on projette l'objet à représenter, avec des parallèles qui sont horizontales. Sur le plan horizontal, on projette l'objet à représenter, avec des parallèles qui sont verticales.

La projection horizontale est ce qu'on appelle, à proprement parler, le *plan de l'objet*. La projection verticale est ce qu'on appelle l'*élévation de l'objet*.

Il est bien essentiel que les élèves soient pénétrés, dès cet instant, de l'importance, de la nécessité indispensable de connaître et de pratiquer avec exactitude le dessin des projections, *par plans et par élévations*, de tous les objets à représenter et à exécuter, dans tous les arts où l'on doit donner aux produits une forme très-exacte, soit d'après des modèles, soit d'après des dimensions et des règles déterminées à l'avance.

La suite de ce cours leur donnera des moyens d'opérer dans les cas principaux qui pourront se présenter à eux; mais cette indication ne suffit pas. Il faut qu'ils prennent un maître spécial pour leur apprendre le dessin des projections, ses méthodes et ses ressources.

*Application de la méthode des projections à la méchanique.* Non-seulement les parallèles et les perpendiculaires peuvent servir, par le moyen des projections, à représenter la forme d'un corps supposé immobile dans un moment donné; elle sert également à représenter le chemin qu'a suivi ou que doit suivre chacun de ses points, quand ce corps doit prendre un mouvement quelconque. Cette nouvelle application de la géométrie est de la plus haute importance pour la méchanique. Elle permet de représenter par des lignes ce qui n'est réellement pas figuré dans l'espace; elle permet de fixer durablement des traces dont la nature est de disparaître à l'instant même qui suit l'instant de leur création.

Supposons, par exemple, que je tire une balle de fusil ou de canon, vers un but donné. Le centre de cette balle parcourt une certaine ligne que rien ne marque dans l'espace, ni avant ni après le tir de la balle. Cependant on peut, sur un plan, représenter cette ligne telle qu'elle fut, ou telle qu'elle sera. Cette représentation nous servira, dans beaucoup de cas ; par exemple, pour nous rendre compte de l'effet du tir d'une batterie sur une fortification. Suivant que cette ligne, dirigée sur la crête des fortifications, entrera dans l'espace où se trouvent les défenseurs, ou passera par-dessus cet espace, à telle distance qu'elle ne puisse atteindre les défenseurs, la batterie aura de l'avantage ou du désavantage pour l'assaillant ; il y aura ou n'y aura pas de péril pour les assiégés placés derrière le rempart. (Voyez quatorzième leçon.)

On représente donc la ligne à parcourir par le centre de la balle, sur les plans de projection qui marquent les positions respectives et les reliefs de la batterie et des fortifications, pour juger ce qu'on doit espérer ou craindre des effets de cette batterie.

On représente également par des lignes, la suite des points que parcourent le centre de la lune autour de la terre, le centre de la terre et des autres planètes et des comètes autour du soleil, etc. La connaissance des lignes ainsi parcourues par les astres de notre système planétaire, est au rang des découvertes les plus précieuses qu'ait faites le génie de l'homme. Il a fallu plusieurs milliers d'années pour y parvenir.

Les machines que l'on exécute pour les besoins de la société et pour les travaux de l'industrie sont fabriquées dans le dessein que certaines de leurs parties opèrent des mouvements déterminés. Il ne suffit pas de représenter les parties de chaque machine dans une position particulière; il faut pouvoir représenter les mouvements, le jeu de ces parties. C'est encore en employant la méthode des projections, avec des parallèles et des perpendiculaires, qu'on y parvient. Au moyen de cette représentation l'on se rend un compte exact des effets produits par la forme même qu'ont les diverses parties des machines, quand ces machines sont mises en mouvement.

On doit voir, déjà, combien la théorie des parallèles et des perpendiculaires, toute facile, toute simple qu'elle paraît, a cependant d'applications importantes soit pour figurer et fabriquer des objets de toutes formes, des meubles, des édifices et des machines; soit pour représenter l'état stable des corps et les diverses circonstances de leur mouvement. Il faut donc se familiariser beaucoup avec le moyen de représentation qu'elle fournit à l'industrie.

Une des applications les plus utiles des lignes parallèles, est celle qu'on en a faite, pour réduire à la mesure de lignes droites parallèles, la figure des lignes courbes.

Étant donnée une ligne courbe quelconque, MABCDN, fig. 14, on la rapporte à une ligne droite principale ou axe *mn*, par une suite d'autres lignes droites *parallèles*, A*a*, B*b*, C*c*, D*d*, etc. Ordinairement on trace ces dernières à égale distance les unes des autres.

*Application au tracé des courbes.* L'avantage de ce tracé géométrique, c'est qu'il permet, si je puis m'exprimer ainsi, *d'écrire*, *de compter* la figure des lignes courbes, même des moins régulières. La construction des vaisseaux en offre un exemple remarquable.

*Exemple offert dans la construction des vaisseaux.* La rapidité de la marche d'un navire, toutes choses égales d'ailleurs, dépend de la forme convenable de la carène ou partie plongée dans l'eau. Il faut que cette forme soit partout bien continue et bien exécutée, suivant les dimensions déterminées par l'ingénieur. C'est pourquoi l'on emploie les méthodes géométriques les plus exactes pour représenter et pour construire la carène des vaisseaux. On a recours à la méthode des parallèles et des perpendiculaires.

Tous les navires que nous construisons ont leur côté droit, appelé *tribord*, parfaitement semblable au côté gauche, appelé *bas-bord*. On prend pour les figurer une ligne horizontale MN, fig. 15, qui va de la poupe à la proue. Sur cette ligne droite divisée en parties égales MA, AB, BC..., on élève des perpendiculaires, et sur ces perpendiculaires on marque des points qui indiquent la largeur des lignes d'eau.

On suppose que le navire, sans incliner d'un côté ni de l'autre, s'enfonce graduellement dans la mer, et qu'à chaque degré d'enfoncement on marque sur sa surface extérieure la ligne du contour de l'eau : c'est ce qu'on appelle *les lignes d'eau*. La continuité de ces lignes décide avant tout de la bonté des formes d'un navire. Ces courbes sont déterminées, comme nous venons de le dire, par les demi-largeurs marquées, à droite et à gauche de l'axe, sur les parallèles. Quand ces demi-largeurs sont indiquées en nombres pour chaque ligne d'eau et pour chaque parallèle, on peut toujours exécuter le dessin de la carène, et par conséquent le navire lui-même.

*Exemple offert par le tracé des routes et des canaux.* La ligne MN, fig. 16, prise pour axe, étant, par exemple, celle du niveau des eaux du canal ou toute autre ligne parallèle à ce niveau, on mène des perpendiculaires A$a$, B$b$, C$c$..., depuis cette ligne jusqu'au terrain, dont la figure est déterminée par la courbe qui passe par les points $a, b, c, d$. Pour déterminer les hauteurs M$m$, A$a$, B$b$, C$c$, on fait usage d'un instrument appelé *niveau*. Nous le décrirons en traitant des machines hydrauliques.

On forme ensuite ce qu'on appelle *des profils en travers*, en menant par chaque point A, B, C, D..., des horizontales perpendiculaires à MN, et prenant chacune de ces horizontales pour nouvel axe. On abaisse des perpendiculaires, de cet axe sur le terrain; on en mesure la longueur; puis on forme une figure pour chaque nouvel axe, avec les perpendiculaires et la courbe du terrain qui leur correspond.

Ces opérations sont indispensables pour connaître au juste la quantité de terre qu'il faut excaver dans les endroits trop élevés, afin de la transporter dans les endroits trop bas, et de transformer la figure primitive du terrain, en celle qui convient soit à la route, soit au canal qu'on veut tracer. Enfin les mêmes hauteurs donnent le moyen d'effectuer avec promptitude et facilité les calculs nécessaires pour évaluer les quantités de terre à enlever, ce sont les *déblais*, et à rapporter, ce sont les *remblais*.

Quand on veut déterminer exactement la figure du fond d'un lac, d'un fleuve, d'un port, d'une rade, on en divise la surface par deux suites de lignes horizontales parallèles également distantes; celles d'une suite étant perpendiculaires à celles de l'autre. Cela fait, on abaisse, de chaque point où les parallèles menées dans un sens sont coupées par les parallèles menées dans l'autre, une perpendiculaire qui va jusqu'au terrain. Si l'on fait passer des lignes courbes par l'extrémité des perpendiculaires menées d'une même horizontale, l'on forme un profil du fond du lac, du fleuve, de la rade, etc.

L'on obtient de la sorte, soit en long, soit en travers, tous les profils nécessaires pour déterminer la figure de ce fond.

Au lieu de suivre ce moyen de représenter la figure d'un terrain couvert ou non couvert par les eaux, on préfère souvent des courbes telles que les hauteurs verticales soient égales pour chacune d'elles; on forme alors une suite *de courbes horizontales*. Ordinairement on suppose que les courbes qui se suivent sont à la même distance les unes des autres, en mesurant verticalement cette distance. Par conséquent, en projection verticale, c'est-à-dire *en élévation*, ces sections horizontales sont toutes représentées par des parallèles à égale distance les unes des autres; ce qui simplifie une foule d'opérations. Ce moyen de représentation a le grand avantage de montrer à la vue simple, sur un plan, tel qu'une feuille de papier, la figure complète du terrain dans ses diverses parties.

La détermination de cette figure n'est pas utile seulement à *l'hydrographie*, c'est-à-dire, à la description des lieux couverts d'eau ou baignés par les eaux; elle sert au topographe pour décrire avec précision la forme précise et détaillée des vallons, des montagnes, etc.; elle sert à l'ingénieur militaire, comme à l'ingénieur des ponts et chaussées, pour les projets des voies publiques et des fortifications.

Lorsqu'on veut construire un aqueduc ou un pont, les piles de ce pont ou de cet aqueduc, s'élevant à la hauteur d'une ligne de niveau déterminée MN, fig. 17; on la divise en parties généralement égales MA, AB, BC, CD.... A partir de chaque point de division, l'on abaisse les perpendiculaires A*a*, B*b*, C*c*, D*d*...., jusqu'au terrain : ces lignes indiquent la hauteur que doivent avoir les piles du pont ou de l'aqueduc.

Je ne m'étendrai pas davantage sur les applications innombrables qu'on peut faire de cette représentation des formes de l'étendue, par le secours des parallèles. Vous devez voir toute l'importance de cette méthode, sa facilité, sa simplicité, sa rapidité : il faut donc vous familiariser avec elle, par de fréquents exercices, en dessinant rigoureusement beaucoup d'objets, rapportés à des axes et à des parallèles. IL FAUT QUE CE GENRE DE DESSIN SE RÉPANDE SUCCESSIVEMENT DANS TOUS LES ATELIERS.

On peut consulter avec fruit, d'abord l'ouvrage très-élémentaire de M. Francœur sur le dessin linéaire, ensuite l'ouvrage de M. Lacroix *sur les plans et les surfaces courbes*, et *la Géométrie descriptive*, de M. Monge. MM. Hachette et Vallée ont aussi donné de très-bons traités sur cette matière. On y trouve des choses excellentes qu'on chercherait vainement ailleurs.

# 1. GÉOMÉTRIE. ARTS ET MÉTIERS.

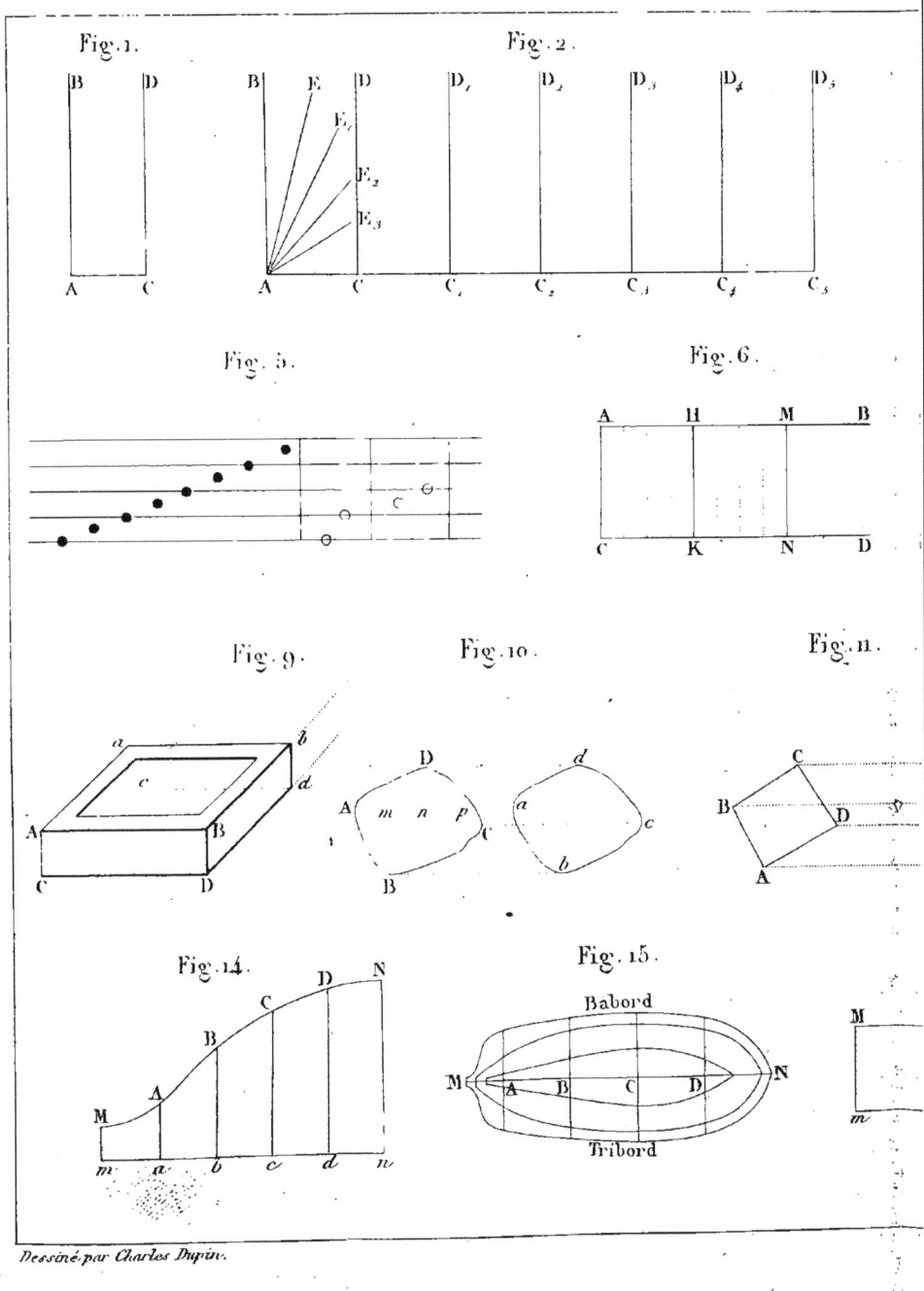

Dessiné par Charles Dupin.

BEAUX-ARTS. IIᵐᵉ LEÇON.

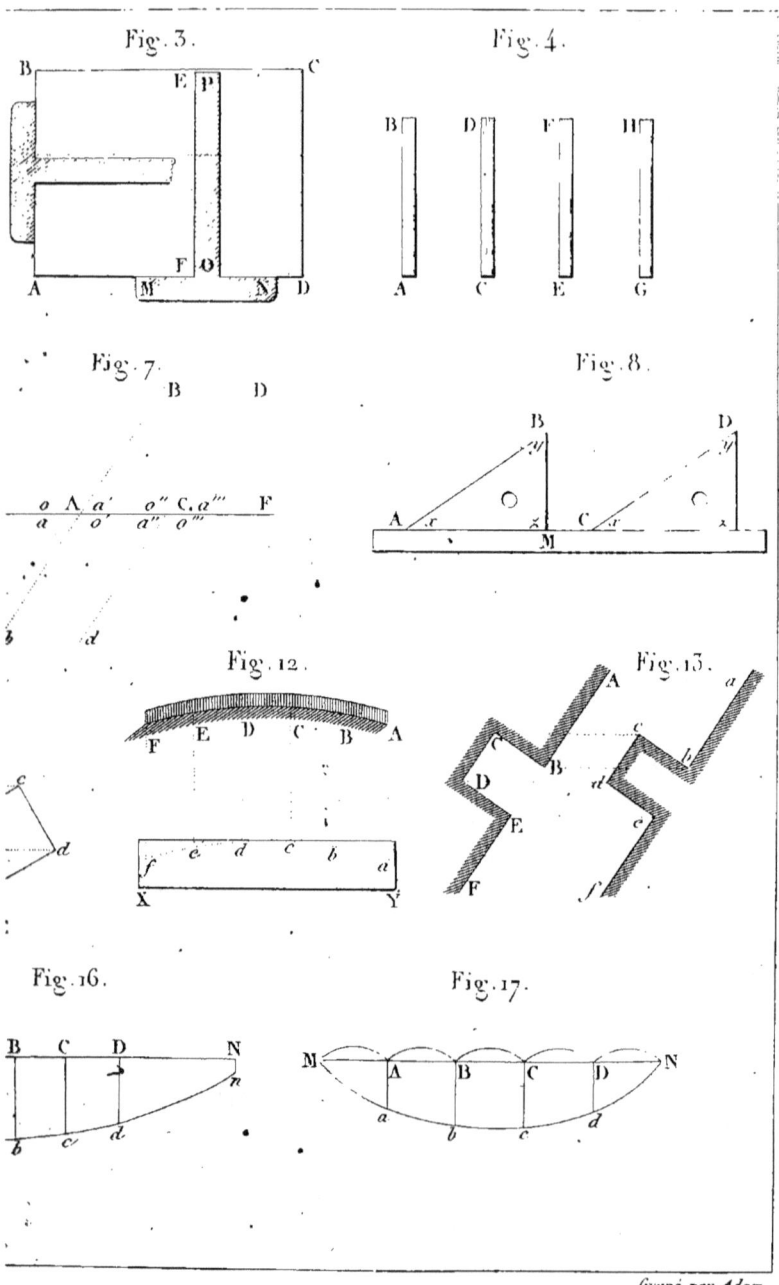

Gravé par Adam.

## TROISIÈME LEÇON.

*Le cercle.*

Un *cercle* est une surface plane dont le bord, appelé *circonférence*, a tous ses points également éloignés d'un point unique appelé *centre*.

Toutes les lignes droites menées du centre à la circonférence, mesurant des distances égales, sont égales entr'elles. On appelle *rayons* ces lignes droites. Donc les rayons d'un cercle sont tous égaux entr'eux.

Quand deux rayons sont directement opposés, l'un à droite, l'autre à gauche du centre, la ligne droite unique qu'ils forment, est ce qu'on appelle un *diamètre* du cercle.

Ainsi dans le cercle ABDE, fig. 1, C étant le centre, CA, CB, CD, CE, sont des rayons, tous égaux entr'eux. Si les deux rayons CA, CD forment une ligne droite ACD, cette ligne est un diamètre du cercle.

Chaque diamètre DA, fig. 1, divise le cercle en deux parties égales.

Pour s'en convaincre, il suffit de plier la portion DAB sur la portion DAE, en faisant tourner DAB autour du diamètre DA, comme sur une charnière. Si quelque point du contour DAB tombait en dedans du contour DAE, il serait plus près du centre; si quelque point de DAB tombait en dehors, il serait plus loin du centre. Or, cela ne peut pas être, puisque tous les points de la circonférence ABDEA sont également éloignés du centre. Donc enfin le contour DBA s'applique partout sur DEA ; et les deux portions du cercle, séparées par le diamètre DA, sont égales entr'elles.

On appelle *corde* toute ligne droite *mn*, fig. 2, terminée de part et d'autre à la circonférence d'un cercle. On appelle *arc* de cercle toute portion *mqn* de la circonférence. On appelle *flèche* la partie *pq* du rayon C*pq* perpendiculaire à la corde, partie comprise entre cette corde et l'arc.

Ces dénominations sont empruntées de l'usage que faisaient les anciens, d'un bois qu'ils tendaient avec une corde, à peu près en portion de circonférence, fig. 3, et qu'ils appelaient *arc*, pour lancer des *flèches* posées au milieu de la *corde* et dans une direction perpendiculaire à cette corde. Ici, comme on voit, l'application a devancé la science et lui a fourni des noms.

*Le rayon* C*pq*, fig. 2, *perpendiculaire à la corde mn, divise l'arc et la corde en deux parties égales.*

En effet, menons les rayons C*m*, C*n* ; ce sont des obliques égales par rapport à la perpendiculaire C*p*. Donc 1°. *mp* = *np*. Les cordes *mq*, *nq* sont aussi des obliques égales, et si l'on replie C*qn* sur C*qm*, le point *n* tombera sur *m*, et l'arc *nsq* sur *mrq* ; puisqu'aucun point du premier arc ne pourrait tomber en dedans ou en dehors du second, sans être plus près ou plus loin du centre C. Donc, 2°. les deux arcs *mrq*, *nsq* sont égaux.

*Applications au dessin linéaire.* La propriété

qui vient d'être démontrée, fournit des applications très-utiles dans l'art du dessin et dans presque tous les arts où l'on doit prendre et combiner des mesures exactes.

Elle sert d'abord à diviser un arc de cercle *m q n*, fig. 4, en deux parties égales. Pour cela, l'on prend un compas que l'on ouvre suffisamment (c'est-à-dire plus que de la moitié de *m n*); ensuite posant en *m* une des pointes du compas, on décrit avec l'autre pointe un arc de cercle *r s t*; puis portant une pointe de compas en *n*, on décrit avec l'autre pointe un second arc *o s u*, en ayant soin que le compas ne s'ouvre ni se ferme, durant toute l'opération. Le point *s* où se croiseront les deux cercles sera également distant de *m* et de *n*; donc il sera sur la perpendiculaire à *m n* qui passe par le milieu de cette droite et par le centre du cercle. Cette droite elle-même divisera la corde *m n* ainsi que l'arc *m q n*, en deux parties égales.

Si l'on ne connaissait pas la position du centre, il suffirait de tracer du côté de ce centre, deux arcs *a b c*, *d b e* avec une même ouverture de compas, le premier ayant *m* pour centre, et le second *n*; le point *b* serait, comme le point *s*, sur la perpendiculaire qui divise en deux parties égales, la corde *m n* et son arc *m q n*.

Avec une telle construction, nous pouvons, en connaissant seulement trois points *m*, *n*, *o*, fig. 5, sur la circonférence d'un cercle, déterminer la position du centre, la grandeur du rayon, et par conséquent tracer la circonférence même.

Il suffit pour cela de mener, d'après le moyen que nous venons d'indiquer, 1°. par le milieu de *mn*, *qa* perpendiculaire à *mn*; 2°. par le milieu de *no*, *rb* perpendiculaire à *no*. Du point C où se rencontreront les perpendiculaires Cq, Cr, menons les obliques C*m*, C*n*, C*o*; elles seront égales. Ainsi, C*m*, C*n*, C*o*, seront trois rayons du cercle cherché, dont C sera le centre.

Quand, fig. 6, des cordes AB, DE, FG... d'un cercle, sont parallèles, les arcs AD et BE, DF et EG,.... qu'elles comprennent, *sont égaux*.

Pour le démontrer, menons, du centre C, le rayon C*lmnp* perpendiculaire à toutes les cordes; il coupera chacune d'elles en deux parties égales. De plus, en comparant la longueur des arcs qui correspondent à ces cordes :
L'*arc*... *p*A égale *p*B, *p*D égale *p*E, *p*F égale *p*G;
ce qui exige qu'on ait l'*arc*.... AD égale BE, DF égale EG.

Une ligne droite X*p*Y, fig. 6, perpendiculaire au rayon C*p* du cercle, et menée par l'extrémité de ce rayon, est toute en dehors du cercle, qu'elle ne touche qu'au point *p*. C'est la *tangente* du cercle; et nulle autre droite ne peut, à partir du point *p*, passer entre le cercle et sa tangente X*p*Y.

En effet, le rayon étant perpendiculaire à la droite X*p*Y, le pied *p* de cette perpendiculaire est plus près du centre C, placé sur cette perpendiculaire, que tout autre point X ou Y; puisque la distance de chaque autre point X, Y... au point C, serait mesurée par une oblique nécessairement plus longue que la perpendiculaire C*p*. Donc tous les points de la droite X*p*Y, excepté *p*, sont hors du cercle.

Les arts tirent le plus grand parti de ces propriétés qu'a le cercle, par rapport aux droites qui lui sont *tangentes*.

D'abord on peut faire tourner le cercle autour

de son centre C supposé fixe. La tangente XY restant également fixe dans ce mouvement : 1°. jamais le cercle ne dépassera XY ; 2°. il touchera toujours XY en un point $p$ qui se trouve éloigné du centre C d'une étendue égale au rayon C$p$. Par conséquent, lorsqu'une droite fixe touche un cercle en un point, si le centre du cercle est fixé sur un axe, on peut faire tourner ce cercle sans que jamais il ait aucun effort à produire pour s'écarter de la ligne droite, ni pour repousser cette ligne droite.

*Application au tournage d'un corps mobile, par le moyen d'un outil fixe.* Le tourneur met à profit cette propriété pour tailler une surface plane suivant un contour circulaire. Il fait tourner le plan autour d'un point fixe C, pris pour centre du cercle. Ensuite il dirige un outil tranchant, suivant la tangente XY ; le tranchant agissant au point $p$, toutes les parties du plan détachées par l'outil, sont éloignées de C d'une distance plus grande que C$p$ ; tous les points du contour, ainsi taillés, sont à la distance C$p$ du centre : donc ce contour est celui d'un cercle.

*Application à la configuration des meules pour aiguiser les outils ou polir des surfaces.* On fait usage de la même propriété, dans la construction des meules qui servent pour aiguiser des outils et pour polir les parties rectilignes de la surface des produits d'industrie. On tient fixement, soit à la main, soit avec un appareil quelconque, l'objet à aiguiser ou à polir, en le pressant contre une meule de forme circulaire. Si le centre de la meule est bien fixe, et sa circonférence bien exacte, lorsqu'on fait tourner cette meule, sa surface reste toujours en contact avec les objets qu'on veut aiguiser ou polir.

Toute autre figure que le cercle n'aurait pas cette propriété ; en la faisant tourner, il y aurait des moments où elle s'écarterait des objets tenus fixement, et d'autres où elle les repousserait.

Au lieu de supposer le cercle mobile et la tangente XY fixe, nous pouvons au contraire supposer fixe le cercle, et mobile la droite XY : en assujettissant toujours cette droite à rester éloignée du centre C d'une quantité égale au rayon, elle ne cessera pas de toucher la circonférence du cercle.

*Application au tournage des corps fixes.* On emploie ce moyen pour tailler circulairement des corps immobiles. Alors c'est l'outil qui tourne autour du centre ; une face droite de l'outil est représentée par la tangente XY, et le tranchant même l'est par le point p.

On combine encore d'une manière différente le mouvement du cercle avec la position de ses tangentes.

*Application au roulage.* Supposons que la tangente XY restant immobile, on fasse rouler le cercle dessus, de manière que chaque petite partie de la circonférence pose successivement, sans glisser en avant ni en arrière, sur une nouvelle partie de la tangente, on aura le mouvement qu'on appelle *roulage* : il est de la plus haute importance dans les arts.

Dans ce mouvement, la droite XY ne cessera pas d'être tangente au cercle, puisqu'elle en touchera toujours la circonférence en un point seulement. Donc le centre du cercle restera sans cesse éloigné de la droite XY, d'une distance égale au rayon C$p$. Ainsi, dans le roulage effectué sur une ligne droite XY, le centre du cercle roulé se meut en suivant une autre ligne droite parallèle à la route XY. Si donc cette ligne droite est horizontale, le centre du cercle suit pareillement une ligne horizontale.

Pour toute autre courbe qu'on ferait ainsi rouler sur une ligne droite horizontale, un point, central ou non, monterait ou baisserait tour-à-tour; et le transport effectué par cette roue *non circulaire*, n'aurait ni régularité, ni douceur. Telle est la raison pour laquelle on donne la figure d'un cercle à toutes les roues des voitures destinées à transporter des voyageurs ou des effets.

*Application aux mouvements parallèles.* La propriété du cercle, qui nous occupe en ce moment, fournit un moyen très-simple et très-facile de faire mouvoir un point parallèlement à une droite donnée. Il suffit d'attacher ce point au centre d'un cercle qu'on fera rouler sur sa tangente.

Menons la ligne $xy$, fig. 6, parallèle à XY, à une distance qui égale deux rayons $Cp$ ou le diamètre du cercle, c'est-à-dire $pCq$. Alors $xy$ passera par l'extrémité $q$ du diamètre $pq$; elle sera, comme XY, tangente au cercle. Si maintenant on fait rouler le cercle sur X$p$Y, il ne cessera pas de toucher $xqy$, parce que la distance des deux parallèles est partout la même.

*Application à la construction des machines.* Quand on veut faire mouvoir avec beaucoup d'exactitude une règle, un châssis rectilignes, parallèlement à une ligne droite donnée, on prend des molettes ou roulettes d'égal diamètre, et d'une figure circulaire bien exacte; on les place entre la droite qui sert de base et la règle ou le châssis à mouvoir. On n'a plus ensuite qu'à tirer ou pousser *tangentiellement* aux roulettes ou molettes, la règle ou le châssis, suivant les besoins de la machine dont ils doivent faire partie.

On remarquera combien sont déjà variés les moyens que la géométrie fournit aux arts pour décrire ou construire des cercles avec des lignes droites, et des lignes droites avec des cercles; pour produire des mouvements rectilignes avec des mouvements circulaires, et des mouvements circulaires avec des mouvements rectilignes. C'est aux professeurs à bien faire comprendre aux élèves l'esprit de ces applications.

Après avoir comparé des cercles avec des lignes droites, comparons les cercles entr'eux.

Supposons que deux cercles A, B, figure 7, soient placés de telle manière que la distance AB de leurs centres égale la somme AO plus BO de leurs rayons. Il est évident que le point O est à la fois sur les deux circonférences. De plus, aucun autre point P ne peut être à la fois sur ces deux circonférences (1).

Les deux cercles sont par conséquent *tangents* l'un à l'autre.

*Application pour transmettre le mouvement circulaire d'un axe à un autre.* On peut faire tourner le premier cercle, fig. 7, sans qu'il cesse de toucher le second, supposé fixe, ou même supposé mobile et tournant soit dans le même sens que le premier soit en sens contraire: sans que, dans ce mouvement, les deux cercles cessent de se toucher et sans qu'ils empiètent l'un sur l'autre.

Les arts emploient souvent cette propriété géométrique, pour mettre en mouvement un

---

(1) En effet, si l'on mène les lignes droites AP, BP, l'on aura toujours la ligne droite AO plus BO plus courte que la ligne brisée AP plus BP. Donc AP et BP ne peuvent pas être égaux aux rayons AO et BO.

cercle par un autre : soit en vertu du simple frottement des circonférences, soit en les hérissant de dents d'égale grosseur et placées à même distance. Il faut seulement observer qu'alors, si l'un des cercles tourne de gauche à droite, l'autre tourne de droite à gauche : ils se meuvent en sens contraires. On a représenté par des flèches cette opposition de mouvements, dans la figure 7.

Si l'on avait trois cercles en contact, A, B, C, fig. 7, de manière que le premier fît tourner le second, et le second le troisième ; le deuxième tournant en sens contraire du premier, et le troisième en sens contraire du second, le troisième et le premier tourneraient par conséquent dans le même sens. Donc *il faut trois cercles en contact pour faire passer, dans le même sens, un mouvement circulaire d'un centre à un autre.*

*Des courroies enveloppes des cercles.* Quand on veut transmettre un mouvement circulaire, à une distance assez considérable, au lieu d'employer de trop grands cercles ou de les trop multiplier, on en prend deux qu'on entoure d'une lanière. Ce qu'on peut opérer : 1°. sans croiser les lanières, comme dans la figure 8 ; 2°. en les croisant, comme dans la figure 9. Ces lanières sont tendues de manière que les parties $mn$, $pq$, qui ne sont pas en contact avec les deux cercles, soient en ligne droite. On peut faire tourner chacun de ces deux cercles, sans que la longueur ni la direction des parties circulaires *p*A*m* et *q*B*n* changent, non plus que la longueur et la direction des parties droites *mn*, *pq*. Donc, si dans le premier moment, l'adhérence de la courroie sur les circonférences est assez grande pour qu'en faisant tourner un cercle, la courroie suive le même mouvement et le transmette à l'autre cercle, ce mouvement se transmettra sans difficulté et toujours de la même manière, à mesure qu'on fera tourner le premier cercle.

Si, par l'usage, ou par l'effet des variations de chaleur et d'humidité de l'atmosphère, la courroie venait à s'allonger, il faudrait employer un troisième cercle D, fig. 10, qui, brisant une partie rectiligne *pq*, la mettrait dans une position *pr*, *rq*, où elle serait encore tendue malgré son allongement. Il suffirait pour cela que la différence de longueur entre la droite *pq* et la partie coudée *prq* fût égale à l'allongement de la courroie. On fait un fréquent usage de ce moyen dans la construction des machines.

Une différence qu'il faut bien remarquer entre les deux genres de courroies croisées ou non croisées, en passant d'un cercle à l'autre, c'est qu'avec des courroies croisées, fig. 9, les deux cercles tournent en sens contraires; tandis qu'avec des courroies non croisées, fig. 8 et 10, ils tournent dans le même sens.

Dans la suite de ces leçons, on verra beaucoup d'autres applications du mouvement des lignes droites et des cercles, combinés pour satisfaire aux besoins des arts.

*Du mouvement d'un cercle dans un autre.* Si dans une surface plane on découpe un cercle, on aura, pour la partie découpée, une circonférence *en relief*, et sur le reste du plan, une circonférence *en creux*. Faisons tourner autour de son centre le cercle découpé; tous les points de sa circonférence restant toujours à la même distance du centre, seront toujours en contact avec quelque point de la circonférence en creux taillée dans le plan. Donc la circonférence en relief, lorsqu'elle tournera, ne cessera pas de toucher, en tous ses points, la circonférence en creux.

Le cercle est la seule figure qui jouisse de cette propriété. En effet, pour toute autre figure qu'on ferait tourner autour d'un point, il y aurait des parties du contour de la figure plus ou moins éloignées de ce point, et ces parties tantôt sortiraient du contour taillé en creux sur le plan, et tantôt, n'atteignant pas jusqu'à ce contour, laisseraient un vide entre elle et lui.

Toutes les fois qu'il est nécessaire de fermer exactement un espace sur un plan, tandis que certaine partie de ce plan doit tourner sur elle-même, il faut par conséquent donner à cette partie la figure d'un cercle. Telle est la raison pour laquelle on donne une figure circulaire aux bouchons des robinets, des bouteilles, des flacons, etc.

*Application aux boîtes à vapeur.* Dans la construction des machines à vapeur, on fait un usage ingénieux de cette propriété qu'a le cercle, de tourner sur lui-même, sans qu'aucun point de son contour cesse de toucher une circonférence creuse qui l'emboîte. Nous expliquerons cet usage en décrivant les boîtes circulaires à vapeur.

*Division du cercle et son application à la mesure des angles.* Avant d'expliquer cette division, faisons connaître un principe essentiel.

Si deux arcs d'un cercle AMB, DNE, fig. 11, sont égaux entr'eux, les cordes AB, DE, qui appartiennent à ces arcs, sont égales entre elles (1).

Réciproquement, les cordes AB, DE, fig. 11, étant égales, si on pose la deuxième corde sur la première, les deux arcs AMB, DNE se confondront dans toute leur étendue, et seront égaux. Donc, si l'on parvient à tracer dans un

---

(1) Pour le démontrer, posons l'arc DNE sur AMB, et le point D sur le point A. Alors les deux arcs, gardant le même centre, s'appliqueront exactement l'un sur l'autre : donc le point E tombera sur le point B. Donc la ligne droite ou corde DE se confondra avec la corde AB.

cercle, fig. 12, une suite de cordes AB, BC, CD, DE,... toutes égales entr'elles, les arcs correspondants seront pareillement égaux entr'eux ; par conséquent on aura divisé la circonférence du cercle en autant de parties égales qu'on aura tracé de cordes.

*Moyens les plus simples pour diviser le cercle :*

1°. En *deux* parties égales : il suffit de mener par le centre un diamètre AB, fig. 13.

2°. En *trois* parties égales : Il faut le diviser en six, fig. 15, et prendre les divisions de deux en deux.

3°. En *quatre* parties égales : il suffit de mener un second diamètre DE, fig. 13, perpendiculaire au premier AB (1).

4°. En *cinq* parties égales, fig. 14. On commencera par diviser la circonférence en *dix* parties égales, qu'on prendra ensuite de deux en deux (2).

---

(1) Cette opération peut se faire immédiatement, en prenant une ouverture de compas plus grande que le rayon, et décrivant, avec cette ouverture comme rayon ; du point A comme centre, les deux arcs $m$F$n$, $p$G$q$ ; du point B comme centre, les arcs $r$F$s$, $t$G$u$ : la ligne droite FDCEG est la perpendiculaire cherchée.

(2) Pour diviser le cercle en dix parties égales, on partagera le rayon en deux parties AM, MC, telles que la grande MC contienne autant de fois la petite AM, que le rayon même contient de fois la grande. La grande partie AM sera la corde qui, portée dix fois de suite sur la circonférence, en fera complètement le tour. La démonstration de cette méthode et celle de la division du cercle en *six* parties égales, reposent sur les propriétés des triangles.

5°. En *six* parties égales, fig. 15 : il faut prendre pour corde le rayon même du cercle.

La perpendiculaire menée par le milieu de chaque corde divisant en deux parties égales l'arc qu'elle supporte, donne le moyen de partager la circonférence du cercle en *huit* parties égales, fig. 13, si l'on part de la division en quatre parties égales ; de la partager en *douze*, fig. 15, si l'on part de la division en six parties égales, etc.

Le *quinzième* de la circonférence, égale le sixième moins le dixième.

Ces opérations bien simples étant de nature à se présenter sans cesse dans le tracé des machines et des produits d'industrie, il est essentiel que les artistes se les rendent familières.

Après avoir indiqué les méthodes rigoureuses que la géométrie fournit, offrons une méthode approchée qui pourra servir en beaucoup de cas.

Le rayon d'un cercle étant égal à 10000, voici quelle est, en négligeant les fractions d'unité, la longueur de la corde qui supporte une portion de la circonférence égale

| | | | |
|---|---|---|---|
| A la demi-circonfér. | 20000 | Au huitième. | 7654 |
| Au tiers | 17232 | Au neuvième. | 6840 |
| Au quart. | 14145 | Au dixième. | 6180 |
| Au cinquième. | 11746 | Au onzième. | 5524 |
| Au sixième. | 10000 | Au douzième. | 5176 |
| Au septième | 8672 | | |

Ce petit tableau rendra très-facile de trouver l'ouverture de compas nécessaire pour diviser le cercle en autant de parties égales qu'on voudra, depuis la demie jusqu'au douzième.

Ensuite, par le moyen que nous avons donné pour prendre la moitié d'un arc, on aura sur-le-champ l'ouverture de compas qui correspond....
au  14$^e$., 16$^e$., 18$^e$., 20$^e$., 22$^e$., 24$^e$., 28$^e$., etc.
ou 2 fois 7  8  9  10  11  12  14, etc.

Nous avons indiqué le moyen facile de diviser un arc en *deux* parties égales ; on a cherché long-temps une méthode géométrique rigoureuse pour diviser un arc en *trois* parties égales : on n'a pas trouvé cette méthode.

*Application des arcs de cercle à la mesure des angles.* Les angles étant susceptibles d'être augmentés ou diminués, on peut prendre l'un d'eux pour unité de mesure et représenter tous les autres par des chiffres exprimant le nombre de fois qu'ils comprennent cet angle ou ses subdivisions. ( Voyez première leçon. )

Au lieu de prendre un angle même ACB, fig. 16, pour unité de mesure, on a jugé plus convenable de prendre l'arc AB compris entre les côtés de l'angle et décrit du point C comme centre.

Il est facile de voir que si l'on trace une suite de rayons CA, CB, CD, CE... à telles distances que les angles ACB, BCD, DCE,... soient égaux, on pourra poser ces angles les uns sur les autres; alors leurs arcs AB, CD, DE.... s'appliquant en entier les uns sur les autres, seront égaux.

Si l'on prend deux, trois, quatre des angles égaux à l'unité, pour en former un angle unique, il faudra prendre aussi deux, trois, quatre fois l'arc qui leur correspond, pour avoir celui qu'embrasse le nouvel angle. Par conséquent, le même nombre représentera la quantité de fois que le nouvel angle, quel qu'il soit, contient l'unité de mesure des angles, et la quantité de fois que l'arc correspondant au nouvel angle contient l'unité de mesure des arcs.

On peut, sans rien changer à ces nombres, prendre à son gré des mesures d'angles ou d'arcs. On a trouvé plus commode de faire usage des arcs ; et voici comment on a procédé.

On a divisé le cercle en quatre parties égales, lesquelles donnent par conséquent quatre quarts de circonférence, servant de mesure aux quatre angles droits qui embrassent tout l'espace autour du centre C.

Ensuite on a divisé chaque quart en *quatre-vingt-dix* parties égales qu'on a nommées *degrés*.

La circonférence du cercle contient donc quatre fois 90 ou 360 degrés. Cette division paraît assez bizarre au premier abord et ne s'accorde pas entièrement avec notre division par 100, par 10,000, etc. Cependant elle offre quelques avantages. Le principal est celui de se prêter à beaucoup de divisions en parties égales, exprimées par des nombres ronds.

Ainsi la *demi*-circonférence égale 180 degrés.

*le tiers, le quart, le cinquième, le sixième, le huitième, le dixième,*
120     90     75     60     45     36
*le douzième, le quinzième, le vingtième, le vingt-quatrième,*
30     24     18     15
*le trentième, le trente-sixième..... de la circonférence.*
12     10     .....*degrés.*

Nous ne pousserons pas plus loin cette indication ; elle fera comprendre aux artistes l'avantage de l'ancienne division du cercle en 360 degrés.

Afin de mesurer les parties d'angle plus petites qu'un degré, on divise le degré en 60 parties égales, qu'on appelle *minutes*.

Pour suffire à des mesures plus délicates encore, on divise la minute en 60 *secondes*, la seconde en 60 *tierces* et la tierce en 60 *quartes*.

La circonférence du cercle contient 21.600 minutes, ou 1.296.000 secondes, ou 77.760.000 tierces, ou 4.665.600.000 quartes (1).

Ainsi la seconde n'est pas la millionième partie de la circonférence, et la quarte n'en est pas le quart de la milliardième partie.

*Application à la géographie.* Les géographes

---

(1) Pour indiquer d'une manière abrégée des degrés, des minutes, des secondes, des tierces, des quartes, on écrit un °, ′, ″, ‴, ⁗, au dessus du chiffre indiquant ces parties du cercle.

Ainsi 15°, 45′, 53″, 37‴, 21⁗, veut dire 15 degrés, 45 minutes 53 secondes, 37 tierces, 21 quartes.

ont fait, pour mesurer la surface de la terre, une application très-importante de la division du cercle par degrés, minutes, tierces, etc.

Ils ont remarqué que les lignes tracées du nord au sud, comme celles que l'on trace de l'orient à l'occident, sont à fort peu près des cercles. Ils ont divisé ces cercles en degrés, minutes, secondes, tierces, etc.

Voici quelle est la longueur de ces parties, suivant l'ancienne division du cercle :

La circonférence de la terre, mesurée sur un méridien, est de . . . . . . . . . . . . . 40,000,000 de mètres

1 degré égale. . . . . . . 111,111 mètres
1 minute égale. . . . . . 1,852 mètres
1 seconde égale. . . . . . 34 mètres
1 tierce égale. . . . . . . $\frac{1}{2}$ mètre et quelque chose.

**Suivant la nouvelle division du cercle ;**

1 degré égale. . . . . . . 100,000 mètres
1 minute égale. . . . . . 1,000 mètres
1 seconde égale. . . . . . 10 mètres
1 tierce égale. . . . . . . 1 décimètre
1 quarte égale. . . . . . . 1 millimètre.

*Application de la division du cercle à la construction des machines.* La division de la circonférence du cercle en parties égales est une opération indispensable dans un grand nombre d'arts, et surtout dans la fabrication des machines ; par exemple, pour tracer les roues dentées nécessaires aux engrenages, et les cylindres cannelés nécessaires au filage méchanique du coton, de la laine, du chanvre, etc. Suivant qu'on exécute ces opérations avec un soin plus ou moins grand, les mouvements transmis par engrenage le sont avec plus ou moins de facilité : la précision géométrique peut seule faire éviter les ressauts, les arrêts et les pertes de force qui accompagnent toujours l'irrégularité et l'inexactitude dans le jeu des machines.

Il serait très-important que nos fabricants n'employassent jamais de roues dentées et de cylindres cannelés, sans avoir vérifié, *avec beaucoup de soin*, si les dents et les cannelures divisent la circonférence du cercle en portions très-sensiblement égales. Ces vérifications rendraient les fabricants de machines plus rigoureux dans leurs méthodes ; l'industrie française y gagnerait une grande économie de forces transmises; et les produits de notre industrie, qui demandent beaucoup de perfection dans la main-d'œuvre, acquerraient une nouvelle supériorité.

*Instruments propres à mesurer les angles.* Pour mesurer les angles on fait usage d'un grand nombre d'instruments sur lesquels se trouve marquée la division du cercle en degrés et même en subdivisions de degrés.

Le rapporteur est le plus simple de ces instruments. C'est un demi-cercle en cuivre ou en corne, sur la circonférence duquel on se contente de marquer les degrés. Si l'instrument est en cuivre, la partie *mnp*C, fig. 17, est à jour, et C, le centre, est indiqué par une petite entaille ; de plus, les petites entailles $m, p$, laissent voir deux autres points du diamètre *mCp* tracé sur un plan, et caché d'ailleurs exactement par le bord *mCp* de la partie droite qui représente un diamètre.

Le rapporteur en corne n'a pas besoin de ces entailles et laisse voir le dessin à travers son épaisseur.

Le *rapporteur* est ainsi nommé, parce qu'il sert à prendre l'ouverture d'un angle XOY, et à la *rapporter* dans une autre position, en se donnant le sommet et un côté du nouvel angle.

Veut-on tracer une ligne CY qui passe par un point donné O de CX, et qui fasse un certain angle, par exemple de 55°, avec CX? On pose le diamètre *mCp* sur CX, et le point C sur le point O. Ensuite on marque, à toucher le contour gradué, un point H qui correspond à 55°. La ligne droite CHY menée par C et par H, est celle qui fait avec OX l'angle de 55 degrés.

Le *graphomètre* est un instrument dont les arpenteurs font usage, et qui ressemble au rapporteur. Il se compose pareillement d'une demi-circonférence divisée en degrés ; mais il est beaucoup plus grand. Il est posé sur un pied à trois branches. Il porte, aux extrémités de sa demi-circonférence graduée, de petites plaques en cuivre qui laissent une ouverture droite et perpendiculaire au plan du cercle. A l'aide de ces deux ouvertures qu'on appelle *alidades*, en se plaçant derrière l'une et regardant à travers l'autre, on tourne le graphomètre jusqu'à ce qu'on soit dans la direction précise d'un objet déterminé. Ensuite un diamètre, mobile autour du centre, porte aussi deux alidades; on fait tourner ce diamètre jusqu'au point où regardant par ses deux ouvertures on voie un second objet. On mesure ainsi l'angle formé par deux lignes droites qui passent par le centre du graphomètre et respectivement par deux objets déterminés. On observe sur la graduation de l'instrument le nombre de degrés qui séparent les deux diamètres : il indique l'angle cherché (1).

Il y a d'autres instruments qui servent à mesurer les angles, mais qui n'ont que le quart d'un cercle gradué, ce sont les *quadrants;* d'autres qui n'ont que le sixième, ce sont les *sextants;* d'autres qui n'ont que le huitième, ce sont les *octants.* On emploie ces instruments dans les opérations de *géographie* ou mesure de la terre, et dans celles de *navigation*, pour mesurer la position respective des objets terrestres et des astres, lorsqu'on est en mer.

On emploie aussi des cercles entiers, qu'on appelle *cercles répétiteurs;* parce qu'on y répète

---

(1) Il sera très-utile que le professeur explique la structure et le jeu du rapporteur, du graphomètre et des autres instruments, en les offrant à la vue des élèves.

les observations, de manière que les erreurs différentes qu'on peut avoir faites dans les diverses observations, se compensent en partie, et diminuent l'erreur totale.

Indépendamment des vices inhérents à leur construction, tous ces instruments ont une source d'erreur dans l'inégalité des divisions du cercle. Car jamais la main de l'homme ne peut parvenir à des divisions telles que l'imagination du géomètre les conçoit, c'est-à-dire, rigoureusement exactes. Mais il peut diminuer à ce point les inexactitudes, qu'elles deviennent réellement imperceptibles, même en cherchant à les découvrir avec des instruments qui rendent sensibles les plus légères fautes.

*Machines à diviser les cercles.* On a construit des machines propres à diviser promptement et commodément le cercle. Voici par quel moyen. On trace sur un plateau beaucoup de cercles ayant un même centre ; en partant du plus petit cercle pour aller vers le plus grand, on divise successivement

le $1^{er}$., $2^e$., $3^e$., $4^e$., $5^e$.... cercles,
en 3, 4, 5, 6, 7..... parties égales.

Cette première division doit être faite avec un soin extrême, et vérifiée à plusieurs reprises, par l'une des méthodes que nous avons indiquées.

Supposons maintenant qu'on veuille diviser en parties égales un autre cercle ou une portion de cercle. Il faut placer le nouveau cercle de manière que son centre ait le même axe que celui de tous les cercles gradués. ( Ici le professeur décrira l'instrument en présence de la machine. )

Cette opération n'est juste qu'autant que le centre de la pièce à graduer est exactement posé sur le centre commun des cercles déjà gradués. M. Gambey, célèbre artiste français, a su, par une application bien simple des parallèles, trouver le moyen d'obvier à cet inconvénient et de diviser avec exactitude une circonférence qui n'est pas concentrique au plateau primitivement divisé.

Soit ACB la pièce sur laquelle il s'agit de tracer un arc de cercle AB, avec des graduations parfaitement correspondantes à celles du plateau. Un encadrement à angles droits CMNPQ est tenu de manière que ses côtés CM PQ soient toujours dirigés vers le centre C de la pièce ACB qu'on veut diviser, et ne puissent se mouvoir que parallèlement à leur position primitive. Quand on fait tourner d'une certaine quantité le plateau, par exemple de 50°, le côté OCA passe en O*ca*, CB passe en *cb* et l'angle *acb* égale 50°. Mais, dans ce mouvement, l'encadrement transporté en *cmnpq*, n'a pas changé de direction, et la ligne *pq* se trouve toujours en ligne droite avec le centre *c* de l'arc. Donc : 1°. l'indicateur Q marque, sur la pièce ACB, une suite de points, tous également éloignés de C, c'est-à-dire, un arc de cercle ayant C pour centre; 2°. quand le plateau tourne d'un degré, l'indicateur Q marche aussi d'un degré sur la pièce à diviser.

I. GÉOMÉTRIE.　　　ARTS ET MÉTIERS et BIB

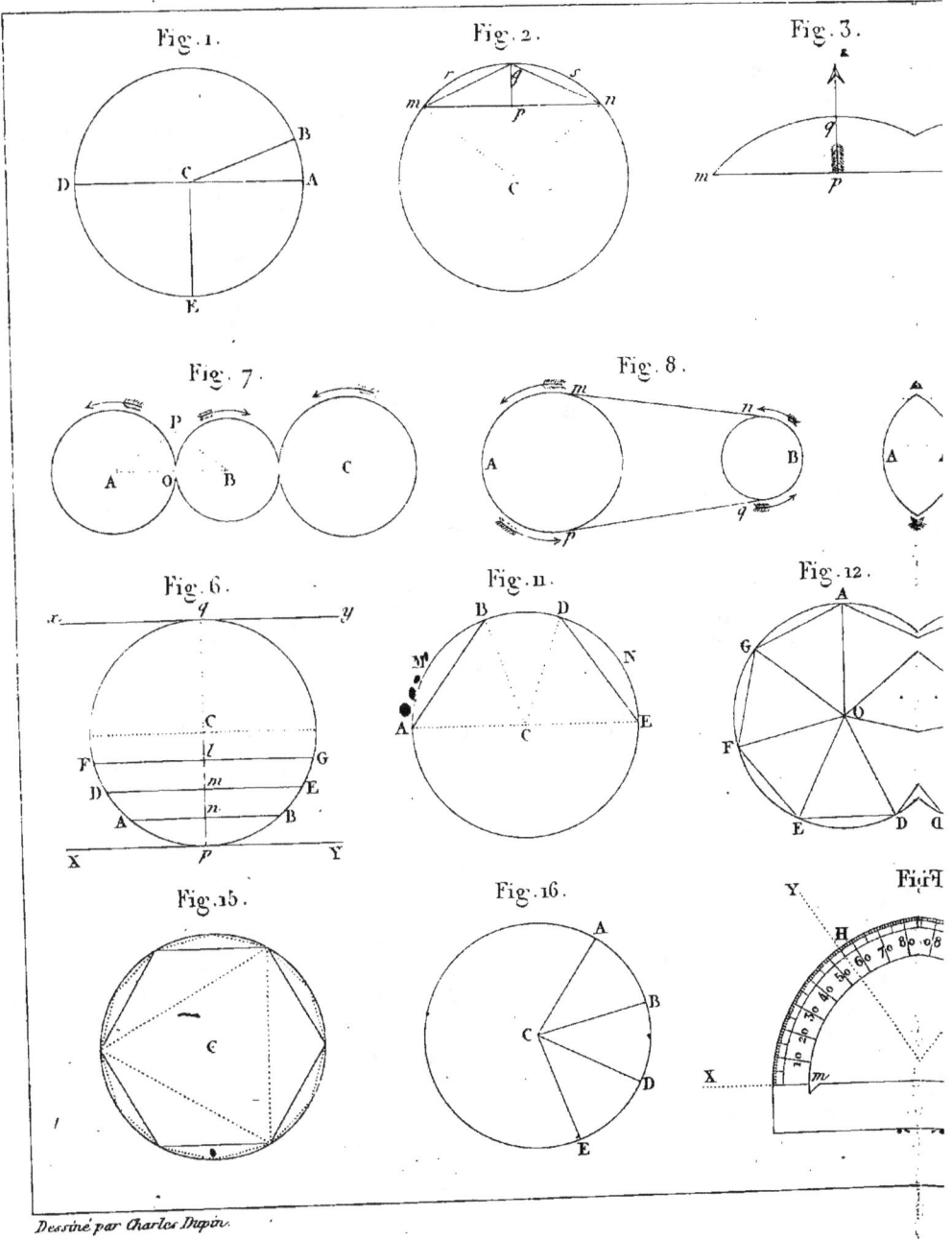

Dessiné par Charles Dupin.

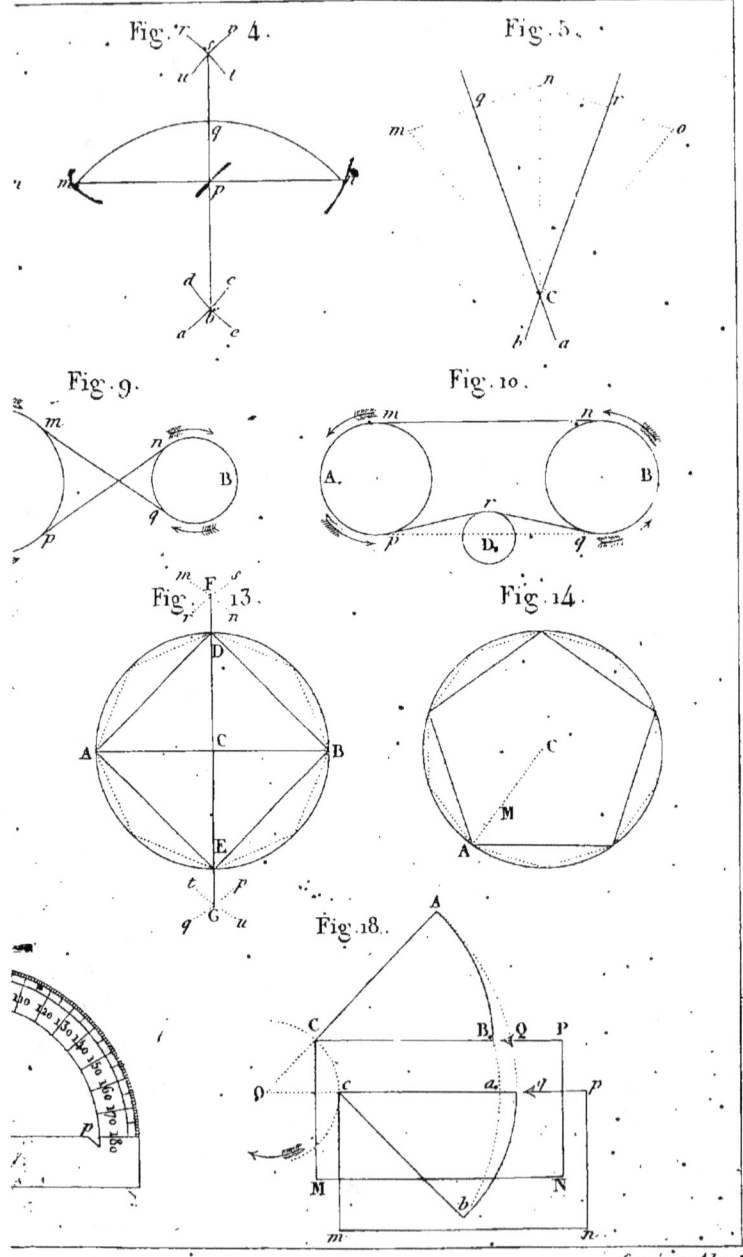

## QUATRIÈME LEÇON.

*Formes diverses qu'on peut donner aux produits d'industrie, avec la ligne droite et le cercle.*

Parmi les figures planes qui sont terminées par des lignes droites, il y en a de régulières et d'irrégulières, de simples et de compliquées. Nous nous bornerons à faire connaître celles dont les arts font l'usage le plus fréquent.

Deux lignes droites, parallèles ou non, ne peuvent pas fermer complètement un espace. Pour obtenir ce résultat, il faut au moins trois lignes qui ne soient pas parallèles.

On appelle *triangle rectiligne* la superficie fermée par trois lignes droites. On distingue dans un triangle ABC, fig. 1, ses trois *côtés* AB, BC, CA; ses trois *angles*, et les trois *sommets* A, B, C, de ces angles.

Les angles d'un triangle jouissent d'une propriété remarquable et précieuse pour les arts: leur somme égale deux angles droits, quelle que soit la grandeur et la forme du triangle.

Pour le prouver, prolongeons le côté AB en BE, fig. 2, et menons BD parallèle à AC. Les deux parallèles AC, BD, étant coupées par deux droites ABE, BC, nous aurons : 1°. L'angle CAB égale l'angle DBE ; 2°. L'angle ACB égale l'angle CBD. Donc les trois angles A, C, B, du triangle ACB, égalent en somme les trois angles ABC, CBD, DBE, qui occupent tout l'espace d'un côté de la ligne droite ABE, c'est-à-dire, deux angles droits.

Par là, dès l'instant où l'on connaît deux angles d'un triangle, on connaît le troisième : il suffit d'une addition et d'une soustraction.

Supposons, par exemple, que ces deux angles soient l'un de 37°, l'autre de 49° ; *ajoutant* 49 à 37 on a 86 degrés, qui, *retranchés* de deux angles droits ou 180°, font 94° : donc le troisième angle a 94°.

Puisque la somme des trois angles d'un triangle égale deux angles droits, il faudrait qu'un des angles fût égal à zéro pour que les deux autres fussent droits. Donc un triangle ne peut avoir qu'un angle droit.

A plus forte raison un triangle ABC, fig. 1, ne peut-il avoir qu'un seul angle A *obtus*, c'est-à-dire, plus grand que l'angle droit : c'est le triangle *obtusangle*.

Un triangle ABC, fig. 2, peut avoir ses trois angles *aigus* : c'est le triangle *acutangle*.

Le *triangle rectangle* ABC, fig. 23, est celui qui possède un angle droit B. *L'hypothénuse* est le grand côté AC, qui fait face à cet angle.

A présent comparons entr'eux les côtés du triangle. La ligne droite étant le plus court chemin pour aller d'un point à un autre, il s'ensuit que, *dans un triangle, tout côté est plus court que la somme des deux autres côtés.*

De deux côtés AB, AC d'un triangle, fig. 1, le plus grand AC, est opposé au plus grand angle B.

En effet, prenons $Ab = AB$ et $Ac = AC$, puis menons $Bb$, $Cc$; les angles AB$b$, A$b$B, AC$c$, A$c$C seront égaux. De plus, ABC est plus grand que AB$b$, et ACB est plus petit que AC$c$. Donc l'angle ABC est plus grand que ACB.

Le triangle *équilatéral* ABC, fig. 3, est celui dont les trois côtés sont égaux entr'eux.

Le triangle *symétrique* ABC, fig. 4, est celui dont deux côtés sont égaux entr'eux.

En considérant les deux côtés égaux CA, CB, fig. 4, comme des obliques égales par rapport à la *base* AB, la perpendiculaire CD tombe au milieu de cette base, et divise le triangle en deux parties égales : leur symétrie justifie la dénomination de *symétrique* donnée au triangle dont deux côtés sont égaux.

Afin de satisfaire aux lois de la symétrie, les architectes couvrent la plupart des maisons et des édifices publics, avec un toit dont le profil est un triangle *symétrique*. Pour les anciens temples grecs et les maisons d'Italie, fig. 5, ce triangle est *obtusangle*; pour les toits des clochers et des anciens édifices gothiques, fig. 6, ce triangle est *acutangle*.

Quand on doit élever des fardeaux, on emploie souvent ce qu'on appelle une *chèvre*, fig. 7; c'est un appareil qui se compose de deux pièces de bois d'égale hauteur, unies d'un bout en C, et séparées vers l'autre bout par une traverse AB. La corde qui sert pour élever le fardeau D, passe par une poulie fixée en C. Le triangle ABC que représente la chèvre, est *symétrique*; donc la perpendiculaire, menée de C sur la base AB, divise cette base en deux parties égales.

Dans les arts, on a souvent besoin d'exécuter un triangle dont on connaît certaines parties. Voici comment on opère :

I. Quand on connaît les trois côtés 1, 2, 3, fig. 9,

On trace d'abord une ligne droite AB, égale au côté 3, dans la position où l'on doit construire le triangle. Ensuite du point A comme centre, avec une ouverture de compas égale au côté 2, on décrit l'arc de cercle *mCn*; du point B comme centre, avec une ouverture de compas égale au côté 1, on décrit l'arc de cercle *pCq*; par le point C où se croisent les deux arcs, on mène les lignes droites CA et CB : ABC est le triangle demandé.

II. Quand on connaît deux côtés 1, 2, et l'angle *a*, fig 10,

On mène d'abord, dans une position convenable, la ligne AB égale au côté 2; puis, avec un instrument propre à mesurer des angles (le rapporteur, le compas ou tout autre), on trace la ligne AC, de manière que l'angle BAC égale *a*; on prend AC égale 1; enfin, menant la ligne droite BC, on a le triangle demandé.

III. Quand on connaît un côté seulement, 1,

## QUATRIÈME LEÇON.

et les deux angles $a, b$, dont les sommets sont aux extrémités de ce côté, fig. 11,

On trace la ligne AB égale à 1 ; puis, avec un instrument propre à rapporter les angles, on mène successivement les lignes droites AC et BC, qui font avec AB les angles $a, b$ : ABC est le triangle demandé.

Toutes ces opérations sont très-simples; il importe que les professeurs les fassent souvent répéter aux élèves, avec la règle et le compas.

Nous venons d'expliquer trois manières de construire un triangle, 1°. avec trois côtés donnés; 2°. avec deux côtés et l'angle compris entr'eux; 3°. avec deux angles et le côté compris entr'eux. Dans chaque cas, nous avons vu que ces données sont suffisantes.

Donc, 1°. quand deux triangles ont leurs trois côtés égaux deux à deux, ils sont égaux : c'est le même triangle construit avec les mêmes éléments, en des endroits différents.

2°. Quand deux triangles ont deux côtés, et l'angle compris entr'eux, égaux de part et d'autre, les deux triangles sont égaux.

3°. Quand deux triangles ont deux angles, et le côté compris entr'eux, égaux de part et d'autre, les deux triangles sont égaux.

Ainsi, fig. 8, les deux triangles ABC, *abc* sont égaux,

1°. Si AB égale *ab*, BC égale *bc*, AC égale *ac*; 2°. Si AB égale *ab*, BC égale *bc*, et si l'angle B égale l'angle *b* : B, *b* étant compris entre AB et BC, *ab* et *bc;* 3°. Si AB égale *ab*, si l'angle A égale *a*, et si l'angle B égale l'angle *b*.

Il est essentiel que les artistes aient sans cesse présentes à leur esprit ces trois conditions d'égalité; parce qu'on en fait le plus fréquent usage dans les opérations de l'industrie, ainsi que dans les démonstrations de la géométrie et de la méchanique.

Si l'une des trois conditions suivant lesquelles deux triangles peuvent être égaux, n'est pas rigoureusement remplie, les deux triangles ne sauraient plus être égaux; puisqu'il y aurait quelque angle ou quelque côté dans l'un, qui n'aurait pas son égal dans l'autre. Il importe beaucoup, pour pratiquer les arts d'une manière éclairée, de connaître à des signes faciles, les conditions indispensables pour chaque opération; elles font éviter une foule de méprises, et servent de vérifications immédiates.

*Des figures de quatre côtés ou quadrilatères.* Il y a des figures ABCD, fig. 12, complètement fermées par quatre lignes droites; elles ont *quatre angles* et *quatre sommets* A, B, C, D. On appelle *diagonales* les lignes droites AC, BD qui joignent des sommets opposés.

En géométrie, on donne le nom général de *quadrilatère* aux figures de quatre côtés. Il en est que leurs formes plus ou moins régulières font distinguer par des noms spéciaux.

## QUATRIÈME LEÇON. 79

Le *trapèze* ABCD, fig. 13, est la figure de quatre côtés dont deux AB, CD, sont parallèles.

Un trapèze est *rectangle*, fig. 14, quand un troisième côté BC est perpendiculaire aux deux côtés parallèles AB, CD.

Un trapèze ABCD, fig. 15, est *symétrique*, quand les deux côtés non parallèles AD, BC sont également obliques par rapport aux deux autres.

Pour quelques édifices réguliers, le toit se compose d'un triangle *symétrique* MDC, fig. 15, dans la partie supérieure ; et d'un trapèze *symétrique* ABCD, dans la partie inférieure : c'est ce qu'on appelle une *mansarde*, du nom de l'architecte Mansard auquel on doit ce genre de toiture. La verticale MEF est la ligne de symétrie du triangle et du trapèze.

Le *parallélogramme*, fig. 16, est la figure dont les quatre côtés sont parallèles deux à deux.

*Applications.* Le parallélogramme est d'un usage continuel dans les arts ; on en fait un fréquent emploi dans la construction des machines ; il sert à produire ce qu'on appelle le *mouvement parallèle*, etc.

D'après les propriétés des parallèles, que nous avons démontrées dans la deuxième leçon, les angles opposés d'un parallélogramme, A et C d'une part, D et B de l'autre, sont égaux entre eux : deux sont aigus et deux sont obtus. De plus, si l'on ajoute un angle aigu avec un angle obtus, la somme égale deux angles droits.

En effet, si nous prolongeons en CE, fig. 16, le côté DC, les droites AD, BC étant parallèles, l'angle A égale BCE, et DCB plus BCE égalent deux angles droits.

Puisque nous avons prouvé (deuxième leçon) que les parallèles comprises entre parallèles sont égales, il s'ensuit que les côtés opposés d'un parallélogramme sont égaux entr'eux. Ainsi AB égale CD, AD égale BC.

*Le point O de rencontre des deux diagonales est au milieu de chacune d'elles.*

En effet, AOC, DOB, fig. 16, étant les diagonales, les triangles ABO, DCO sont égaux ; puisque, 1°. AB = DC; 2°. l'angle ODC = OBA ; 3°. l'angle OCD = OAB, d'après les propriétés des parallèles. Donc OB = OD et OA = OC.

*Des deux diagonales AC, DB, fig. 17, la plus grande AC est opposée aux plus grands angles B, D.*

En effet, si nous menons les lignes DE, CF perpendiculaires aux côtés AB, CD, ces perpendiculaires seront égales ; or EB est plus petit que AF : donc l'oblique DB est plus courte que l'oblique AC.

On appelle *lozange* un parallélogramme ABCD, fig. 18, dont les quatre côtés sont égaux : cette figure, par sa régularité, a de la grâce, et s'emploie fréquemment dans les arts d'ornement.

Quand deux côtés du parallélogramme sont en angle droit, tous le sont pareillement.

En effet, si l'angle A, fig. 19, par exemple, est droit, dans le parallélogramme ABCD, le côté AD est perpendiculaire à AB ; il en est de même de BC par rapport à AB. Les deux angles A, B sont droits, ainsi que leurs égaux D, C.

## QUATRIÈME LEÇON.

Telle est la figure qu'on appelle *parallélogramme rectangle*, fig. 19, ou seulement *rectangle* afin d'abréger. Dans cette figure, les deux diagonales AC, BD sont égales.

Pour le prouver, il suffit d'observer que les deux triangles rectangles ADC, DAB sont égaux. En effet : 1°. l'angle droit D égale l'angle droit A ; 2°. le côté AD est commun aux deux triangles, et par conséquent égal pour les deux ; 3°. le côté DC de l'angle D dans le premier triangle, égale le côté AB de l'angle A dans le second : donc le troisième côté AC de ADC égale le troisième côté BD de DAB. Or, AC, BD sont les deux diagonales.

Le *quarré* ABCD, fig. 20, a ses quatre côtés et ses quatre angles égaux.

Ici nous résumons les propriétés des figures de quatre côtés, nous présenterons l'énumération suivante, *que les jeunes artistes doivent graver dans leur mémoire :*

Dans le quarré, les quatre angles sont égaux et droits, les quatre côtés sont égaux entr'eux, et les deux diagonales sont égales entr'elles.

Dans le rectangle, les quatre angles sont égaux et droits ; il y a deux longs côtés égaux entr'eux, deux petits côtés égaux entr'eux, et deux diagonales égales entr'elles.

Dans le lozange, les quatre côtés sont égaux entr'eux, deux angles obtus sont égaux entr'eux, deux angles aigus sont égaux entr'eux ; enfin les diagonales sont inégales.

T. I. — Géom.

Dans le parallélogramme, il y a deux grands côtés et deux grands angles égaux, deux petits côtés et deux petits angles égaux. Les diagonales sont inégales, la grande fait face aux grands angles, et la petite aux petits angles.

*Symétrie des figures de quatre côtés.* En repliant une partie de ces figures sur l'autre partie, qui lui est égale, on prouvera que : 1°. *le trapèze* à côtés obliques égaux, fig. 15, est symétrique par rapport à la droite EF qui passe par le milieu de ses deux bases ; 2°. *le rectangle*, fig. 19, est symétrique par rapport à chaque ligne droite menée par le milieu de deux côtés opposés ; 3°. *le lozange*, fig. 8, est symétrique par rapport à chacune de ses diagonales ; 4°. *le quarré*, fig. 20, est symétrique par rapport à ses deux diagonales, et par rapport à chaque ligne droite qui passe par le milieu de ses côtés opposés. Cette symétrie des figures de quatre côtés, a la plus grande importance pour les arts et pour la méchanique.

Nous savons que, *dans tout triangle, la somme des angles est égale à deux angles droits.*

Mais toute figure de quatre côtés ABCD, fig. 12, peut se décomposer en deux triangles ABC, ACD, pour chacun desquels la somme des trois angles égale deux angles droits. De plus, les six angles de ces deux triangles ont pour somme les quatre angles de la figure ABCD. Donc,

*Dans la figure de quatre côtés, la somme des angles égale deux fois deux ou quatre angles droits.*

Si l'on avait une figure de cinq côtés ABCDE, fig. 21, on pourrait, d'un sommet A, mener deux droites AC, AD aux sommets C, D; ce qui partagerait la figure en trois triangles, dont les neuf angles seraient en somme égaux aux cinq angles de la figure ABCDE.

Ainsi, *dans la figure de cinq côtés, la somme des angles égale trois fois deux ou six angles droits.*

En suivant la même méthode on verra que la somme des angles est égale, pour la figure
de 3, 4, 5, 6, 7, 8 .... côtés,
à 2, 4, 6, 8, 10, 12 .... angles droits.

*Rapports du cercle avec les figures terminées par des lignes droites.* Par les trois sommets d'un triangle ABC, fig. 22, on peut toujours faire passer un cercle; et voici comment : Du milieu de AB, l'on mène *mo* perpendiculaire à AB, et du milieu de BC, l'on mène *no* perpendiculaire à BC. Le point *o*, où ces deux perpendiculaires se rencontrent, est également éloigné des trois sommets A, B, C : donc il est le centre d'un cercle qui passe par ces trois points.

Le triangle dont les sommets sont placés sur la circonférence d'un cercle, est ce qu'on appelle un triangle *inscrit* dans le cercle.

Quand un triangle est *rectangle*, fig. 23, c'est-à-dire, a un angle droit B, le centre O du cercle qui passe par les trois sommets du triangle, est au milieu du côté AC qui fait face à l'angle droit : côté que nous avons appelé *l'hypothénuse.*

Voici la voie la plus simple pour arriver à démontrer ce principe (1).

Dans le rectangle ABCD, fig. 25, les deux diagonales sont égales, et par conséquent aussi leurs moitiés OA, OB, OC, OD, qu'on peut prendre pour rayons d'un cercle. Donc *on peut toujours inscrire dans un cercle un rectangle*, fig. 25, *et par conséquent un quarré*, fig. 26.

Un triangle quelconque ABC étant donné, fig. 25, si l'on construit son égal ADC, on forme un rectangle, lequel est inscrit dans un cercle ayant son centre au milieu de AC. Donc le cercle qui passe par les sommets A, B, C, du triangle ABC, rectangle en B, a pour diamètre le grand côté AC du triangle.

Il suit de là que toute figure ABCD, fig. 24, de quatre côtés, dont deux angles opposés B, D, sont droits, peut être inscrite dans un cercle qui passe par les quatre sommets de la figure.

En effet, la diagonale AC décompose cette

---

(1) Nous allons en donner une démonstration indépendante de la considération des rectangles. Menons du milieu de AB, fig. 23, la droite MO perpendiculaire à AB, et du milieu N de BC, la perpendiculaire NO à BC; le point O de rencontre est le sommet de deux triangles égaux AMO, BMO, dans lesquels nous exprimons par 1 et 2, les angles aigus correspondants de AMO, BMO. Ainsi les angles 1 et 2, font en somme *un angle droit*. Mais, dans le grand triangle rectangle, l'angle A et l'angle C font en somme un angle droit; donc les angles marqués 1, 1, 1, 1, sont tous égaux; de même les angles marqués 2, 2, 2, 2, sont égaux. Remarquons que les quatre angles 1, 1, 2, 2, autour du point O, sont 1 plus 2 et 1 plus 2, c'est-à-dire, deux fois un angle droit. Donc AO et OC sont en ligne droite. Donc le point O, également distant de A, B, C, est sur l'hypothénuse AC.

figure en deux triangles rectangles, inscrits l'un et l'autre dans un cercle ayant AC pour diamètre.

Les figures qui ont plus de quatre côtés ont reçu des noms grecs désignant le nombre de leurs angles et de leurs côtés : ainsi

le pentagone, l'hexagone, l'heptagone, l'octogone, etc.
a     5         6            7            8 côtés, etc.

Parmi ces figures, qu'on appelle en général *polygones* ( ce qui veut dire figures de plusieurs angles), celles qui méritent surtout un examen spécial sont les *polygones réguliers*: leurs usages sont fréquents et importants pour l'industrie.

*Les polygones réguliers ont tous leurs côtés égaux, et tous leurs angles égaux.*

D'après cette définition, si l'on trouve un point O, fig. 27, également éloigné de trois sommets A, B, C, du polygone régulier ABCDEF, je dis qu'il est également éloigné de tous les autres sommets : ainsi OA = OB = OC = OD....

En effet, les triangles symétriques AOB, BOC, ayant leurs bases AB, BC égales, ainsi que les côtés symétriques OA, OB, OC, sont égaux. Les angles symétriques égalent $\frac{1}{2}$ B, puisque les deux du milieu, ajoutés, forment l'angle B. Le triangle OCD est égal à OCB, parce que OC est commun ; CD = BC comme côtés du polygone régulier, et l'angle OCD = OCB, puisque l'un de ces angles est la moitié de leur somme. On démontrera, de proche en proche, que les triangles ODE, OEF... sont égaux au premier, et par conséquent symétriques. Donc leurs côtés symétriques OA, OB, OC,... sont égaux. Par conséquent le point O se trouve également éloigné de tous les sommets de la figure régulière ; c'est donc le centre d'un cercle qui passe par tous ces sommets.

Ce cercle existant dès qu'on peut le faire passer par trois sommets, chose toujours exécutable, il en résulte qu'*on peut toujours tracer un cercle dans lequel soit inscrit un polygone régulier, quel que soit le nombre de ses côtés.*

Réciproquement *un cercle étant donné, on y peut inscrire un polygone d'autant de côtés qu'on voudra.*

Il suffira, pour cela, de diviser sa circonférence en autant de parties égales que le polygone doit avoir de côtés, et de joindre par des lignes droites les points de division qui se suivent.

Dans la 3e. leçon, nous avons donné les rapports de longueur entre les rayons du cercle et les distances de ces points, qui sont précisément les longueurs des côtés des polygones. A cet égard, il n'y aura donc aucune difficulté.

*Application des polygones réguliers aux fortifications régulières.* Les ingénieurs militaires emploient les polygones réguliers pour tracer leurs fortifications régulières. Le nombre de côtés des polygones dépend de la grandeur de la place qu'ils ont à fortifier. Le triangle équilatéral et le quarré ne leur servent guère que pour des ouvrages de campagne. Le *pentagone, l'hexagone* et *l'heptagone* servent pour enceindre de petites places et des citadelles. Les figures d'un plus grand nombre de côtés, servent pour enceindre des villes plus considérables.

*Application des figures précédentes aux travaux de pavage, de marqueterie, de vitrage et de mosaïque.* Dans ces travaux, le problème ordinaire qu'on se propose est de couvrir exactement un certain espace avec des figures terminées par des lignes droites. On conçoit que ce problème est susceptible d'une infinité de solutions, suivant les combinaisons infinies des lignes droites qu'on peut tracer sur un plan.

Si l'on veut que toutes les figures soient régulières et d'un même nombre de côtés, la question se limite beaucoup et ne peut être résolue que par les figures suivantes :

1°. Des triangles équilatéraux dont les sommets aboutissent six à six au même point, fig. 27.

2°. Des quarrés dont les sommets aboutissent quatre à quatre au même point, fig. 29.

3°. Des hexagones dont les sommets aboutissent trois à trois au même point, fig. 28.

Pour démontrer ces propositions, offrons le tableau suivant : les angles des polygones...

de 3, 4, 5, 6, 7, côtés,
sont de 60°, 90°, 108°, 120°, 128° $\frac{4}{7}$,
de 8, 9, 10, 11, 12 côtés,
sont de 135°, 140°, 144°, 147° $\frac{3}{11}$, 150°.

Or 6 fois 60°, et 4 fois 90°, et 3 fois 120°, font 360°. Aucun des autres nombres de degrés ne divisant 360° en un nombre rond de parties, on ne peut remplir l'espace autour d'un point donné, avec d'autres angles de polygone régulier, que ceux des figures de trois, quatre et six côtés.

Remarquez qu'en remplissant l'espace autour d'un point, fig. 27, avec six triangles à côtés égaux, les six côtés extérieurs forment un hexagone régulier inscrit dans un cercle ayant pour rayons les côtés intérieurs. Donc *les côtés de l'hexagone sont égaux au rayon du cercle dans lequel il est inscrit :* propriété précieuse pour l'industrie.

La multiplicité des objets qui doivent nous occuper dans ce cours, ne nous permet pas d'examiner en détail beaucoup de figures plus ou moins régulières qui, combinées ensemble, produisent des effets heureux pour les arts : leur étude et leur tracé exerceront et formeront, à la fois, l'imagination et le goût des élèves.

Lorsqu'il s'agit d'effectuer une mosaïque, une marqueterie, un pavé, sur lesquels on doit marcher, il importe qu'aucun point ne soit la réunion de trop de sommets ; car, en posant sur ce point le pied ou tout objet pesant, il céderait par trop aisément à la pression : ce qui détruirait la contexture et la solidité de l'ouvrage.

Aussi n'emploie-t-on presque jamais la combinaison des triangles équilatéraux dont les sommets concourent six à six aux mêmes points.

On évite même de faire concourir les sommets des quarrés, quatre à quatre en un même point.

Lorsqu'on veut couvrir un pavé quelconque avec des quarrés égaux entr'eux, on a le soin de ranger les quarrés ou les rectangles par files rectilignes, et de mettre les joints des quarrés d'une file vis-à-vis le milieu des quarrés de la file suivante. D'après ce principe, dans les constructions d'architecture, on emploie ordinairement des pierres taillées suivant la forme, et mises dans la position qu'indique la figure 30.

Les Romains employaient souvent le losange pour figure des pierres et des briques dont ils construisaient leurs murs ; ils appelaient ce genre d'ouvrage *opus reticulatum*, ouvrage en filet, fig. 31. En effet, il a l'aspect d'un filet.

L'emploi de l'hexagone pour le carrelage des appartements offre beaucoup d'avantages, fig. 28.

Les abeilles construisent leurs cellules en leur donnant la forme d'hexagones réguliers. Cette forme a la propriété qu'avec une quantité donnée de cire, les abeilles peuvent renfermer le plus grand espace où chacune se loge.

Dans une haute antiquité, les hommes ont eu l'idée d'exécuter des constructions très-grandes et très-solides, avec d'énormes blocs de pierre taillés en forme de polygones irréguliers, et plusieurs des monuments qu'ils ont érigés subsistent encore dans l'Italie, la Sicile et la Grèce. Telles sont les constructions qu'on a nommées *cyclopéennes*, et que représente la figure 32.

L'avantage de ce genre de constructions est de pouvoir profiter de la forme naturelle des blocs destinés à l'érection des monuments, en les taillant de manière à perdre le moins possible de leur masse.

Dans la célèbre jetée ou brise-lame construite par les Anglais, pour protéger la rade de Plymouth contre l'action violente des vagues de la mer, on a revêtu le dessus et le talus intérieur de la jetée, dans la partie la plus haute, avec de très-gros blocs de marbre, enchâssés et taillés comme dans les constructions cyclopéennes. Cet enchâssement ne permet pas à la mer de soulever un bloc isolément, et fait que chacun contribue à la solidité de l'ensemble.

*Des figures terminées par des portions de ligne droite et de cercle.* Si les figures composées de lignes droites, offrent déjà beaucoup de variété, l'on peut juger combien plus grande encore est la variété des figures où l'on combine des portions de ligne droite et de cercle.

La plus simple des combinaisons est celle qui se compose d'un demi-cercle et de son diamètre.

Telle est la figure du graphomètre et du rapporteur employés pour rapporter des angles (1).

Telle était aussi la figure des *théâtres*, chez les peuples anciens; telle est la figure des *amphi-*

---

(1) Voyez la planche de la troisième leçon, fig. 17.

*théâtres* consacrés à des assemblées publiques et à l'enseignement, chez les peuples modernes. L'orateur ou le professeur sont au centre C, fig. 33, et les spectateurs sont rangés sur des demi-cercles également espacés, et tous ayant le point C pour centre et AB pour diamètre.

Si, par les extrémités du diamètre ACB, fig. 34, l'on mène des perpendiculaires à ce diamètre, elles seront tangentes en A et B au demi-cercle AMB. Si l'on mène ensuite, à une certaine distance, la ligne droite EF parallèle à AB, l'on achève une figure très-souvent employée dans les arts : c'est celle des voûtes et des portes *en plein cintre*, ainsi nommées parce que la courbure du cintre est partout également pleine.

Si, au-dessus du rectangle ABEF, fig. 35, avec AB pour rayon : 1°. du point A comme centre, je décris l'arc BM; 2°. du point B comme centre, je décris l'arc AM, je forme une figure qui représente les voûtes dites *en tiers point.*

La figure des voûtes en plein cintre appartient à l'*architecture grecque* et généralement à l'architecture moderne; la figure des voûtes *en tiers point* appartient à l'*architecture gothique*. Ces deux architectures, qui font usage de formes géométriques différentes, doivent à ces formes des caractères particuliers, qui les distinguent essentiellement. Chacune a ses droits à l'estime, à l'admiration des gens de goût;

chacune mérite d'être l'objet d'une étude approfondie, soit pour l'excellence des formes et des proportions, soit pour la hardiesse et la solidité des constructions.

Si, dans la figure 34, nous décrivons un demi-cercle sur EF comme diamètre, nous aurons un contour AMBFNE qui est celui des arênes destinées par les anciens aux courses publiques des chevaux, et nommées pour cette raison des *hippodromes*. Les bornes autour desquelles devaient tourner les coureurs, étaient situées aux centres C et c des parties circulaires.

Les modernes font usage, pour leurs ponts et pour leurs édifices, de voûtes surbaissées qui se composent de plusieurs arcs de cercle : c'est ce qu'on nomme *voûtes en anse de panier*. Dans la figure 36, il y a trois arcs de cercle ayant trois centres O, P, Q. (Voyez quatorzième leçon.)

Un genre d'*architecture* gothique, ou plutôt *mauresque*, consiste à former des voûtes avec deux petits arcs très-courbés BD, GF, prolongés par deux lignes droites DE, FE, qui font un angle obtus, comme on le voit dans la figure 37. Les Anglais ont beaucoup d'édifices gothiques construits dans ce genre, et non moins remarquables par l'élégance des formes que par la hardiesse de la construction. Telles sont les chapelles de Henri VIII à Westminster, de la Trinité à Cambridge, et du palais de Windsor.

*Art de profiler.* Les architectes ont imaginé des combinaisons simples et gracieuses, du cercle et de la ligne droite, pour orner, sous le nom de *moulures*, les profils de leurs édifices. Le charpentier, le menuisier, l'ébéniste, le constructeur de machines, emploient ces formes et doivent les bien connaître.

La plus simple de toutes est le *filet*, composé de deux lignes parallèles fort-rapprochées et terminées d'un bout par une perpendiculaire. On voit, fig. 38, un seul filet AB; on en voit plusieurs placés en étage dans la fig. 39, qui représente le chapiteau de l'ordre dorique grec, appelé l'*ordre de Pœstum;* parce qu'on trouve à Pœstum un temple entouré par de superbes colonnes de cet ordre.

Ordinairement on réunit un filet au reste de l'édifice, avec un quart de cercle tangent, par la partie supérieure, au-dessous du filet; et, par la partie inférieure, au côté vertical du mur, ou du pilastre, ou de la colonne qu'on veut *profiler.*

Ordinairement aussi l'on surmonte le filet par un demi-cercle saillant, qu'on appelle *boudin*, fig. 38.

On emploie aussi séparément le quart de cercle en relief, appelé *quart de rond*, A$m$B, fig. 40; et le quart de cercle en creux A$m$B, fig. 41.

Deux quarts de cercle AMB, BND, fig. 42, ayant même rayon, et leurs centres O, P, sur la même verticale, forment *le talon.*

Deux quarts de cercle AMB, BND, fig. 43,

ayant même rayon, et leurs centres O, P sur la même horizontale, forment *la doucine*.

Tels sont les éléments bien simples avec lesquels les architectes ont composé cette précieuse variété de corniches, de frises, de bases, de chapiteaux qu'on remarque dans les édifices anciens et modernes.

Il ne faut pas croire que la combinaison de ces formes soit tout-à-fait arbitraire, et puisse se faire au hasard ou d'après les caprices irréfléchis d'une imagination déréglée. L'art de profiler les édifices et leurs diverses parties doit sa perfection à l'observance fidèle des lois de la simplicité, de la variété et du contraste. Au lieu de trop prodiguer les ornements, on doit les grouper par masses que l'œil puisse aisément saisir, et qui soient séparées les unes des autres par de grands espaces tout unis. Dans chaque groupe, on doit opposer les moulures les plus déliées aux plus volumineuses, et les formes droites aux formes rondes ; afin que chacune fasse ressortir celles qui l'environnent. Telles sont les règles principales de cette partie de l'art d'embellir les monuments : règles que les grands architectes de la Grèce et de l'Italie n'ont pas seuls découvertes et mises en pratique ; car on les retrouve employées, avec non moins d'art, dans les beaux monuments de l'antique Égypte, dans les édifices gothiques du moyen âge ; et dans les mosquées, dans les palais que les Maures élevèrent en Espagne, au temps où ils faisaient fleurir, en cette contrée, les sciences et les arts presque anéantis alors dans le reste de l'Europe.

Une application de géométrie, beaucoup plus importante que la décoration extérieure et le profil des ornements, est la conception et le tracé du plan même des édifices. Les formes adoptées par les architectes se réduisent presque toutes à celles de la ligne droite et du cercle. Dans quelques cas rares, où ils ont besoin de formes plus compliquées, ils décomposent ces formes en parties circulaires : comme nous l'avons vu pour les voûtes surbaissées.

Lorsque les architectes ont à construire un édifice dans un espace entièrement libre, ils seraient inexcusables de ne pas adopter des formes régulières, dont la simplicité, l'uniformité, la symétrie plaisent à la vue, et manifestent l'esprit de sagesse et d'ordre avec lequel l'homme érige ses monuments.

La forme généralement adoptée est celle du rectangle ou du quarré, parce que ces figures se prêtent le plus aisément à des subdivisions de même figure nécessaires pour la distribution intérieure. Ces formes n'ont d'autre inconvénient que de s'accorder difficilement avec des contours circulaires intérieurs, sans perdre de place, et sans donner de recoins d'une figure irrégulière qu'il faille cacher à la vue. On tire néanmoins parti de ces recoins, en y pratiquant des escaliers dérobés, ou des dépôts d'objets qu'il convient de ne pas mettre en évidence.

Dans les villes où l'espace est très-précieux et très-cher, l'architecte est obligé de profiter du moindre terrain, et de tracer aussi bien que possible un système d'appartements réguliers, dans une figure souvent très-irrégulière. C'est là que l'habitude de combiner ensemble des figures de géométrie pourra servir beaucoup les artistes, et leur faire trouver les combinaisons les plus heureuses.

Il y a des professeurs d'architecture qui croient rendre leurs élèves très-habiles en leur proposant de former des projets d'édifices qui coûteraient des millions, et qu'on bâtirait, sans aucune gêne, dans des plaines imaginaires. C'est ainsi qu'ils donnent à leurs élèves les goûts d'un luxe ridicule, et leur font acquérir des idées de dépense qui, plus tard, coûtent cher aux citoyens! Il vaudrait mieux exercer beaucoup l'esprit inventif des jeunes gens, à composer des plans d'édifices, en s'assujétissant à toute l'irrégularité des formes qu'on peut rencontrer au sein des cités où les maisons sont le plus pressées les unes contre les autres.

# I. GÉOMÉTRIE.   ARTS ET MÉTIERS et

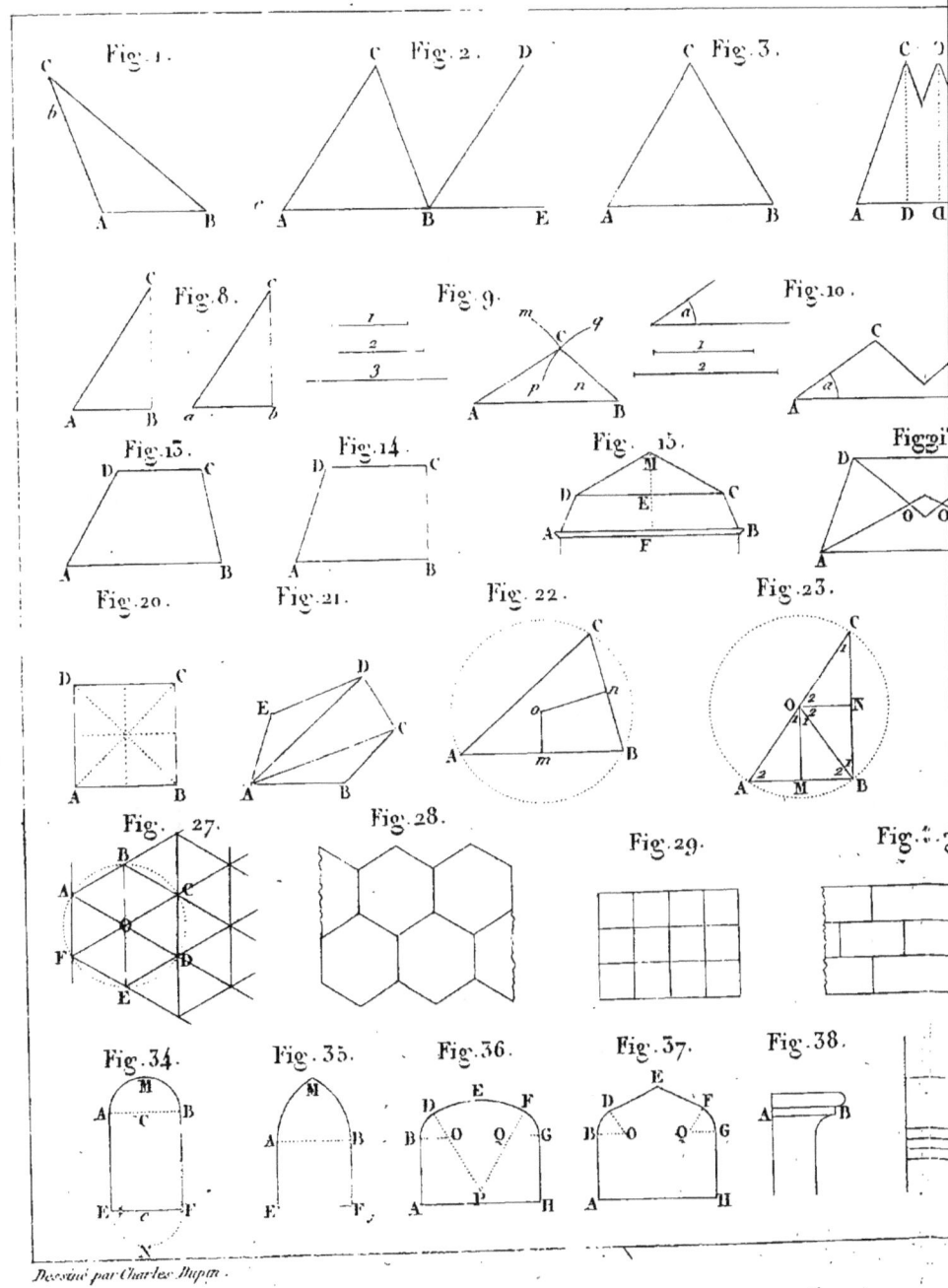

Dessiné par Charles Dupin.

AUX-ARTS. IV.ᵉᵐᵉ LEÇON.

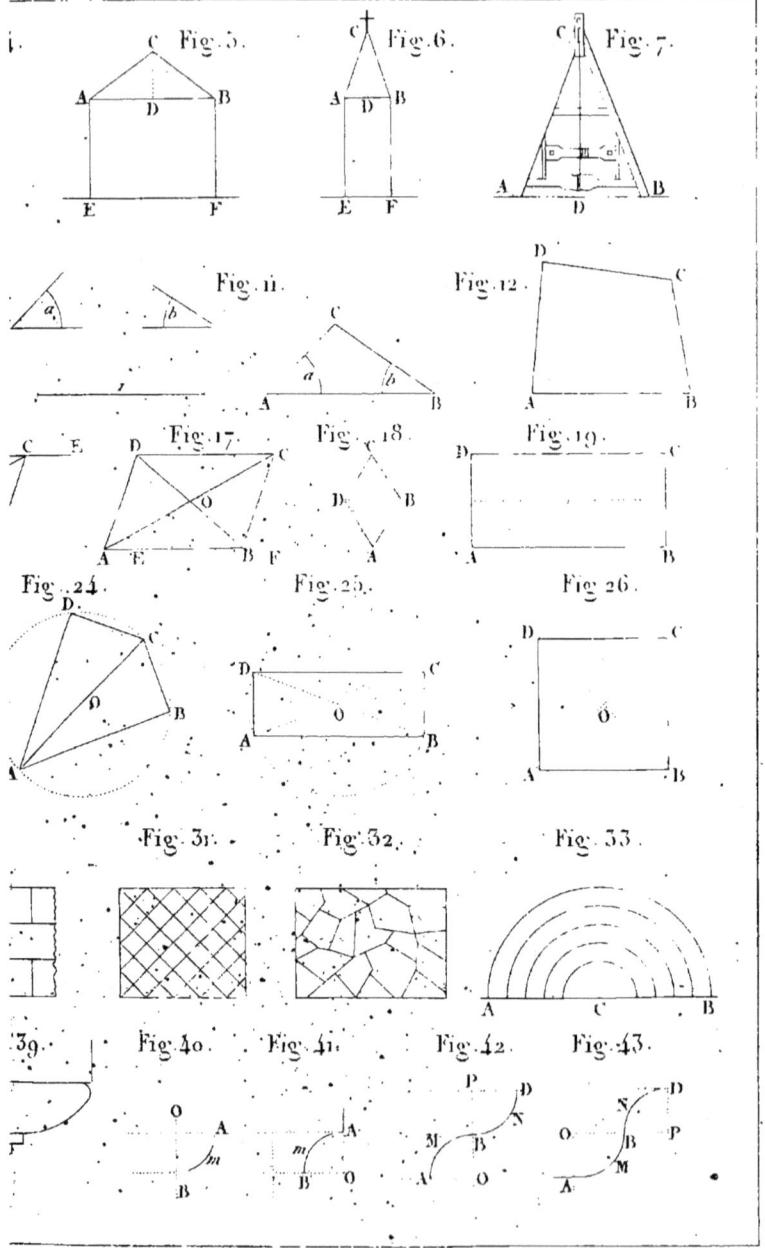

Gravé par Adam.

# CINQUIÈME LEÇON.

*Des figures égales, des figures symétriques et des figures proprotionnelles.*

---

Deux figures sont *égales* quand elles sont parfaitement pareilles et de même grandeur ; de sorte que l'une, posée sur l'autre, se confonde exactement et partout avec celle-ci.

La géométrie fournit aux arts des moyens variés, afin d'exécuter une figure égale à une autre. Problème très-important pour l'industrie.

Ainsi, lorsqu'on doit exécuter des objets de gravure, de sculpture, d'ornement, etc., il faut faire des moules, des modèles parfaitement égaux aux objets mêmes qu'on veut produire.

Déjà nous avons vu (seconde leçon), qu'au moyen de parallèles ayant même longueur, on pouvait facilement construire une figure quelconque égale à une autre, et placée de manière que les lignes correspondantes dans les deux figures, fussent parallèles.

Cette opération présentera d'autant plus de chances d'erreur que les parallèles à tracer auront plus de longueur, et qu'elles seront plus éloignées les unes des autres. Il faudra joindre à ces causes d'erreur, l'imperfection plus ou moins grande des règles, des compas, des cordeaux qu'on emploie pour mesurer les distances, la taille plus ou moins fine des crayons, des plumes, des tire-lignes, dont on fait usage, etc.

Le moyen même qui, dans beaucoup de cas, sert au géomètre pour s'assurer que deux figures sont parfaitement égales, sert à l'artiste pour exécuter une figure égale à une autre. Je veux parler du moyen qui consiste à poser une des deux figures sur l'autre, et à voir si, dans cette position, aucune des deux n'est dépassée par l'autre, en quelque point que ce soit.

Proposons-nous d'exécuter une figure ABCD... figure 1, sur une étendue quelconque MNPQ, telle qu'une étoffe déployée, une feuille de métal déroulée, etc. Posons la figure ABCD... de manière qu'elle se trouve en *abcd*... dans MNPQ, fig. 1 *bis*; puis, découpons MNPQ suivant les côtés *ab*, *bc*, *cd*...; nous aurons produit la figure *abcd*.... nécessairement égale à ABCD...

Souvent, au lieu de découper immédiatement la seconde figure, on trace au crayon, ou à la craie, ou à l'encre, etc., le contour *abcd*...., en suivant les bords de la première figure. On enlève cette première figure, et l'on taille ensuite plus aisément la seconde.

Telle est la manière dont les tailleurs d'habits, les tailleurs de pierre, les chaudronniers, les ferblantiers, les charpentiers de vaisseaux et les ouvriers de beaucoup d'autres professions, exécutent une figure égale à un modèle donné.

*Poncifs.* Quand la première figure n'est pas découpée sur la surface qui la contient, on ne saurait employer le moyen que nous venons d'indiquer; alors, si la figure modèle est peu précieuse, on peut l'appliquer sur MNPQ, et piquer tous les points remarquables $a$, $b$, $c$, $d$..., qu'on joint ensuite par des lignes droites. Souvent même on pique les lignes entières qu'on doit reproduire; puis, avec un sachet rempli de charbon pilé (c'est un *poncif*), on frappe sur le modèle qui recouvre MNPQ : on *ponce* la première figure. Les petites parties de charbon qui passent au travers de chaque trou représentent, par leur multiplicité, tous les contours de la figure à produire. L'industrie a trouvé d'autres moyens qui, sans gâter le modèle, permettent d'en faire une exacte copie.

*Calques.* Pour ne pas percer un dessin, l'on pose une feuille transparente sur l'objet dont on veut obtenir la copie, et l'on suit avec un crayon, un pinceau, un stylet, une plume, etc., les contours qu'on veut reproduire. C'est ce qu'on appelle *calquer*.

*Symétrie des figures.* Deux figures $abcd$...,

$a'b'c'd'....$, fig. 1 *bis*, sont symétriques, quand leurs points correspondants $a$ et $a'$, $b$ et $b'$, $c$ et $c'$, etc., sont sur des parallèles qu'une perpendiculaire MN coupe toutes par le milieu. Si l'on replie le cadre MNPQ sur MNP'Q', il est évident que $a$ s'appliquera sur $a'$, que $b$ s'appliquera sur $b'$, etc....; de sorte que, si la figure $abcd...$ peut faire empreinte sur MNP'Q', elle y marquera la figure $a'b'c'd'....$ qui lui est symétrique. Donc, *avec des parallèles, et une perpendiculaire qui les coupe par le milieu, l'on peut toujours exécuter une figure* $a'b'c'd'...$ *symétrique à une autre* $abcd...$

*Production des figures égales ou symétriques, par la gravure, l'imprimerie, la lithographie,* etc. Ces arts ont pour objet de former, sur une planche ou surface de bois, de métal, de pierre, ou de toute autre substance, des figures dont l'*empreinte* soit ensuite exactement transportée sur d'autres surfaces. Il faut observer que la figure imprimée se trouve renversée par rapport à celle de la planche; car la droite s'imprime à gauche et la gauche à droite. On doit donc écrire *à l'envers* sur la planche, si l'on veut que l'écriture soit reproduite dans son sens naturel. Voilà pourquoi les caractères d'imprimerie sont gravés *à l'envers* et posés en avançant de droite à gauche, afin que, sur le papier, ils se retrouvent dans leur forme naturelle et se suivent de la gauche à la droite. Ainsi l'impression simple produit des copies, non pas *égales* aux figures de la planche, mais *symétriques*.

*Production des figures égales, par le cliché.* On grave, on compose, on dessine, des matrices, avec lesquelles on fait empreinte sur des planches ; planches qu'on emploie ensuite à l'ordinaire, pour imprimer de l'écriture, de la musique, des dessins, etc. Les objets passent de la gauche à la droite par la première impression ; ils repassent de la droite à la gauche par la seconde. Donc, dans le cliché, les objets imprimés sont identiques, *sont égaux*, sur la matrice primitive et sur les copies tirées avec la planche intermédiaire. D'après ce principe, on grave, dans le sens naturel, les poinçons qui servent de matrice pour couler les caractères d'imprimerie : ces caractères sont par conséquent renversés, et l'impression qu'ils produisent se trouve dans le sens naturel. En gravure, en lithographie, on dessine, on écrit dans le sens naturel sur un papier ou carton préparé ; cette écriture est renversée sur la pierre, et redressée sur les feuilles qui donnent les lithographies.

A présent, demandons, à la géométrie, de nouveaux moyens pour exécuter une figure égale à une autre.

Concevons une figure ABCDEFGA, fig. 1, composée de tant de côtés qu'on voudra. Si, d'un sommet A, de ce polygone régulier ou irrégulier, on mène des lignes droites à tous les autres sommets, on va diviser le polygone en triangles ; et comme il est facile de construire un triangle égal à un autre, en faisant successivement le triangle *abc* égal à ABC, *acd* égal à ACD, *ade* égal à ADE,... on finira par exécuter complètement la figure *abcdefg*, fig. 1 *bis*, égale à ABCDEFG, fig. 1.

Nous pouvons reproduire toute figure ABCDEFGA, en nous servant seulement d'un compas pour mesurer la longueur des côtés, et d'un rapporteur pour mesurer la grandeur des angles. On tracera d'abord le côté *ab* égal à AB; ensuite, posant le centre du rapporteur en B, et alignant la base diamétrale de ce rapporteur suivant ce côté AB, on relèvera très-exactement le nombre de degrés et fractions de degré de l'angle ABC. On transportera le rapporteur en *b*, sur la nouvelle figure qu'il s'agit de construire ; puis on rapportera le nombre de degrés qu'on vient de mesurer. Soit *m* le point correspondant à ce nombre, sur le contour du rapporteur ; en marquant sur le papier le point *m*, avec la pointe du compas, et traçant la ligne droite *bmc* égale à BC, on obtient un second côté de la nouvelle figure. En transportant le rapporteur en C, on se procure l'angle BCD qu'on rapporte en *bcd*; et ainsi de suite jusqu'à la fin. Si l'opération est parfaitement exécutée, lorsqu'on trace le dernier côté *gh*, il doit aboutir au premier point *a*, et avoir la longueur de GA. Mais, quand le nombre des côtés du polygone est un peu considérable, il est presque impossible d'arriver à ce résultat. La moindre erreur faite sur un angle influe sur tous les suivants, puisque la direction d'un côté est fixée d'après celle du côté précédent. Enfin, l'erreur faite sur la longueur d'un côté, agrandit ou rapetisse la figure, en transportant parallèlement, en dehors ou en dedans, tous les côtés du polygone.

Je vous ai présenté cette méthode pour vous

montrer combien certains moyens d'opérer, rigoureux, *en théorie*, peuvent devenir sujets à l'erreur, *dans la pratique*. C'est par un heureux choix de méthodes, qu'il est possible d'allier la simplicité des opérations à leur précision.

Cherchons une meilleure manière d'exécuter une figure pareille à une autre.

Si vous construisiez successivement les triangles *abc*, *acd*..., fig. 1 *bis*, en ne vous occupant que de leur comparaison isolée avec ceux qui leur sont égaux, vous pourriez difficilement éviter des erreurs notables. En effet, les erreurs commises sur chaque angle, se multipliant à mesure que le nombre des angles augmente, donneraient d'autant plus de chances d'erreur. Il pourrait donc se faire que l'angle total *bag* différât sensiblement de BAG, quoique chacun des angles partiels *bac*, *cad*,.... qu'il comprend, diffère fort peu des angles correspondants BAC, CAD....

Afin de vérifier cette égalité, voyez combien la géométrie vous offre de moyens :

1°. L'emploi des parallèles ; parce que deux angles ayant les côtés parallèles, sont égaux ;

2°. En mesurant avec un compas, AB égale *ab*, AG égale *ag*, BG égale *bg* ;

3°. Mener le troisième côté BG, *bg*, des deux triangles ABG, *abg* ; puis, voir si le point A est à la même distance de BG que *a* de *bg* ; c'est-à-dire, si les perpendiculaires AZ, *az*, menées de A sur BG, et de *a* sur *bg*, sont égales entre elles.

La vérification des angles ABG, *abg* étant finie, on tracera dans ces angles les lignes AC, *ac*, AD, *ad*...., pour y former les angles partiels égaux ; on prendra les longueurs AC égale *ac*, AD égale *ad*, AE égale *ae;* ensuite on mènera les côtés *bc*, *cd*, *de*, *ef*, .. et la seconde figure sera tracée.

On vérifiera cette dernière partie du tracé, au fur et à mesure : soit *avec un compas*, en voyant si CD égale *cd*, DE égale *de....* ; soit *avec un graphomètre*, en voyant si l'angle ABC égale *abc*, si l'angle BCD égale *bcd*, etc. Dès qu'on découvrira quelque erreur, on repassera sur les opérations déjà faites, afin d'en connaître l'origine et de la rectifier.

*Méthode des carreaux.* La méthode des carreaux est souvent employée par les artistes, pour reproduire une figure égale à une autre, fig. 2.

On divise d'abord la figure qu'on veut imiter, en bandes égales, par des parallèles dirigées suivant deux sens perpendiculaires. On numérote les quatre côtés de cette division, pour s'y reconnaître plus facilement. On exécute une division semblable, sur le plan où l'on doit tracer la nouvelle figure égale à la première (1). Cela fait, on marque les points essentiels qui se trouvent dans chacun des carreaux.

On examine d'abord s'il n'y a rien dans la bande OI, OI. Dans la bande verticale I. II, I. II, il n'y a que le sommet A, qui se trouve sur la ligne 4.4. Je prends, sur cette ligne, une ouverture de compas égale à la distance

---

(1) Dans les grandes opérations topographiques, pour la guerre, le cadastre, etc., on divise souvent *en carreaux* l'espace dont on veut lever le plan ; chaque personne lève les objets contenus dans un carreau numéroté suivant deux lignes 1, 2, 3... I, II, III... ; puis on raccorde le tout pour former le plan d'ensemble.

de ce point à I. I ; je la porte sur la nouvelle figure en I. I. *a*. Je vois ensuite que le point B est dans le carreau II. III. 6. 7 ; je mesure la distance de B aux lignes II. II et 6. 6 ; je rapporte ces distances sur la nouvelle figure, et j'ai le point *b*. J'obtiendrai de même tous les autres sommets *c*, *d*, *e*,..., et je tracerai le polygone *abcde.... a* égal à ABCDE... A.

Il y a, comme on voit, dans la méthode qu'on vient d'exposer, trois sources d'inexactitude, provenant de tout défaut 1°. dans le parallélisme ou l'égalité d'écartement des lignes qui forment les carreaux ; 2°. dans le tracé même de chaque ligne, quant à sa rectitude, à son épaisseur, etc. ; 3°. dans la mesure de la position de chaque point

Voyez, je le répète, combien l'exécution des plus simples méthodes offre de nombreuses chances d'erreurs ; combien il faut, dans les artistes, d'habileté pratique, de soin, de patience et de bon jugement, pour éviter ces erreurs ou les découvrir, et parvenir au degré d'exactitude qui caractérise les progrès d'une industrie très-avancée. Ne vous étonnez plus, maintenant, qu'il faille des siècles pour arriver à l'exécution parfaite d'une machine dont les principes sont bien connus et les formes bien déterminées, mais dont le succès dépend de l'exécution très-exacte de ses diverses parties. C'est pour cela qu'il est si difficile aux nations les moins avancées dans les arts où il faut de la précision, d'atteindre les nations qui le sont davantage; car celles-ci font servir leur avance même, à diminuer sans cesse les causes d'inexactitude de leurs procédés. Une théorie bien entendue et judicieusement appliquée à la pratique, peut seule mettre au pair les nations qui ne sont pas en première ligne, et leur faire surpasser les rivaux qui l'emportent sur elles par la perfection de leurs produits. Tel est l'objet de notre enseignement.

*Figures proportionnelles.* Il ne suffit pas à l'industrie de savoir exécuter une figure symétrique ou égale à une autre; elle a souvent besoin de produire des figures exactement pareilles à d'autres, mais plus grandes ou plus petites. La géométrie en fournit le moyen, par les propriétés des *lignes proportionnelles* et des *triangles semblables.*

Supposons qu'on divise une ligne droite AF, fig. 3, en parties *égales* AB, BC, CD, DE, .... Supposons qu'ensuite, par chaque point de division, l'on mène, suivant une direction quelconque, les parallèles A$a$, B$b$, C$c$, D$d$, E$e$,....

Ces parallèles seront toutes *également* espacées. En effet, si nous menons A1, B2, C3, D4,.... perpendiculaires aux parallèles, nous allons former une suite de triangles *égaux* AB1, BC2, CD3,...; puisque ces triangles ont leurs angles correspondants égaux, et de plus un côté égal, savoir : AB égal à BC égal à CD égal à

## CINQUIÈME LEÇON.

DE... Donc les perpendiculaires A1, B2, C3, D4, qui sont, pour ces triangles, des côtés correspondants, et qui mesurent les intervalles entre les parallèles consécutives, sont égales entr'elles.

Menons à présent la ligne *mnopqr*, dans une direction différente de AF; je dis que les parties *mn*, *no*, *op*, *pq*, *qr* seront égales entr'elles.

En effet, si nous menons les perpendiculaires *m*1, *n*2, *o*3... aux lignes parallèles, ces lignes étant également espacées, on a : *m*1 égale *n*2 égale *o*3... De plus, les triangles *mn*1, *no*2, *op*3... ont les côtés parallèles et par conséquent les angles égaux; donc ils sont égaux. Donc, les côtés correspondants *mn*, *no*, *op*... sont égaux.

*Donc, enfin, dès qu'une oblique AF, fig.* 3, *est divisée en parties égales par une suite de parallèles* A*a*, B*b*, C*c*, D*d*..., *ces parallèles divisent de même en parties égales toute autre droite nr qui les coupe.*

On fait usage de cette propriété, pour diviser une droite donnée, en autant de parties égales qu'on désire.

Supposons qu'il s'agisse, par exemple, de diviser en cinq parties égales la ligne AF, fig. 4. Du point A, menons une autre droite AX, dans une direction quelconque; puis, avec une ouverture de compas, quelconque aussi, marquons les divisions 1, 2, 3, 4, 5, égales entr'elles. Menons, par le point 5 et le point F, la ligne F5; puis, par les points 1, 2, 3, 4, les lignes B1, C2, D3, E4, parallèles à F5. La ligne AF sera divisée en cinq parties égales, puisque les cinq parties de cette droite seront comprises entre des parallèles également éloignées les unes des autres.

Voilà le moyen qu'on emploie, le plus ordinairement, pour diviser les *échelles* qui servent à dessiner les plans d'architecture civile, militaire ou navale.

L'importance de cette division des échelles est très-grande; c'est d'elle avant tout que dépend l'inexactitude ou l'exactitude des tracés auxquels les échelles doivent servir. Si quelques parties d'une échelle, d'ailleurs exacte, étaient fausses, toutes les portions des tracés où ces parties seraient portées comme mesure, se trouveraient également fausses, et la même erreur pourrait se propager beaucoup de fois; elle pourrait devenir, à son tour, l'élément de nouvelles et plus graves erreurs.

Pour arriver à former une bonne division d'échelle, il faut que les divisions A1, 1.2, 2.3... ne soient pas plus petites que AB, CD, DE... Il faut que l'on pose bien exactement les pointes du compas sur la ligne AX, tracée elle-même dans une direction bien vérifiée. Il faut que la marque du compas n'occupe que le moindre espace possible, afin que son étendue ne permette qu'une très-faible erreur; enfin, quand on tracera les parallèles, il faudra que le milieu de la ligne au crayon ou à l'encre passe bien par le point de division correspondant, et que le parallélisme soit très-exact. La réunion de toutes ces conditions peut seule assurer le succès de l'opération.

Au moyen du compas, on vérifiera la division de AF, fig. 4, pour voir si les parties AB, BC, CD... sont en effet rigoureusement égales.

*Petites divisions des échelles importantes.* Souvent on doit diviser l'unité de l'échelle AM, fig. 5, en beaucoup trop de parties pour qu'on puisse les marquer sur la petite ligne droite AM, d'une manière bien exacte et bien distincte. Dans ce cas, on mène des parallèles également distantes, M*m*, N*n*, O*o*, etc. On mène aussi les deux perpendiculaires MF, A*f*, et l'oblique AF. Alors les longueurs B*b*, C*c*, D*d*, E*e*.... sont entr'elles comme 1, 2, 3, 4... Elles représentent les divisions de MA en autant de parties égales qu'il y a d'espaces égaux entre les parallèles M*m*, N*n*, O*o*, etc. Par exemple, si MA représente 1 mètre, et qu'il y ait dix parallèles à MA, toutes également espacées, les parties B*b*, C*c*, D*d*, E*e*, etc., seront respectivement, 1, 2, 3, 4... dixièmes de mètre. Avec des échelles ainsi construites, au lieu de porter toujours les pointes de compas sur la même ligne MA, ce qui l'aurait bientôt trouée, on les porte, suivant la variété des nombres, sur N*n*, O*o*, P*p*... Par là, les échelles se conservent beaucoup plus long-temps : ce qui est précieux dans le dessin.

*Vérification du tracé des modèles d'une machine ou d'un produit d'industrie.* Lorsque vous aurez à vérifier le tracé d'une machine ou d'un produit, exécuté d'après une échelle, la première chose que vous devrez faire, sera de vérifier l'échelle même employée pour le construire. Si elle est fausse, le dessin sera jugé *mauvais*, sans autre examen; si elle est exacte, le dessin pourra présenter d'autres sources d'erreur, et vous aurez à les chercher.

Revenons à la division des lignes droites par des parallèles. Supposons que AF, fig. 5, soit coupée par des parallèles A*m*, B*n*, F*r*, inégalement espacées; alors les parties AB, BF, comprises entre ces parallèles, ne seront plus égales entr'elles. Il en sera de même des parties *mn*, *nr*, de toute autre droite *mr* coupée par ces parallèles.

Mais si BF est plus grand que AB, *nr* sera pareillement plus grand que *mn*; de plus, *nr* contiendra la longueur de *mn*, autant de fois que BF contient la longueur de AB.

Si, par exemple, BF comprend quatre fois AB; en divisant BF en quatre parties égales, BC, CD, DE, EF, et menant les parallèles C*o*, D*p*, E*q*, on va couper *nr* en autant de parties *no*, *op*, *pq*, *qr*, égales à *mn*, qu'il y a de parties BC, CD, DE, EF, égales à AB. Donc BF contient AB autant de fois que *nr* contient *mn*.

On indique des manières suivantes cette égalité de fois que BF contient AB, et que *nr* contient *mn*.

BF divisé par AB égale *nr* divisé par *mn*

$$\frac{BF}{AB} = \frac{nr}{mn}$$

ou, BF est à AB comme *nr* est à *mn*

ou, BF : AB : : *nr* : *mn*.

## CINQUIÈME LEÇON.

Voilà ce qu'on appelle une *proportion géométrique* ; elle contient toujours deux *rapports égaux*, $\frac{BF}{AB}$ et $\frac{nr}{mn}$. Ainsi le rapport géométrique de deux quantités, c'est la première quantité divisée par la seconde ; *le rapport inverse*, c'est la seconde divisée par la première.

Une proportion BF : AB :: *nr* : *mn*, compte quatre *termes* ; le premier et le dernier sont appelés les *extrêmes* ; les deux du milieu sont appelés les *moyens*.

Propriété fondamentale des proportions :

*Le produit des deux extrêmes égale le produit des deux moyens.*

Pour le démontrer, observons que, dans la proportion BF : AB :: *nr* : *mn*, $\frac{BF}{AB}$ et $\frac{nr}{mn}$ étant égaux, si je multiplie ces deux rapports à la fois par AB et par *mn*, les produits seront égaux. Or BF divisé par AB et multiplié par AB, puis par *mn*, c'est tout simplement BF multiplié par *mn* ; c'est *le produit des extrêmes*. De même *nr* divisé par *mn*, et multiplié par AB, puis par *mn*, c'est tout simplement *nr* multiplié par AB ; c'est *le produit des moyens*. Donc le produit des extrêmes égale le produit des moyens.

L'usage des proportions géométriques est infini dans la géométrie et dans l'arithmétique, ainsi que dans leurs applications à d'autres sciences, au commerce, aux opérations de l'industrie, etc.

Voici comment l'arithmétique exprime par des nombres les proportions géométriques :

Supposons la figure 5 faite au moyen d'une échelle; nous pourrons représenter chaque terme de la proportion BF : AB : : $nr$ : $mn$, par le nombre de fois que ces portions de ligne droite contiennent l'*unité* de l'échelle.

Si, par exemple, BF = 30, AB = 5, $nr$ = 24, $mn$ = 4, l'on aura les deux proportions identiques,
$$BF : AB : : nr : mn.$$
$$30 : 5 : : 24 : 4.$$

Ainsi, l'on peut représenter les rapports et les proportions des lignes par les rapports et les proportions des nombres, et réciproquement.

Si vous divisez 30 par 5, vous avez un quotient qui est la valeur du premier rapport; c'est 6. Si vous divisez 24 par 4, vous avez un quotient qui est la valeur du deuxième rapport, c'est 6. Les deux rapports étant égaux, il y a proportion. Si vous divisez 5 par 30, vous avez pour quotient *un sixième*. Si vous divisez 4 par 24, vous avez pour quotient *un sixième*; ainsi, quand deux rapports sont égaux, les rapports *inverses* le sont également.

La proportion 30 : 5 : : 24 : 4 donne donc à la fois $\frac{30}{5} = \frac{24}{4}$ et $\frac{5}{30} = \frac{4}{24}$.

## CINQUIÈME LEÇON.

Si nous multiplions par 24 les deux termes de l'égalité $\frac{5}{30} = \frac{4}{24}$, nous aurons $\frac{5}{30} \times 24 = 4$.

Or 5 et 24 sont les *moyens*, 30 et 4 sont les *extrêmes*. Donc *un extrême égale le produit des moyens, divisé par l'autre extrême*.

On démontre de même que *chacun des moyens égale le produit des deux extrêmes, divisé par l'autre moyen*.

Donc, des quatre termes d'une proportion géométrique, quand on en connaît *trois*, on peut sur-le-champ trouver le quatrième, par la règle que nous venons d'indiquer : c'est *la règle de trois*, ainsi nommée, parce qu'avec *trois* termes d'une proportion, elle donne le quatrième.

*La règle de trois* est d'un usage perpétuel dans les calculs de la finance, du commerce et de l'industrie.

La géométrie possède aussi sa règle de *trois*. Si l'on connaît trois lignes (A), (B), (C), fig. 6, il est facile d'en trouver une quatrième D, telle qu'on ait

(A) : (B) : : (C) : (D).

On commence par mettre (C) = PR, au bout de (A) = OP. De l'extrémité O, on mène la droite OM, dans une direction quelconque; on prend, à partir de O, la longueur OQ = (B); on mène PQ; puis RS parallèle à PQ. Alors on a

OP : OQ : : PR : QS

ou (A) : (B) : : (C) : D).

Quand les deux moyens sont égaux entr'eux, la longueur ou le nombre qui les représente est ce qu'on appelle la *moyenne proportionnelle* entre les extrêmes. Ainsi, dans la proportion,

$$2:4::4:8,$$

4 est la moyenne proportionnelle entre les deux extrêmes 2 et 8.

En géométrie, étant données deux longueurs, on trouve aisément leur moyenne proportionnelle. Nous l'expliquerons bientôt.

*Des triangles semblables.* Si deux triangles ABC, *abc*, fig. 7, ont leurs côtés correspondants *parallèles*, ces côtés sont *proportionnels*, et les triangles sont *semblables*. Ainsi

$$AB : ab :: BC : bc :: AC : ac.$$

Pour le démontrer, transportons *abc* sans changer la direction de ses côtés, de manière que le point *b* tombe en A; prolongeons ensuite *ac* et BC jusqu'à ce qu'ils se rencontrent en un point *m*, on aura AC = *cm*, C*m* = *bc* (1), puisque ce sont des parallèles comprises entre parallèles.

Mais AC et *cm*, C*m* et *bc* étant parallèles, on a

$$AB : ab :: cm = AC : ac,$$
$$AB : ab :: BC : Cm = bc.$$

Donc, enfin, AB : *ab* :: AC : *ac* :: BC : *bc*.

Si deux triangles ABC, *abc*, fig. 8, sont tellement posés et configurés, que, AB soit *perpendiculaire* à *ab*, BC à *bc*, AC à *ac*, je dis que les deux triangles sont *semblables*.

En effet, sans rien changer au triangle *abc*, faisons-le tourner d'un angle droit autour du point *a*, alors *ac* se posera en *ac'* dans une position parallèle à AC; il en sera de

---

(1) Le signe = veut dire *égale*.

# CINQUIÈME LEÇON. 115

même de $ab'$, et de $b'c'$. Donc le triangle $ab'c'$ aura ses côtés *parallèles* à ceux de ABC, et les deux triangles seront semblables. Par conséquent aussi ABC et $abc$ sont semblables.

Quand deux triangles ont leurs côtés proportionnels, leurs angles correspondants sont égaux, et les triangles sont semblables. En effet, supposons que les deux triangles ABC, $a'b'c'$, **fig. 7**, n'ont d'autres relations que celle-ci :

$$AB : a'b' :: AC : a'c' :: BC : b'c'.$$

J'imagine un second triangle $abc$ ayant le côté $ab = a'b'$, et de plus ses trois côtés respectivement parallèles à AB, BC, AC. Alors on a $AB : ab :: AC : ac :: BC : bc$. Donc...

$$a'c' = \frac{AC}{AB} a'b'\ldots \quad ac = \frac{AC}{AB} ab\ldots$$
$$b'c' = \frac{BC}{AB} a'b'\ldots \quad bc = \frac{BC}{AB} ab\ldots$$

Donc si $a'b' = ab$, il faut que $a'c'$ égale $ac$, et que $b'c' = bc$.

Donc les deux triangles $abc$, $a'b'c'$, ont leurs trois côtés respectivement égaux, et sont par conséquent égaux : donc les angles $a' = a = A$, $b' = b = B$, $c' = c = C$.

Ainsi, *quand deux triangles ont leurs côtés proportionnels, par cela seul, les angles opposés aux côtés proportionnels sont égaux, et les triangles sont semblables.*

Quand deux triangles ABC, $abc$ ont les côtés AB, AC, proportionnels à $ab$, $ac$, et que l'angle

$A = a$, les deux triangles sont semblables ; car, en posant l'angle $a$ sur A, la proportion AB : $ab$ : : AC : $ac$ exige que AC et $ac$ soient parallèles ; alors les trois côtés sont parallèles.

Si, dans la figure 6, on mène, à partir du point O, trois lignes droites OPR, OQS, OTU, coupant les deux parallèles PTQ, RUS, on aura successivement, à cause des triangles semblables,

OPT, ORU ;   1°.... OT : OU : : PT : RU,
OQT, OSU ;   2°.... OT : OU : : QT : SU.
Donc enfin....    PT : RU : : QT : SU.

*C'est-à-dire que les portions PT, QT, RU, SU, de deux parallèles coupées par trois lignes droites parties d'un même point, sont proportionnelles. La réciproque de ce principe est également vraie.*

A présent, nous pouvons étendre nos idées, et démontrer que *deux polygones ayant leurs côtés correspondants parallèles et proportionnels, sont des polygones semblables.*

Soient les figures ABCDEFGA, *abcdefga*, fig. 9, qui aient leurs côtés correspondants proportionnels et parallèles. Ainsi AB : $ab$ : : BC : $bc$... : : $m$ : 1. Les angles correspondants, étant formés par des lignes parallèles deux à deux, seront égaux. Donc l'angle $b =$ B. Menons les lignes AC, $ac$ ; les deux triangles ABC, $abc$ seront semblables, puisqu'ils ont un angle B égal à $b$ compris entre deux côtés proportionnels. Donc AB : $ab$ : : BC : $bc$ : : AC : $ac$ : : $m$ : 1. Menant ensuite AD et $ad$, les triangles ACD, $acd$ seront semblables au même titre ; puisque AC : $ac$ : : CD : $cd$ : : $m$ : 1, et que les angles ACD, $acd$

sont égaux, comme ayant leurs côtés parallèles. Donc AD est parallèle à *ad*.

En continuant le raisonnement que nous venons de commencer, on achèvera de décomposer les polygones en *triangles semblables*.

Par conséquent, pourvu qu'on sache exécuter des triangles semblables à d'autres, on peut, de proche en proche, exécuter des polygones semblables à d'autres, quelle que soit la complication des figures.

*Compas de proportion*, fig. 10 : c'est un instrument qu'on emploie pour faciliter les réductions proportionnelles. Il se compose de deux règles égales et graduées également.

Pour réduire les dimensions d'une figure dans le rapport d'une ligne donnée E à une autre ligne donnée F, on prendra sur le côté AB la longueur $AM = E$. On remarquera le nombre de la graduation correspondante à M, et le point N où se trouve le même nombre, sur l'autre branche du compas de proportion. Avec un compas ordinaire, on prendra pour ouverture de ses branches la longueur F ; cela fait, on posera l'une des branches du compas ordinaire en M ; puis on ouvrira ou fermera le compas de proportion, jusqu'à ce que la distance MN égale F ; alors il est évident que toute longueur A1, A2, A3,..., sur les deux branches, doit correspondre à des distances 1.1, 2.2, 3.3,... telles qu'on ait les proportions suivantes :

$E : F :: AM : MN :: A1 : 1.1 :: A2 : 2.2 :: A3 : 3.3...$

On pourra donc, avec un compas ordinaire, prendre sur-le-champ les longueurs réduites 1.1, 2.2, 3.3,... qui correspondent aux longueurs A1, A2, A3...

Lorsqu'on ne possède pas un compas de

proportion, on s'en fait un en traçant deux lignes AB, AC, fig. 11, de la manière suivante. On mène une première ligne AB=E; puis, du point B comme centre, avec une ouverture de compas BC = F, on décrit l'arc mCn. Du point A comme centre, on décrit l'arc BDC, et par le point C où ce nouvel arc coupe le premier mCn, on mène AC. S'agit-il de réduire, dans le rapport de E à F, une longueur A*g* quelconque? Du point A comme centre, on décrit l'arc *gkh*; la distance des points *g*, *h*, est la longueur réduite, puisqu'on a

E : F : : AB : BC : : A*g* : *gh*.

*Des polygones réguliers semblables.* Les polygones réguliers d'un même nombre de côtés sont semblables. En effet, les côtés de chacun étant égaux entr'eux, sont évidemment proportionnels; et les angles de ces polygones, angles qui ne dépendent pas de la longueur, mais du nombre des côtés, sont les mêmes dans les deux polygones.

Les contours des polygones semblables sont entr'eux comme les simples côtés.

A mesure que les côtés d'un polygone se multiplient, le polygone diffère d'autant moins du cercle dans lequel il est inscrit

*Donc les cercles doivent être considérés comme des figures semblables*, c'est-à-dire des figures dont les lignes semblablement placées sont proportionnelles.

Les circonférences des cercles sont entr'elles comme les rayons de ces cercles.

Si, dans deux cercles, on inscrit deux polygones réguliers d'un même nombre de côtés *abcdefa*, ABCDEFA, fig. 12, le rapport des lignes proportionnelles dans les deux figures sera celui 1°. des rayons des deux cercles; 2°. des côtés des deux polygones; 3°. des contours de ces polygones; 4°. des circonférences des deux cercles.

Si, dans le cercle, fig. 13, l'on mène un diamètre AOB; puis, d'un point quelconque C de ce diamètre, si l'on mène CP perpendiculaire à cette ligne, et que l'on trace les lignes droites AP et PB, l'on formera le triangle APB *rectangle* en P. Or, ce triangle rectangle est semblable à chacun des triangles partiels APC, PBC dont il se compose.

En effet, l'angle aigu A est commun aux deux triangles rectangles APB, APC; l'autre angle aigu égale un angle droit moins A; donc les trois angles des deux triangles sont respectivement égaux : donc ces triangles sont semblables.

De même, l'angle aigu B est commun aux deux triangles rectangles APB, PCB. Donc ils sont semblables; ce qui donne les proportions suivantes :

$$AB : AP :: AP : AC$$
$$AB : BP :: BP : BC$$
$$AC : CP :: CP : CB$$

Donc : 1°. Dans un triangle rectangle **APB**, le

petit côté de *gauche* AP est moyenne proportionnelle entre l'hypothénuse AB et la portion AC de cette hypothénuse, à *gauche* de la perpendiculaire PC.

2°. Le petit côté de *droite* PB est moyenne proportionnelle entre l'hypothénuse AB et la portion BC de cette hypothénuse, à *droite* de la perpendiculaire.

3°. La perpendiculaire CP est moyenne proportionnelle entre les deux parties CA, CB, de l'hypothénuse

Enfin, l'hypothénuse étant un diamètre du cercle, et CP la demi-corde perpendiculaire à ce diamètre; AP, PB, étant deux autres cordes menées par l'extrémité du diamètre.....

1°. La corde de *gauche* AP est moyenne proportionnelle entre le diamètre AB et la partie AC de ce diamètre, à *gauche* de la demi-corde perpendiculaire au diamètre.

2°. La corde de *droite* BP est moyenne proportionnelle entre le diamètre AB et la partie BC de ce diamètre, à *droite* de la demi-corde perpendiculaire au diamètre.

3°. La demi-corde CP est moyenne proportionnelle entre les deux parties de diamètre placées à sa gauche et à sa droite.

Ces propriétés sont du plus grand usage dans l'évaluation des effets et du jeu des machines.

I. GÉOMÉTRIE. ARTS ET MÉTIERS et t.

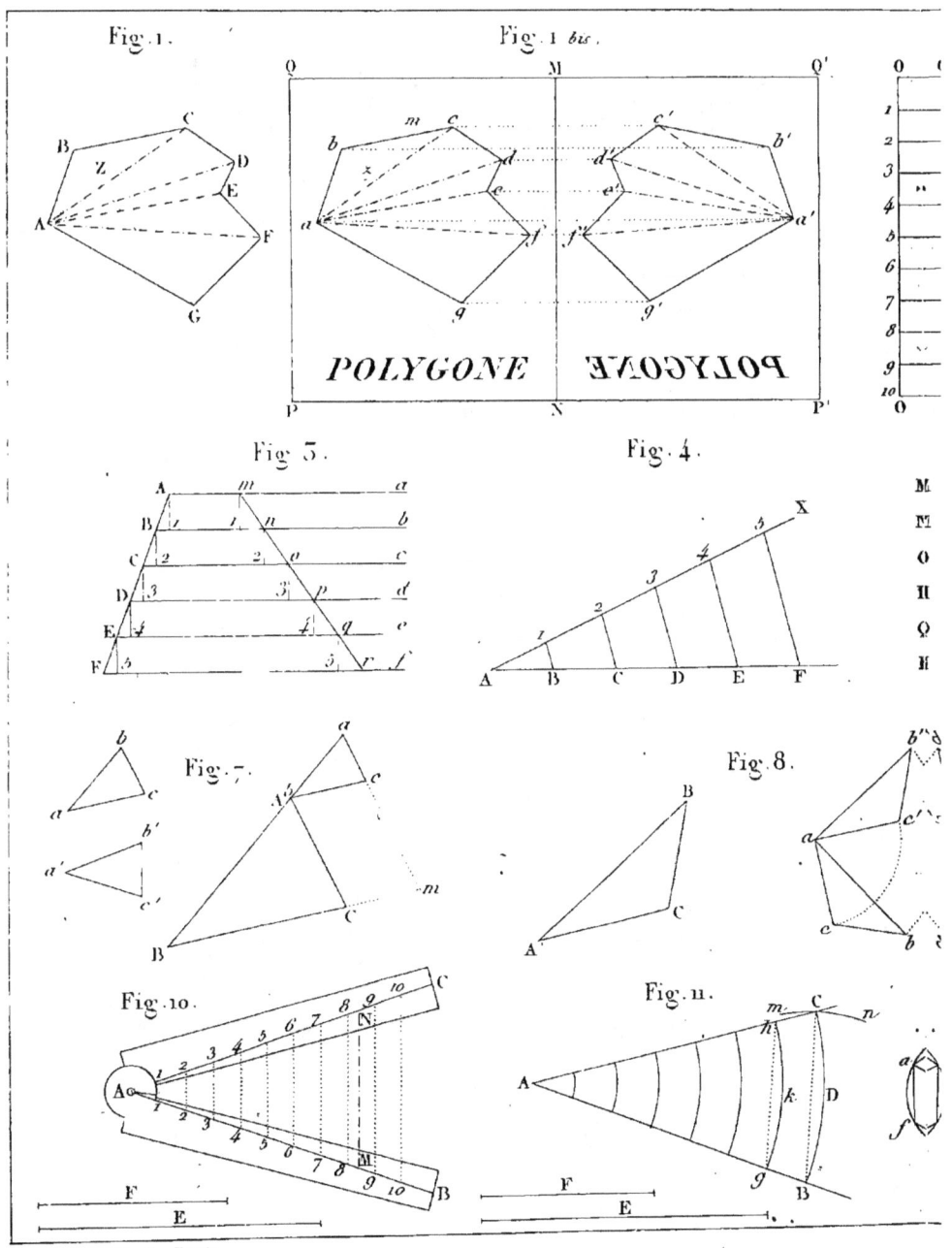

Dessiné par Charles Dupin.

AUX-ARTS. V<sup>ÈME</sup> LEÇON.

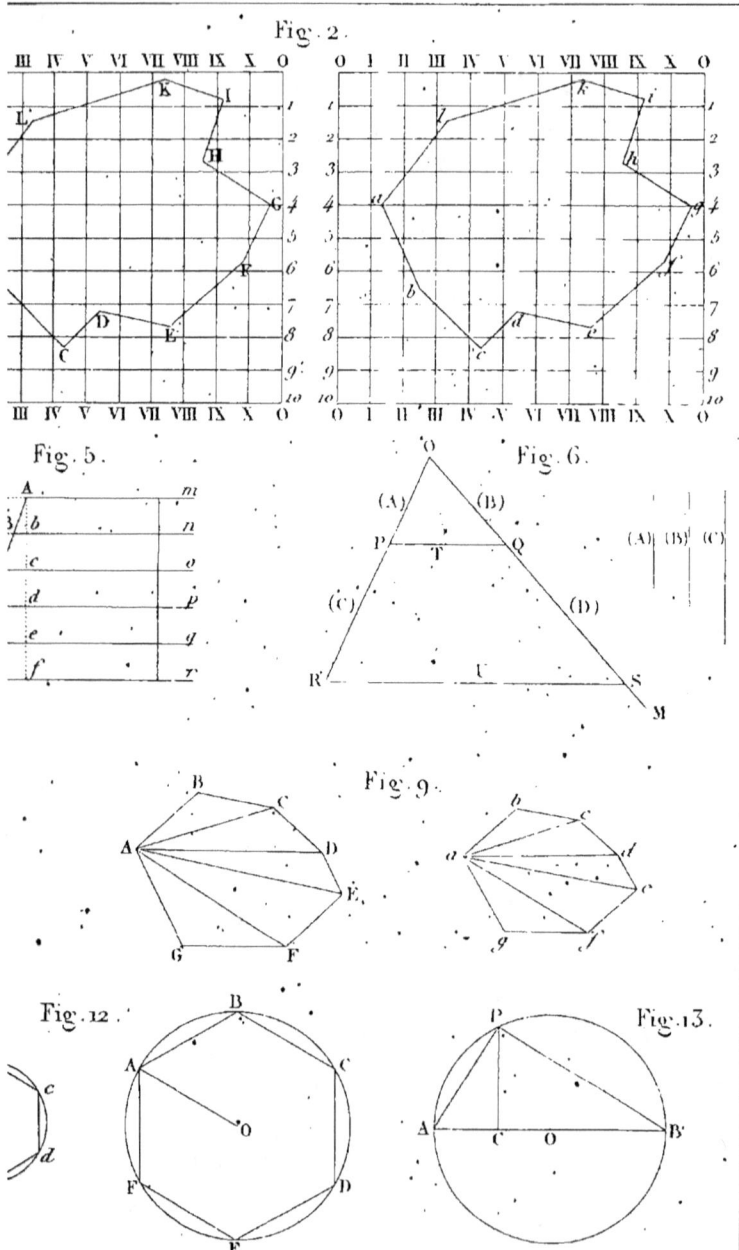

Gravé par Adam.

## SIXIÈME LEÇON.

*De la superficie des figures planes terminées par des lignes droites ou circulaires.*

Lorsqu'on veut mesurer les superficies terminées par des lignes droites, et même par des lignes courbes, on prend pour unité de mesure une figure très-simple, et non moins facile à construire qu'à subdiviser : c'est *un quarré dont le côté égale l'unité de longueur*.

Il faut expliquer d'abord comment, avec ce quarré, l'on peut en mesurer un plus grand ; c'est-à-dire, comment on peut savoir combien de fois le grand quarré contient le petit.

Autant de fois un côté du petit est contenu dans le côté du grand, autant on pourra former, dans le grand quarré, de bandes parallèles ayant le petit côté pour largeur, et pour longueur le grand côté. Mais, autant de fois le petit côté est contenu dans le grand, autant chaque bande contient de fois le petit quarré. Par exemple, si le grand côté contient dix fois le petit, on divisera le grand quarré en dix bandes, ayant le petit côté pour largeur, et dix fois ce côté pour longueur; chaque bande aura donc dix fois la surface du petit quarré, et dix fois dix sera le nombre de petits quarrés contenus dans le grand.

Avec le même raisonnement, on fera voir qu'en prenant le côté d'un quarré pour unité de longueur, ce quarré sera contenu dans un autre quarré ayant pour côté

| | | | | | | | |
|---|---|---|---|---|---|---|---|
| 1.... | 1 fois | 1 égale | 1 | 6.... | 6 fois | 6 égale | 36 |
| 2.... | 2 fois | 2 égale | 4 | 7.... | 7 fois | 7 égale | 49 |
| 3.... | 3 fois | 3 égale | 9 | 8.... | 8 fois | 8 égale | 64 |
| 4.... | 4 fois | 4 égale | 16 | 9.... | 9 fois | 9 égale | 81 |
| 5.... | 5 fois | 5 égale | 25 | 10.... | 10 fois | 10 égale | 100 |

Les nombres 1, 4, 9, 16, 25, 36, etc., sont appelés les *quarrés* de 1, 2, 3, 4, 5, 6....; parce qu'ils représentent le nombre de quarrés, ayant pour côté l'unité de longueur, contenus dans la superficie des quarrés ayant pour côtés 1, ou 2, ou 3, ou 4, etc. Les nombres 1, 2, 3, 4..., qui représentent la quantité d'unités de longueur contenues dans chaque côté des quarrés, sont appelés les *racines* de ces quarrés.

Si le quarré qu'il s'agit de mesurer est plus petit que celui qu'on a pris pour unité de mesure, il faut subdiviser celui-ci. Par exemple, on divisera ses côtés en dix parties égales, et l'on formera *cent* petits quarrés égaux, chacun desquels pourra servir d'unité de mesure. Si cette seconde unité est trop grande encore, on la divisera de même en centièmes, qui seront des cent fois cent

## SIXIÈME LEÇON.

ou *dix millièmes* de l'unité primitive, et ainsi de suite. (Voyez 2ᵉ. vol., leçon *sur les mesures*.)

Après avoir déterminé la superficie d'un quarré pris isolément, combinons deux à deux les quarrés, et demandons-nous comment la géométrie peut représenter *leur somme* ou *leur différence*; c'est-à-dire, comment elle peut *construire un quarré égal en surface à la somme ou à la différence de deux quarrés donnés*.

Soient ABCD, fig. 1, *mnpq*, fig. 2, les deux quarrés proposés. Construisons un triangle rectangle, tel que l'angle droit Y, fig. 3, soit entre deux côtés XY = *mn*, YZ = AB. Si l'on fait des quarrés avec XY, YZ, comme côtés, on aura XY*ab* = *mnpq*, et YZ*cd* = ABCD. Je dis maintenant que le grand quarré XZ*ef*, construit sur XZ comme côté, égale en somme les deux quarrés proposés.

Nous avons fait voir, deuxième leçon, que, dans un triangle rectangle XYZ, fig. 3, si l'on abaisse, de l'angle droit sur le grand côté, la perpendiculaire YU, l'on a : (1)
XU : XY : : XY : XZ, d'où XY × XY = XY² = XU × XZ,
ZU : ZY : : ZY : XZ, d'où ZY × ZY = ZY² = ZU × XZ.

Donc XY² plus ZY², c'est-à-dire, la somme des deux quarrés XY*ab*, ZY*cd*, égale XU plus ZU, c'est-à-dire, XZ, multiplié par XZ, qui est la mesure du quarré XZ*ef*. Ainsi le grand quarré équivaut à la somme des deux autres.

Donc, *dans un triangle rectangle, le quarré construit sur le grand côté, égale la somme*

---

(1) Pour représenter le quarré dont un côté égale AB, on écrit AB², et la superficie de ce quarré ABCD, est par conséquent AB², qui égale AB multiplié par AB.

*des quarrés construits sur les deux autres côtés.*

Si l'on proposait de trouver un quarré équivalent à la *différence* de deux autres, on ferait un triangle rectangle ayant pour grand côté XZ, fig. 3, celui du grand quarré, et pour un de ses petits côtés XY, celui du petit quarré connu. Le troisième quarré construit avec le troisième côté YZ du triangle rectangle, serait égal à la différence des deux autres quarrés; puisque, ajouté avec le plus petit, il doit être égal au plus grand.

En observant que 3 fois $3 = 9$; que 4 fois $4 = 16$, que 5 fois $5 = 25$, et que 9 plus 16 égalent 25, on voit que 3, 4 et 5 sont les côtés d'un triangle rectangle. Les artistes emploient souvent cette propriété, pour mener une droite YZ perpendiculaire à une autre, XY. Ils divisent XY en trois parties; puis, prenant $YZ = 4$, $XZ = 5$ de ces parties, ils achèvent le triangle XYZ, dans lequel YZ est la perpendiculaire cherchée.

Mesurons, maintenant, la surface des figures qui s'éloignent de plus en plus de la forme du quarré.

*La surface du rectangle* est égale au produit de la base par la hauteur.

Pour le prouver, divisons MQ, fig. 4, en parties égales au côté AB du quarré ABCD pris pour unité. Par les points de division, menons des droites parallèles à MN; elles partageront le rectangle en bandes ayant toutes MN pour longueur, et même largeur que le quarré. Chaque bande contient la superficie d'autant de quarrés ABCD, que MN contient de fois AB. Donc, MN étant exprimée par des nombres, lorsque AB est l'unité, le nombre de quarrés ABCD que le rectangle MNPQ contient, est représenté par la base MN multipliée par la hauteur MQ.

Dans les arts, il faut souvent trouver un quarré dont la surface soit équivalente à celle d'un rectangle MNPQ. On s'y prend ainsi :

Si l'on met bout à bout les côtés MQ, MN, fig. 5, et que, sur leur somme comme diamètre, on décrive un demi-cercle ; si, du point M, on élève la perpendiculaire MR au diamètre QN ; en la prolongeant jusqu'au contour du demi-cercle, on aura ( cinquième leçon, p. 119 ) :

QM : MR :: MR : MN, d'où $QM \times MN = MR^2$.

Ainsi, le quarré construit sur MR, équivaut au rectangle MNPQ ; puisque ces surfaces ont même mesure.

*La surface d'un parallélogramme* LMNO, fig. 6, *est égale au produit de sa base par sa hauteur.*

Pour le démontrer, des points M, N, menons MQ, NP, perpendiculaires à MN, jusqu'à OLQ. Les deux triangles MQL, NPO, sont égaux ; puisque MQ=NP (comme parallèles comprises entre parallèles), et que les angles correspondants sont égaux. Donc le rectangle MNPQ, comparé au parallélogramme MNOL, contient en plus le triangle LMQ, et en moins le triangle égal ONP ; donc la surface du parallélogramme est, comme celle du rectangle, mesurée par *le produit de la base* MN *par la hauteur* PN.

*Quarré de multiplication.* Il fait connaître, en chiffres, la surface d'un rectangle ou d'un parallélogramme, dont les deux côtés ne passent pas dix.

| 1 | 2 | 3 | 4 | 5 | 6 | 7 | 8 | 9 | 10 |
|---|---|---|---|---|---|---|---|---|---|
| 2 | 4 | 6 | 8 | 10 | 12 | 14 | 16 | 18 | 20 |
| 3 | 6 | 9 | 12 | 15 | 18 | 21 | 24 | 27 | 30 |
| 4 | 8 | 12 | 16 | 20 | 24 | 28 | 32 | 36 | 40 |
| 5 | 10 | 15 | 20 | 25 | 30 | 35 | 40 | 45 | 50 |
| 6 | 12 | 18 | 24 | 30 | 36 | 42 | 48 | 54 | 60 |
| 7 | 14 | 21 | 28 | 35 | 42 | 49 | 56 | 63 | 70 |
| 8 | 16 | 24 | 32 | 40 | 48 | 56 | 64 | 72 | 80 |
| 9 | 18 | 27 | 36 | 45 | 54 | 63 | 72 | 81 | 90 |
| 10 | 20 | 30 | 40 | 50 | 60 | 70 | 80 | 90 | 100 |

La deuxième colonne indique la surface des rectangles ou des parallélogrammes qui, pour deux de hauteur, ont de base 1, 2, 3, 4....; la troisième colonne indique la surface des rectangles ou des parallélogrammes qui, pour trois de hauteur, ont de base 1, 2, 3, 4...., etc. *Il faut que les industriels aient une table pareille, suspendue dans leur atelier, et l'apprennent par cœur : cette connaissance est indispensable pour faire la moindre multiplication.*

*La surface d'un triangle* ABC, *fig.* 7, *égale la moitié du produit de sa base par sa hauteur.*

En effet, si nous menons CD parallèle à AB, et AD parallèle à BC, le nouveau triangle ACD est égal au premier, ABC; mais ABCD forme un parallélogramme dont la surface égale AB base du triangle ABC $\times$ sa hauteur CE; donc la moitié de ce produit est la superficie du triangle.

Puisqu'on peut toujours décomposer en triangles une figure quelconque terminée par des lignes droites, on trouvera sur-le-champ la mesure de la surface de tout polygone irrégulier ou régulier. On prendra, pour chaque triangle, la moitié du produit de sa base par sa hauteur; et la somme de tous les produits donnera la mesure de la surface cherchée. Cette application est une de celles qui rendent l'étude des triangles si importante pour la géométrie et spécialement pour *l'arpentage*. Commençons cette application par la mesure du trapèze.

*La surface du trapèze égale la demi-somme de ses deux bases, multipliée par sa hauteur.*

Le trapèze ABCD, fig. 8, dont la hauteur est $mn$, sera divisé par la diagonale AC en deux triangles ABC, ACD, ayant respectivement pour mesure : le premier $\frac{1}{2}$ AB $\times mn$; le deuxième $\frac{1}{2}$ DC $\times mn$. La somme de ces deux produits sera la moitié de AB plus CD, multipliée par $mn$; ce qu'on écrit ainsi, $\frac{1}{2}$ (AB+CD) $mn$.

**Ayant ce produit, on peut sur-le-champ** *trouver un quarré équivalent au trapèze.*

On mesurera AB + CD, fig. 8, qu'on représentera par la ligne unique MN, fig. 5; on prendra MQ $= \frac{1}{2} mn$; on tracera le demi-cercle QRN; et la perpendiculaire MR sera le côté du quarré cherché.

*La surface d'un polygone régulier, égale la moitié de son contour multiplié par la distance de son centre à l'un de ses côtés.*

Du centre O, fig. 9, du polygone ABCD..., si nous menons des lignes droites aux sommets, nous allons le diviser en triangles égaux AOB, BOC, COD.... Soit O$m$, la distance du centre à chaque côté, et par conséquent la hauteur de ces triangles. On aura pour mesure de l'un d'eux, et par conséquent de tous les autres, $\frac{1}{2}$ AB $\times$ O$m$; la superficie totale sera $\frac{1}{2}$ ( AB $+$ BC $+$ CD... ) O$m$ ou $\frac{1}{2}$ (ABCD...) O$m$.

Le polygone régulier diffère d'autant moins du cercle dans lequel il est inscrit, que le nombre de ses côtés augmente; et la différence devient moindre que toute quantité donnée, si l'on multiplie suffisamment le nombre des côtés. Donc le cercle peut être regardé comme un polygone, ayant un si grand nombre de petits côtés, que la perpendiculaire O$m$ ne diffère pas, d'une quantité appréciable, du rayon OA. Donc....

*La surface du cercle est égale à sa circonférence multipliée par la moitié de son rayon, ou à sa demi-circonférence multipliée par son rayon.*

*Impossibilité de la quadrature du cercle.* Au moyen de la solution indiquée fig. 5, il serait toujours facile de trouver un quarré dont la superficie fût égale à celle d'un cercle donné, si l'on pouvait trouver une ligne droite exactement égale en longueur à la circonférence d'un cercle dont on connaît le rayon. Mais on ne peut avoir la mesure d'une telle ligne droite, et le problème de trouver le quarré équivalent au cercle ( ce qu'on appelle *la quadrature du cercle*) est au rang des questions dont une solution rigoureuse est impossible. Il importe beaucoup que les élèves n'épuisent pas leurs facultés en efforts qui ne sauraient avoir de succès.

## SIXIÈME LEÇON. 129

On peut, avec des nombres, donner la valeur approchée de la circonférence et de la surface du cercle, en représentant

le rayon par........ 100, 1,000, 10,000, 100,000, etc.,
la circonférence par 628, 6,285, 62,831, 628,513, etc.,
et la surface par..... 314, 3,141, 31,415, 314,156, etc.,

Si, au lieu de la surface totale du cercle, on se borne à celle d'un *secteur* AOB, fig. 9, dont l'arc soit la moitié, ou le tiers, ou le quart, etc., de la circonférence, on verra que ce secteur est aussi la moitié, le tiers, le quart, etc., de la surface du cercle. Pour avoir sa mesure, il suffira de multiplier par la moitié du rayon, la longueur de l'arc A*n*B qu'il comprend entre les côtés OA, OB. Si, de ce produit, on retranche celui de $\frac{1}{2}$ AB × O*n* = surface du triangle OAB, on aura la superficie du *segment* A*n*B.

*Comparaison de la surface des figures semblables.* 1°. *Des triangles.*

*Le rapport de la surface de deux triangles semblables, est égal au rapport du quarré des lignes correspondantes ou homologues.*

Soient deux triangles, AOB, *aob*, fig. 11, tels que leur base égale la moitié de leur hauteur; un quarré ABCD, *abcd*, fait sur leur base comme côté, leur est égal en surface. Si l'on diminue ou si l'on augmente proportionnellement les hauteurs, la base restant la même, on va former toutes sortes de triangles semblables XAB, *xab*, qui, conservant même base, augmentent ou diminuent de surface dans le même rapport. Donc, le rapport des surfaces étant primitivement représenté par les quarrés ABCD, *abcd*, des bases, le sera dans tous les cas.

Toutes les figures semblables peuvent se décomposer en un même nombre de triangles semblables, qui sont entr'eux comme les quarrés de deux lignes correspondantes. Donc...

*Les surfaces des figures semblables* (terminées par des lignes droites), *sont entr'elles comme les quarrés construits sur deux lignes correspondantes ou homologues.*

Ainsi les deux polygones ABCDEFA, *abcdefa*, fig. 12, étant semblables, leurs surfaces sont comme les quarrés ABMN, *abmn*, faits sur deux côtés correspondants AB, *ab*.

On démontre de même que *les cercles*, qui sont des figures semblables, *ont leurs surfaces proportionnelles aux quarrés construits sur leurs rayons ou sur leurs diamètres comme côtés.*

L'emploi de ces proportions est souvent fort-commode. La surface d'un cercle dont le rayon est égal à l'unité, ne peut être exprimée, même approximativement, que par des nombres compliqués, si l'on veut un peu de précision. Mais les rapports des surfaces pourront souvent être donnés avec une extrême simplicité.

Nous ferons connaître ici deux très-belles propriétés dont jouit la surface des polygones réguliers et des cercles. Mais, sans en donner la démonstration; parce qu'elle repose sur des méthodes scientifiques trop relevées.

*A contour égal*, parmi toutes les figures qui ont un nombre donné de côtés, c'est le polygone régulier dont la superficie est LA PLUS GRANDE.

*A contour égal*, PLUS il y a de côtés dans un polygone régulier, PLUS sa surface est grande.

*A contour égal*, TOUTES les figures terminées par un nombre quelconque de côtés, droits ou courbes, ont MOINS de superficie que le cercle.

*Applications.* Ces propriétés sont importantes à connaître dans l'économie de plusieurs arts.

Ainsi, la quantité de plomb qu'il faut employer au vitrage gothique d'un espace limité, est *la moindre possible*, si les vitraux ayant un nombre donné de côtés, sont *des figures régulières*.

Ainsi, quand on doit faire des tuyaux de conduite pour les eaux, le gaz, etc., et que ces tuyaux doivent livrer un passage à un volume de fluide déterminé, *si on les fait circulaires*, la quantité de bois ou de métal employée pour ces tuyaux est *la moindre possible*.

*Dans l'architecture*, la hauteur et le contour d'un édifice étant donnés, et par conséquent l'étendue de ses murs extérieurs, l'espace qu'on peut enceindre avec une même quantité de maçonnerie, est d'autant plus grand que l'édifice approche plus de la forme d'un polygone régulier, et d'un polygone dont le nombre de côtés est plus considérable.

Considérons la surface indéfinie du plan sur

lequel nous avons tracé les diverses figures dont nous venons de déterminer la mesure. Quand une droite a deux points dans un plan, elle est toute entière sur ce plan. Cette propriété sert dans les arts, pour construire des surfaces planes, et pour parcourir des espaces plans.

*Application à la faïencerie.* Veut-on, par exemple, comme dans l'art du faïencier, terminer en surface plane, une masse de terre quelconque?... On place deux guides parallèles, ou un encadrement plan MNPQ, fig. 13; puis, avec une règle droite ST, qui s'appuie à la fois sur les deux guides MN, PQ, l'on avance régulièrement, et l'on détache ou l'on comprime toute la terre saillante en dessus du plan qui passe par MN et PQ. Il n'est pas indispensable que l'encadrement MNPQ soit formé de droites parallèles; il suffit que ces droites, si l'on veut les prolonger, se rencontrent quelque part.

*Application au recépage des pieux.* Les scies à recéper les pieux suivant un plan horizontal dont l'abaissement sous l'eau est donné, ont leur jeu réglé par deux guides MN, PQ, fig. 13, également éloignés du plan horizontal suivant lequel on doit couper la tête de tous les pieux. La scie même *st* est une droite transversale représentée par sa parallèle ST. Cette parallèle étant tenue a distance invariable de la scie par un cadre rectangulaire ST*ts*, et s'appuyant sur

MN et PQ, la scie décrit un plan *mnpq* parallèle à MNPQ.

*Le menuisier*, pour aplanir une planche, fait usage de l'outil qu'on appelle *rabot*. Il commence par dresser les bords de cette planche, c'est-à-dire, par les rendre exactement rectilignes, avec son rabot dont le bois est en ligne droite et dont le fer enlève sur la planche tout ce qui est trop saillant, pour qu'il y ait un contact parfait entre cette planche et le bois du rabot. Ensuite il rabote transversalement, d'un côté dressé à l'autre côté, pour tracer une suite de droites intermédiaires passant par celles des bords.

*Le scieur de long* et *le charpentier* marquent dessus et dessous la pièce de bois dont ils veulent aplanir un côté, la *trace* du plan qu'ils ont à exécuter; ils dirigent ensuite sur ces deux lignes, l'un sa scie et l'autre sa hache.

Jusqu'ici nous n'avons considéré qu'un plan à la fois, et des lignes tracées sur ce plan. Comparons successivement le plan avec des lignes qui n'y soient pas toutes comprises, et plusieurs plans entr'eux. Une droite peut être perpendiculaire, oblique ou parallèle à un plan donné.

Soit AB, fig. 14, la ligne la plus courte qu'on puisse mener d'un point A, au plan MNPQ. Ce sera, par conséquent, la ligne la plus courte qu'on puisse mener, du point A, à toute ligne droite tracée dans le plan : donc elle sera perpendiculaire à toutes les lignes droites BE, BF, tracées sur le plan, à partir du pied B de cette perpendiculaire. La droite AB est dite *perpendiculaire* au plan MNPQ.

Donc, 1°. *la perpendiculaire menée d'un point à un plan, est la plus courte distance du point au plan;* 2°. *elle est perpendiculaire à toutes les lignes menées, par son pied, dans ce plan.*

Par conséquent, si l'on prend une équerre, pour la faire tourner sur un des côtés de l'angle droit, l'autre côté décrit nécessairement un plan.

Dans la construction des instruments que l'optique fournit à l'astronomie, à la navigation, etc., on fait un fréquent usage de cette dernière propriété géométrique.

AB, fig. 14, étant perpendiculaire au plan MNPQ, toute ligne AD, AF, menée du point A à l'une des lignes DBF, tracées sur le plan, est une *oblique* pour la ligne et pour le plan. Ainsi, *pour le plan, comme pour la ligne droite, les obliques AD, AF, sont toutes plus longues que la perpendiculaire* AB, *et d'autant plus longues qu'elles s'éloignent davantage de cette perpendiculaire.*

Supposons qu'on ait mené, du point A, toutes les obliques possibles sur la ligne droite DBF, tracée sur le plan, et passant par le pied B de la perpendiculaire; chaque point D, F...., de la droite DBF, va décrire un cercle dans le plan MNPQ, et tous les points de chaque cercle seront à la même distance de chaque point A de la perpendiculaire (1).

On appelle *axe* d'un cercle, la perpendiculaire au plan de ce cercle, menée par le centre. Donc cet axe est perpendiculaire à tous les rayons.

L'axe ou l'essieu d'une roue est perpendiculaire au plan de cette roue. Par conséquent, lorsque la roue tourne sur son axe, chacune de ses parties se meut sans quitter ce plan. Ainsi la roue, par rapport aux objets environnants, ne change pas de position ; ses divers points prennent seulement la position les uns des autres.

On a fondé sur ce principe de géométrie le jeu des *meules de moulin*. On établit deux meules sur un même axe, dont les plans sont par conséquent parallèles : l'une reste fixe, tandis que l'autre est immobile sur cet axe. Mais la roue mobile tournant de manière que son plan inférieur se meut sur lui-même, reste partout et toujours à la même distance du plan supérieur de la roue fixe. Si donc cette distance des roues est calculée de manière que les grains de blé n'y puissent passer sans être écrasés, l'écra-

---

(1) Si l'on prolonge BA en $Ba = BA$, les points $a$ et A seront également éloignés de chaque point D, E du plan, et des cercles que nous venons de tracer.

sement aura lieu également sur tous les points entre les deux meules.

On voit ici le grand avantage, je dis plus, la *nécessité* de la précision dans l'exécution des machines. Si le parallélisme des roues n'était point parfait; si l'arbre de la meule mobile n'était pas rigoureusement perpendiculaire au plan de ces roues; si, lors de son mouvement, il pouvait pencher un peu vers la droite ou vers la gauche: en tous ces cas, les deux plans des meules ne resteraient pas constamment à la même distance. Dans la partie trop rapprochée, le blé trop écrasé, s'échaufferait, se gâterait; dans d'autres parties, il ne serait pas même moulu, et les roues joueraient à vide. Par conséquent, ici, l'exactitude est plus qu'une chose de luxe et de satisfaction intellectuelle : c'est une condition imposée par la nécessité même, pour le succès de l'opération.

*Application au tournage.* Les propriétés que nous venons d'exposer sont employées dans les arts, pour décrire les cercles au moyen du *tour*. C'est un instrument qui présente deux points fixes auxquels on assujétit le corps à tourner. Lorsqu'on tient un outil tranchant, dans une position immobile, et qu'on fait tourner le corps, l'outil enlève les parties trop saillantes du corps, il y trace un cercle ayant pour axe la ligne droite qui passe par les deux points fixes, et qui, de plus, a son centre sur cette ligne droite.

Si l'on suppose que le tranchant de l'outil avance par degrés, en suivant une perpendiculaire à cette ligne droite, tous les cercles qu'on trace successivement avec le tranchant de l'outil sont placés dans un même plan perpendiculaire à la droite qui passe par les deux pointes du tour. Ainsi l'on peut faire usage du tour pour exécuter un plan.

Tel est le moyen qu'on emploie dans les manufactures de machines, où l'on a besoin de tailler, suivant la figure d'un plan, soit des plateaux métalliques, soit les extrémités des cylindres qu'il s'agit d'ajuster bout à bout avec une grande exactitude.

*Application à la machine de Bramah, pour tailler des surfaces planes.* Bramah fait tourner, autour d'un axe vertical et fixe, une roue horizontale munie d'un grand nombre d'outils tranchants. Ces outils ne saillent pas tous également sous le plan du cercle; ils sont groupés par cinq ou six, qui saillent graduellement de plus en plus. La pièce de bois qu'il s'agit d'aplanir est posée sur un chariot horizontal qui s'avance et passe sous la roue armée de tranchants. Les tranchants de chaque groupe entaillent la pièce de bois, de manière que le moins saillant de tous forme un premier trait, successivement approfondi par les quatre à cinq autres du groupe; après quoi, la pièce, i continue d'avancer, est aplanie dans sa partie subséquente, par un nouveau groupe de cinq à six tranchants. Quand tous les tranchants distribués sur le contour de la roue ont fait, sur la pièce de bois, leurs rainures respectives et fort étroites, un rabot fixé à la roue, à hauteur des tranchants les plus saillants, passe sur la pièce de bois qu'ont sillonnée tous les tranchants, et faisant disparaître les aspérités de ces sillons, elle achève d'aplanir la pièce.

*Deux perpendiculaires* AB, CD, fig. 15, *au même plan* MNPQ, *sont parallèles entr'elles.*

Pour le démontrer, par les pieds B, D, de ces perpendiculaires menons la droite BD sur le plan ; puis sur ce plan, par le milieu O de BD, menons la perpendiculaire EOF.

En faisant OE = OF, les deux points B, D, seront également éloignés de E et de F. De plus, tout point A, C, des lignes AB, CD, perpendiculaires au plan MNPQ, est également éloigné des points E et F. En effet, si nous menons FD et ED, ces deux obliques étant également éloignées de la perpendiculaire OD sur EOF, sont égales. De même CE, CF, étant deux obliques également éloignées de la perpendiculaire CD du plan, sont égales ; enfin AE, AF, sont égales au même titre. Ainsi les perpendiculaires AB, CD, appartiennent au plan unique qui contient tous les points également éloignés des deux points fixes E, F. Donc AB, CD, perpendiculaires à la même droite BD, se trouvent sur un même plan : donc elles sont parallèles.

Le plan horizontal est, comme on sait, celui de la surface des eaux tranquilles dans le point où l'on se trouve, et la perpendiculaire à ce plan est ce qu'on nomme la verticale. Par conséquent, pour un même plan horizontal donné, toutes les verticales sont parallèles.

*Le fil à plomb* est un fil qu'on tient d'un bout et qui de l'autre porte un plomb. Au repos, ce fil prend la direction verticale du lieu où l'on se trouve. Il peut donc servir à vérifier si, dans cet endroit, un plan donné est horizontal. Il suffit, pour cela, qu'en posant un côté d'une équerre suivant la direction de ce fil, l'autre côté s'applique exactement sur le plan, dans toutes les directions possibles. Deux positions suffisent à la vérification, puisque deux lignes droites suffisent pour déterminer la position d'un plan.

Réciproquement, ayant la position d'un plan horizontal, on obtiendra la verticale en menant une perpendiculaire à ce plan. Mais cette opération ne présentera pas autant de facilité.

On appelle *plans verticaux*, les plans qui contiennent une verticale toute entière dans leur surface. Si, d'un point quelconque d'un tel plan, l'on mène une verticale, comme elle est parallèle à une première verticale placée sur ce plan, elle-même y doit être toute entière.

*Deux plans verticaux se coupent nécessairement suivant une ligne droite verticale;* puisque la verticale menée par un seul point où se coupent les deux plans, doit être toute entière sur l'un et sur l'autre plan.

Un grand nombre d'arts, et surtout de ceux

qui se rapportent à la construction des édifices, font un fréquent usage des plans horizontaux, des plans verticaux et des verticales.

Dans nos habitations, les planchers, les plafonds, le joint inférieur et supérieur des assises de pierre de taille, de brique, etc., pour les murs ordinaires, sont des plans horizontaux.

Les plans des murs extérieurs, des murs de refend et des cloisons, sont des plans verticaux; et les arêtes formées par les murs, par les côtés des portes, des fenêtres, etc., sont des verticales, parce qu'elles se trouvent à la fois sur deux plans verticaux.

Dans le dessin de la géométrie descriptive, de la coupe des pierres, de la charpente et de l'architecture en général, on suppose qu'un premier dessin s'exécute sur un plan horizontal; on suppose qu'un second dessin s'exécute sur un second plan vertical; c'est *l'élévation*, si ce plan est en dehors de l'édifice; c'est *la coupe*, si ce plan traverse l'édifice.

Lorsqu'une droite passe par deux points A, C, fig. 16, également éloignés d'un plan MNPQ, tous les autres points de cette droite AC sont à la même distance du plan.

En effet, à partir de AC, menons les parallèles AB, CD, EF, perpendiculaires au plan MNPQ. En traçant la ligne droite BFD dans ce plan, l'on aura AB = EF = CD, quelle que soit la position du point E.

## SIXIÈME LEÇON.

L'ensemble de toutes les droites parties du point A, fig. 16, perpendiculairement à AB, forme un plan. Donc, tous les points de ce plan ont AB pour mesure de leur distance au plan MNPQ. Ainsi, deux plans perpendiculaires à la même droite AB, sont partout à la même distance l'un de l'autre ; et partout, les lignes AB, CD, perpendiculaires à l'un, le sont à l'autre : elles mesurent la plus courte distance de ces plans.

Deux plans NPQM, NPRS, fig. 17, qui se rencontrent, se coupent en ligne droite NP.

En effet, si par deux des points de rencontre, N, P, on mène une droite, il faudra qu'elle soit toute entière sur les deux plans qui contiennent ces deux points. Elle sera donc la ligne même commune à ces deux plans.

On peut supposer que le plan NPQM soit incliné plus ou moins sur NPRS ; alors on obtient un angle plus ou moins grand, compris entre NPQM, NPRS. Pour mesurer cet angle, voici ce qu'on fait :

On mène, fig. 17, dans le premier plan, CA, et dans le second, CB, perpendiculairement à NP droite commune aux deux plans. L'angle formé par les deux plans est représenté par l'angle que forment ces deux droites.

Supposons que le plan NPQM tourne autour de NP, comme autour d'un axe. Chacun des points de ce plan va décrire un cercle ; et le plan même aura parcouru tout l'espace autour de l'axe, quand chacun de ses points aura parcouru la circonférence complète d'un cercle. Si l'on divise en parties égales l'espace ainsi parcouru, chaque point aura décrit, dans chaque partie, le même nombre de degrés. Ce nombre sera donc propre à mesurer l'angle même des plans tournants autour de NP.

. Les fabricants d'instruments de mathématiques exécutent, pour les astronomes, pour les navigateurs et pour les ingénieurs géographes, des instruments qui servent à mesurer l'angle qu'un plan fait avec un autre, et qui sont généralement exécutés d'après le principe que nous venons de faire connaître. Un arc de cercle gradué AB, fig. 17, est dans un plan déterminé par les fils des alidades perpendiculaires CA, CB, aux plans dont on doit mesurer l'inclinaison. Une extrémité B est fixe sur un des plans; et le point A, où l'arc traverse l'autre plan, indique le nombre de degrés d'inclinaison des deux plans.

Pour déterminer la direction des plans, nous les rapportons d'ordinaire à quelque plan horizontal; l'intersection du plan incliné sur le plan horizontal, est ce que l'on appelle *la trace* de ce plan incliné. Par conséquent, si l'on conçoit, perpendiculairement à cette trace : 1°. Une horizontale; 2°. une droite placée sur le plan incliné, l'angle qu'elles formeront entr'elles représentera l'angle des deux plans.

La ligne inclinée CA, fig. 17, que nous venons de déterminer, l'est plus que toute autre ligne tracée sur le plan incliné NPQM.

Pour le démontrer, menons l'horizontale XOY parallèle à la trace NP du plan incliné. COA perpendiculaire aux deux parallèles, et CO mesurera leur distance. Donc, pour descendre des points XOY du plan incliné, points tous situés à une même hauteur, aux points P, C, N..., qui sont aussi tous de niveau, la plus courte voie, c'est-à-dire, la *ligne de plus grande pente*, est OA perpendiculaire aux deux parallèles XOY, PCN.

Lorsque nous parlerons des surfaces courbes, on verra qu'on a fait servir avantageusement les lignes horizontales et les *lignes de plus grande pente*, pour représenter sur des plans la figure de ces surfaces.

Deux plans sont perpendiculaires l'un à l'autre quand ils forment, de droite et de gauche, des angles qui sont égaux. Ces angles, mesurés par des lignes droites perpendiculaires, sont droits.

Quand une droite est perpendiculaire à un plan, tous les nouveaux plans menés par cette droite sont perpendiculaires à ce plan.

En effet, soit AB, fig. 18, perpendiculaire au plan MNPQ, et FGDE un plan mené par AB. Traçons sur MNPQ, AC perpendiculaire à GD; l'angle BAC qui mesure l'inclinaison des deux plans sera droit. Donc les deux plans seront perpendiculaires l'un à l'autre.

Quand deux plans parallèles entr'eux sont coupés par un troisième, les deux droites d'intersection sont parallèles. En effet, sans cela elles se rencontreraient quelque part; donc le premier et le second plan, dont elles font partie, se rencontreraient; par conséquent, ils ne seraient pas parallèles.

*Deux droites parallèles, comprises entre deux plans parallèles, sont égales.* En effet, si par ces deux droites on mène un troisième plan, il coupe les deux premiers plans, suivant deux nouvelles parallèles qui comprennent les deux premières ; or, des parallèles, comprises entre des parallèles, sont égales.

*Deux droites* ABC, DEF, fig. 19, *coupées par trois plans parallèles* NP, QR, ST, *sont coupées en parties proportionnelles.*

Pour le démontrer, menons A*ef* parallèle à DEF; les points E, F, *e, f*, étant les points de rencontre de ces droites avec les plans QR, ST, on aura A*e* égale DE; *ef* = EF. Mais les deux droites ABC, A*ef*, sont dans un même plan qui coupe les deux plans QR, ST, suivant deux droites parallèles B*e*, C*f*. Donc on a

AB : BC : : A*e* : *ef* : : DE : EF.

Il me resterait à parler des angles solides, tels que OABC, formés par trois droites OA, OB, OC, concourant au point O, et représentant trois portions de plans AOB, BOC, COA. Cet angle, comme on voit, présente trois angles ordinaires AOB, BOC, COA, et trois angles formés par les plans pris deux à deux. La géométrie descriptive enseigne les moyens de connaître les angles formés avec les plans, par les angles formés avec les lignes, et réciproquement.

I. GÉOMÉTRIE. ARTS ET MÉTIERS et BB

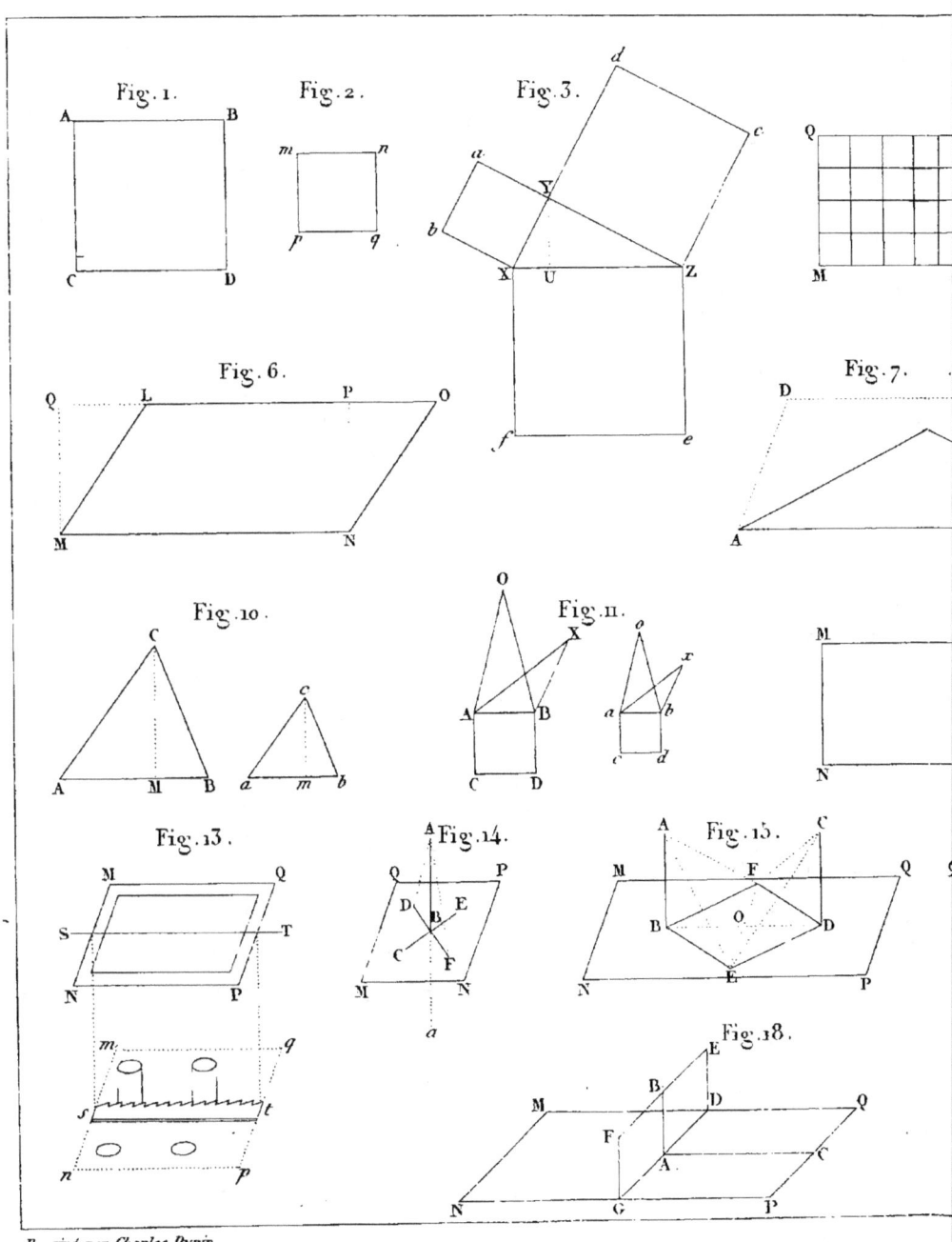

Dessiné par Charles Dupin.

VI.ᵉᵐᵉ LEÇON.

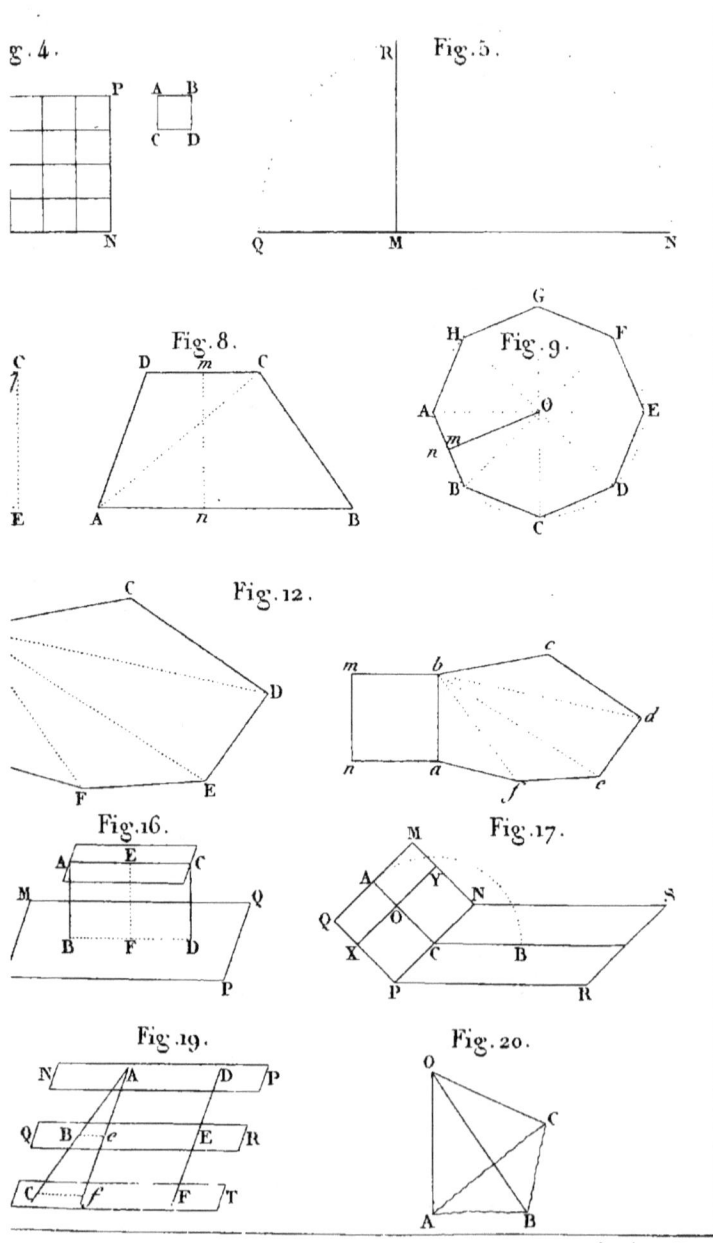

Gravé par Adam.

## SEPTIÈME LEÇON.

*Des solides terminés par des plans.*

Après avoir expliqué les propriétés de la ligne droite et du cercle, nous avons examiné successivement les figures que l'industrie peut composer avec des lignes droites ou des cercles. En suivant une marche analogue, nous allons maintenant examiner les solides qu'il est possible de terminer par des plans, puis par des formes circulaires.

*Deux corps sont égaux*, quand on peut supposer qu'ils soient sortis d'un même moule, comme les copies de bustes et de bas-reliefs moulées par le plâtrier.

*Deux corps sont symétriques* de forme et de position, quand les points correspondants de l'un et de l'autre peuvent être joints par des droites parallèles dont le milieu se trouve sur un plan qui leur est perpendiculaire : c'est le *plan de symétrie*.

*Applications*. A chaque instant, l'industrie a besoin de produire des corps *symétriques* par rapport à d'autres corps, et des corps composés de deux parties symétriques. Tels sont les édifices réguliers, les temples, les palais construits d'après un seul plan.

Souvent la symétrie n'est qu'un objet de luxe ou de goût, pour les produits d'industrie destinés à l'immobilité, comme les maisons, les églises, etc. Elle est un objet de nécessité pour une foule de corps, qui doivent exécuter des mouvements avec une égale facilité vers la droite et vers la gauche. Voilà pourquoi la nature donne, à la plupart des animaux, deux côtés symétriques, joints par un plan dirigé dans le sens de leur mouvement progressif habituel. L'ingénieur maritime donne à ses navires, d'après le même principe, deux côtés, tribord et bas-bord, symétriques par rapport au plan qui marque la direction de la marche progressive. Les voitures sont symétriques par rapport à ce plan, d'après un principe analogue, etc. (Voyez deuxième volume : MACHINES.)

La barre ou la tringle est un solide dont la longueur est indéfinie, et dont les faces planes sont limitées par des lignes droites parallèles, qu'on appelle *arêtes*. On forme le *prisme* en coupant la barre ou la tringle par deux plans parallèles. Chaque section, qu'on appelle *base*, est un polygone dont le nombre de côtés est égal au nombre des faces du prisme et de la tringle. Le prisme est *droit* ou *oblique*, suivant que les bases sont *perpendiculaires* ou *obliques*, par rapport aux arêtes. Il est *tronqué*, lorsque les bases ne sont point parallèles.

Le prisme droit est *symétrique* par rapport au plan qui coupe à angle droit et par le milieu toutes ses arêtes, lesquelles sont alors les perpendiculaires qui déterminent les conditions mêmes de la symétrie.

Il y a des *prismes tronqués* SYMÉTRIQUES par rapport à un plan qui coupe pareillement à angle droit et par le milieu, toutes leurs arêtes.

Le *prisme triangulaire*, fig. 1, a trois faces, et de plus deux bases triangulaires. Autant il y a de variétés dans la forme du triangle, autant il y en a dans la forme du prisme triangulaire.

*Application à l'optique.* Les physiciens font usage d'un tel prisme, en verre ou en cristal, pour décomposer la lumière dont les différents rayons se séparent en traversant une face du prisme pour pénétrer dans ce corps, et une face pour en sortir. Alors on voit dans l'ordre suivant, les sept couleurs primitives : le rouge, l'orangé, le jaune, le verd, le bleu, l'indigo, le violet. C'est ce qu'on appelle le spectre solaire.

*Application à l'architecture.* L'architecte emploie le prisme droit triangulaire à bases symétriques, ABCDEF, fig. 7, pour former la toiture à deux faces et à frontons, ou à pignons, des édifices réguliers. *Le prisme tronqué symétrique*, fig. 8, sert pour les toits à quatre pans. Cette figure est aussi celle des tas de pierres rangées sur le bord des routes, qu'on doit recharger ; comme elle est régulière et facile à mesurer, on peut vérifier, à l'instant, la quantité de pierres contenue dans le tas. Par le même motif, elle est aussi fréquemment employée pour les piles de bombes et de boulets, formées dans les dépôts d'artillerie.

*Application à la méchanique.* Dans la construction des machines, on fait, du prisme triangulaire à bases symétriques, un guide fixe, sur lequel glissent les châssis ou les chariots dont on veut rendre la marche rigoureusement rectiligne.

Le *prisme quadrangulaire*, fig. 2, a quatre faces, et pour chacune de ses bases un quadrangle, comme son nom l'indique. Quand ce quadrangle est un parallélogramme, le prisme prend le nom de *parallélipipède*. On l'appelle *parallélipipède rectangle*, quand toutes ses faces sont à angles droits. Si, de plus, la base est un quarré, c'est le *parallélipipède quarré*. Tel est le *carrelet* qu'on emploie pour rayer du papier. Enfin, quand toutes les faces du parallélipipède sont des quarrés, on l'appelle *cube*. Tels sont les dés à jouer.

Les prismes droits quadrangulaires à bases symétriques, ont des plans de symétrie parallèles aux arêtes, et passent respectivement par l'axe de symétrie de chaque base.

Quand la base est un rectangle, le prisme a trois plans de symétrie respectivement parallèles aux six faces prises deux à deux. Quand la base est un lozange, le prisme a trois plans de symétrie: 1°. le plan également éloigné des deux bases; 2°. et 3°. le plan qui passe par les diagonales parallèles des bases lozanges.

Dans le cube, il y a *douze* plans de symétrie; trois parallèles aux faces, et six qui passent par les diagonales des faces, et trois par celles du cube.

Dans chacun de ces prismes, les plans de symétrie passent par un point remarquable, qui est le *centre* du prisme; ils se coupent deux à deux, suivant des lignes qui sont des *diamètres* ou des *axes* du prisme. Ce point et ces lignes ont des propriétés importantes pour la méchanique; propriétés que nous expliquerons dans le deuxième volume (des MACHINES).

*Applications variées.* Le menuisier, le charpentier, le forgeron, une foule d'autres artisans, font un fréquent usage des prismes symétriques quadrangulaires. Les solives et les poutres de nos maisons, les chevrons et presque toutes les autres pièces de nos toitures, sont des prismes de ce genre. Autrefois, c'étaient des prismes quarrés. Mais, depuis qu'on calcule mieux la force des bois, on a reconnu l'avantage d'employer des prismes minces dans le sens où ils ont peu d'efforts à supporter, et larges dans le sens où s'exercent les plus grands efforts.

Les pilastres et les piliers quarrés sont des parallélipipèdes rectangles.

*Prismes des cristaux.* La nature qui nous présente, dans ses cristallisations, des formes géométriques aussi variées que précises, nous offre souvent des prismes triangulaires, quadrangulaires, hexagones, octogones, etc. L'étude de ces figures des cristaux est une des plus belles applications de la géométrie. Elle a donné des lumières précieuses sur les substances mêmes dont ces cristaux se composent. Enfin, en divisant adroitement les cristaux, suivant les faces de joint de leurs formes primitives, on a rendu compte, par la géométrie, de toutes leurs variétés; on a montré la constance des formes de la nature, jusque dans les irrégularités les plus grandes en apparence.

Indiquons, maintenant, les moyens de tailler un prisme droit, dans un corps de figure quelconque.

On tendra, près du corps qu'il faut tailler en prisme, un cordeau parallèle à la direction que doivent prendre les arêtes, direction que nous supposerons horizontale, pour plus de facilité. On posera contre le cordeau l'un des côtés d'une équerre tenue horizontalement. Ensuite, avec un fil à plomb qu'on fera cheminer le long de l'autre côté de l'équerre, on marquera sur le corps une suite de points qui appartiendront à la base du prisme qu'on veut construire.

## SEPTIÈME LEÇON. 151

Cela fait, avec la hache, la scie, ou tout autre instrument, on taillera le corps suivant le plan vertical qui passe par les points ainsi marqués. On tracera sur ce plan le polygone que doit former la base. A partir de chaque sommet de ce polygone, on fera, dans le corps, des entailles dont le fond suive partout une direction perpendiculaire à cette base; ce seront les arêtes du prisme. De chaque arête à la suivante, on aplanira le corps, d'après les moyens indiqués dans la sixième leçon. Pour vérifier l'opération, il faudra s'assurer : 1°. que les arêtes sont bien perpendiculaires au plan de la base, et par conséquent aux côtés de cette base qui rencontrent chaque arête. On verra, pour plus de sûreté, si toutes les arêtes conservent partout la même distance, ce qui est indispensable; et si, deux à deux, elles sont exactement dans le même plan; ce dont on s'aperçoit à la vue simple, en observant si une arête peut cacher complètement, à l'œil, tous les points de celle qui la suit ou qui la précède immédiatement. Il ne reste plus à former que la seconde base; on la trace avec une équerre, en menant sur les faces du prisme une suite de perpendiculaires aux arêtes. Il faut que la dernière revienne juste au point d'où l'on est parti pour tracer la première. Telle est la méthode employée par les charpentiers de maisons et par les constructeurs de vaisseaux.

Lorsqu'on a taillé une première face du prisme, et qu'on veut travailler les faces contiguës, on emploie l'équerre, ou la fausse équerre, pour mesurer les angles que ces faces doivent faire, soit entr'elles, soit avec la base.

De distance en distance, on fait sur la face qu'il faut travailler, des entailles assez profondes pour qu'une branche de l'équerre vienne s'y loger exactement; tandis que l'autre branche est appliquée sur la face déjà travaillée : les deux branches étant dirigées perpendiculairement à l'arête qui sépare la face travaillée de la face à travailler. Alors le fond de l'entaille est exactement placé sur cette dernière face.

Après avoir préparé, de distance en distance, des lignes de repère, on n'a plus qu'à enlever la matière et à l'aplanir entre ces lignes, pour avoir travaillé la nouvelle face.

En géométrie, on représente avec des lignes qui, par leur étendue et leur position n'indiquent aucune différence, les figures en creux ou en relief susceptibles d'entrer exactement l'une dans l'autre. Mais, pour la pratique des arts, la différence est énorme entre la fabrication des mêmes figures en creux ou en relief.

La fabrication des prismes nous en offre un exemple. Nous venons d'expliquer par quels moyens on peut façonner un prisme en relief, avec le compas, la règle, l'équerre et des outils tranchants. Supposons maintenant qu'on nous demande d'exécuter un prisme creux : par exemple, un parallélipipède rectangle, tel que sont la plupart des boîtes employées dans nos ateliers et pour nos transports.

On commencera par réduire les planches à l'épaisseur convenable. Ces planches, étant bien équarries à la largeur et à la longueur requises, seront elles-mêmes des prismes en relief; elles vont servir de faces au prisme creux qu'on veut fabriquer. Deux de ces planches sont taillées suivant la longueur et la largeur de la boîte, deux suivant la longueur et la hauteur, enfin deux suivant la hauteur et la largeur de cette boîte. On les pose côte à côte, en les unissant, soit avec des clous, soit avec de la colle. Souvent, on fixe à charnière un des côtés, qu'on ferme avec des serrures ou des cadenas. Si les planches sont exactement taillées, leur assemblage formera nécessairement un parallélipipède. Il faut seulement remarquer que les planches des faces, vu leur épaisseur, doivent être assemblées à 45°, *en biseau*, comme dans la figure 3, en A*a*, B*b*...; ou bien à recouvrement, comme dans la figure 4.

Lorsqu'une boîte est trop grande pour que la largeur d'une planche suffise à quelqu'une de ses faces, on en met plusieurs à côté l'une de l'autre. Si l'on n'a qu'un travail grossier à faire, on pose simplement des traverses clouées sur toutes les planches d'une même face de la boîte. Telles sont les caisses ordinaires d'objets qu'on doit transporter par le roulage.

Si l'on veut effectuer un travail soigné, on joint les planches, en taillant : 1°. sur le champ de l'une, BDQP, fig. 5, une languette en relief; 2°. sur le champ de la planche contiguë BDMN, une rainure de même forme; afin que la languette emboîte exactement dans la rainure.

*La languette*, fig. 5, n'est autre chose qu'un prisme rectangulaire en relief, et *la rainure* un prisme rectangulaire en creux. On peut fabriquer l'une et l'autre au rabot, ainsi que nous l'expliquerons par la suite.

*Le tenon et la mortaise*, fig. 6, sont encore deux prismes rectangulaires, l'un en relief et l'autre en creux, qui, semblables en cela aux rainures et aux languettes, sont taillés de manière à s'assembler avec exactitude. On les emploie lorsqu'il s'agit d'unir d'équerre deux prismes. Le tenon peut se tailler avec la scie; la mortaise ne peut se tailler qu'avec le ciseau, et demande beaucoup plus de temps. C'est encore un exemple de la difficulté différente que l'ouvrier trouve à faire un même prisme, *en creux* ou *en relief*.

La menuiserie et la charpente, outre les for-

mes que nous venons de citer, offrent bea[u]
coup d'applications ingénieuses et simples, [à]
figures terminées par des plans : les unes [en]
creux, les autres en relief, et s'emboîtant av[ec]
exactitude.

Souvent les charpentiers ont à construire [ou]
plutôt à figurer des prismes, par des pièces [de]
bois qui en composent les arêtes; comme da[ns]
la construction des toits. Par exemple, [la]
fig. 7 représente la charpente d'un toit ayant [la]
forme d'un prisme triangulaire qui surmon[te]
un prisme quadrangulaire ou maison rectang[ulaire]
en bois. Pour construire cette maison, le cha[r]-
pentier doit résoudre beaucoup de questions [de]
géométrie qui sont faciles d'après les princip[es]
donnés dans ces leçons. Il doit pouvoir mesurer et produire chaque pièce de charpente, dan[s]
sa longueur et dans sa figure véritable, avec s[es]
angles rigoureusement relevés et bien rapportés sur les pièces de bois qu'il taille suivant l[a]
forme convenable, etc.

Il est donc d'une grande importance, pou[r]
le charpentier de maisons, qu'il connaisse tou[s]
les principes de géométrie que nous avons exposés; afin qu'il puisse en faire une applicatio[n]
judicieuse, et ne soit pas arrêté par les cas im-
prévus, lesquels ne laissent d'autre ressource [à]
l'ignorance, que d'opérer au hasard, à tâtons, e[t]
presque toujours mal.

# SEPTIÈME LEÇON.

La géométrie est plus importante encore pour le charpentier de navires ; parce que celui-ci doit produire des formes plus savantes et plus compliquées, dont l'excellence dépend d'une exécution rigoureuse.

Une figure, en apparence plus simple que le prisme, puisqu'elle a moins de faces ; mais plus compliquée en réalité, parce que ces faces ne sont pas parallèles, est la pyramide.

*La pyramide*, fig. 9, 10, 11, 12, 20, se compose de faces planes triangulaires, ayant toutes leur sommet au même point, et formant avec leur base un polygone plan : c'est-à-dire la *base* de la pyramide. De même que le *sommet* commun des faces triangulaires est le sommet de la pyramide.

*La pyramide symétrique* a pour base un polygone symétrique, et son sommet placé dans le plan de symétrie.

La *pyramide régulière* a pour base un polygone régulier. Il faut de plus que le sommet de la pyramide soit avec le centre de la base sur une ligne droite perpendiculaire au plan de cette base. Ainsi, la base étant supposée horizontale, le sommet de la pyramide doit être à *l'aplomb* du centre de la base. Le fil à plomb ainsi placé, représentera l'axe de la pyramide régulière.

La *pyramide triangulaire* OABC, figure 12, a pour base un triangle ABC. La *pyramide quadrangulaire* ABCDE, fig. 11, a pour base un quadrilatère BCDE, etc.

Les toits des tours ou clochers triangulaires ou quarrés, sont des pyramides ayant pour base le triangle ou le quarré formé par la corniche du clocher et de la tour, fig. 9 et 10.

Les *obélisques* sont des pyramides régulières employées comme monuments publics. Ce sont ordinairement des pyramides quadrangulaires. Proposons-nous de tailler, dans la carrière, un pareil obélisque, supposé couché; son axe étant horizontal et sa base verticale.

On taillera, dans le roc ou dans le granit, un plan vertical sur lequel on tracera le quarré BCDE, fig. 11, qui doit servir de base à l'obélisque. Ensuite, on commencera la taille de la face supérieure ACD et des deux faces contiguës ACB, ADE, en observant avec la plus grande exactitude : 1°. que les angles formés par les faces ACD, ACB, ADE, avec le plan de la base, soient parfaitement égaux à ceux de l'obélisque qu'on a projeté. On vérifiera cette opération, en s'assurant que le sommet A est sur une droite AO perpendiculaire au plan de la base, qui passe par le centre O de cette base. A cet effet, on verra si, dans deux directions différentes, prenant OM sur le plan de la base, puis AN parallèle et égale à OM, la droite NM, qui doit être parallèle à AO, se trouve d'équerre avec AN et OM. Alors, l'axe OA sera perpendiculaire à deux droites tracées par le point O, sur le plan de la base. Cet axe sera par conséquent perpendiculaire à ce plan. Toutes les vérifications achevées, et les erreurs qu'elles indiquent rectifiées, on n'aura plus qu'à travailler la face inférieure ABE, dont le plan est déterminé par les arêtes AB et AE.

Demandons-nous maintenant de tailler une pyramide triangulaire de forme quelconque, dans un bloc de pierre ou de bois, en supposant que l'on connaisse la figure de la base et les angles formés par le plan de cette base avec les trois autres faces.

On trace, on taille la face plane, suivant les moyens donnés dans la sixième leçon; ensuite, au moyen de la fausse équerre dont les deux branches sont dirigées perpendiculairement aux côtés de la base, on trace trois faces planes ABO, BCO, ACO, fig. 12, faisant les angles donnés avec cette base. Ce sont les trois faces de la Pyramide.

Souvent la position seule du sommet est donnée par le point $m$, fig. 12, où la perpendiculaire O$m$ aboutit sur la base, et par la hauteur O$m$. Alors, quand on a tracé la base, on la pose de niveau; puis on mesure, avec un fil à plomb, deux hauteurs NP, QR, égales à O$m$ : les points Q, N, étant pris au niveau du plan de la base, on mène ensuite OR égale $m$Q, OP $= m$N, et le point O où les deux horizontales OR, OP, doivent se rencontrer, est le sommet de la pyramide. Le sommet connu et marqué, l'on dégrossira d'abord le bloc de bois ou de pierre, en y faisant des coches ou entailles en ligne droite suivant OA, OB, OC; puis, l'on aplanira la matière entre ces droites.

**Dans certains cas il serait beaucoup plus simple de commencer**, au moyen d'un petit tracé géométrique, par mesurer les angles des trois faces sur la base, et de construire ensuite ces faces, sans s'inquiéter de la position du sommet.

Il suffirait, par exemple, fig. 13, du pied $m$ de la perpendiculaire O$m$, abaissée du sommet sur la base, de mener

$mn$, $mp$, $mq$, respectivement perpendiculaires à AB, BC, CA; puis, de construire à part les triangles rectangles O$mn$, O$mp$, O$mq$ : les angles O$nm$, O$pm$, O$qm$, seront ceux des trois faces de la pyramide avec la base.

Les éléments nécessaires pour tracer un triangle font connaître les conditions nécessaires pour que deux triangles soient égaux. Il en est de même relativement aux pyramides. Deux pyramides triangulaires sont égales : 1°. quand trois faces de l'une sont égales à trois faces de l'autre ; 2°. quand deux faces et l'angle plan qu'elles comprennent sont égaux de part et d'autre ; 3°. quand une face et les trois angles plans auxquels appartient cette face, sont égaux de part et d'autre ; 4°. quand les six arêtes sont égales de part et d'autre, etc.

L'étude, le tracé, le calcul des pyramides ont une grande importance dans les opérations topographiques, où les points dont il s'agit de déterminer la position ne sont pas dans un même plan. Alors on rapporte la position de chaque point qu'on observe, à celle de trois autres points formant un triangle pris pour base. Avec des instruments tels que le graphomètre, le cercle répétiteur et le théodolithe, on mesure l'angle que le rayon visuel mené, de chaque sommet du triangle pris pour base, à l'objet observé, forme, soit avec un côté de la base, soit avec le plan de la base. Les trois rayons visuels réunis aux trois côtés de la base forment une pyramide dont le sommet est le point observé. Ces opérations compliquées n'appartiennent qu'à des professions savantes, telles que celles des ingénieurs hydrographes ou géographes, et celles des arpenteurs chargés d'opérations étendues, comme les opérations du cadastre.

Lorsqu'un corps est de tous côtés terminé par des faces planes, ces faces sont elles-mêmes terminées par des lignes droites qui forment des polygones plans; et nous savons qu'on peut décomposer tous ces polygones en triangles.

Si donc nous prenons un point O dans l'intérieur du corps, ABC..., fig. 21, nous pouvons, à notre gré, le regarder : 1°. comme le sommet d'autant de pyramides polygonales qu'il y a de polygones pour faces du corps; 2°. comme le sommet d'autant de pyramides triangulaires qu'on peut tracer de triangles sur ces faces. Dans les deux cas, l'ensemble de toutes ces pyramides représentera complètement le corps.

*Mesure des solides terminés par des faces planes.* On a pris le quarré pour mesurer les surfaces; pour mesurer les volumes, on prend le *cube*, solide terminé de tous côtés par des quarrés.

*Cuber* un corps, c'est déterminer combien de fois il contient un cube pris pour *unité*. Commençons par montrer comment on mesure le volume d'un grand cube avec un petit.

Supposons, par exemple, que le côté du grand cube C, fig. 14, contienne dix fois le côté du petit cube c. Coupons le grand cube en dix tranches parallèles à l'une de ses faces, et toutes d'égale épaisseur. Cette épaisseur sera celle du petit cube. Les bases de ces tranches contenant dix fois dix fois une des faces du petit cube, chaque tranche contiendra dix fois dix petits cubes. Donc les dix tranches contiendront en somme dix fois dix fois dix petits cubes : multiplication qu'on indique ainsi, $10^3$. En suivant le même raisonnement, et calculant que 2 fois 2 fois 2 font 8, 3 fois 3 fois 3 font 27, etc., on verra que si les côtés du grand cube contiennent le côté du petit..

1 . 2 , 3 . 4 . 5 . 6 . 7 . 8 . 9 . 10 fois, il y a 1, 8, 27, 64, 125, 216, 343, 512, 729, 1000 petits cubes dans le grand.

Pour parler par abréviation, l'on dit que 8 *est le cube* de 2, 27 *le cube* de 3, 64 *le cube* de 4, etc. Cela veut dire le nombre de petit cubes contenus dans un grand cube dont le côté égale 2, 3, 4... fois le côté du petit cube.

*Le volume d'un prisme quadrangulaire égale le produit de sa base par sa hauteur.*

1°. Supposons le prisme *rectangle*, fig. 15. Coupons-le, parallèlement à sa base, en autant de tranches que sa hauteur contient de fois l'unité de mesure, c'est-à-dire, le côté du petit cube pris pour cette unité. Autant de fois la base de la tranche contient la base de ce cube, autant il y aura de petits cubes dans la tranche. Donc le nombre total de petits cubes égale le nombre qui indique la surface de la base, multiplié par le nombre qui indique la hauteur. C'est ce qu'on appelle le produit de la base par la hauteur.

*Deux prismes ayant même base rectangle, et même hauteur, mais l'un droit AG, fig. 16, et l'autre oblique Ag, ont même volume.*

Pour le prouver, j'observe que les deux prismes triangulaires ABEF*ef*, DCHG*hg*, sont égaux. En effet, ils ont même hauteur AE=DH; et leurs bases AE*e*, DH*h*, sont deux triangles égaux, puis que AE=DH, et que les deux autres côtés sont respectivement parallèles. Mais, si j'ajoute, au parallélipipède ABCDEFGH, le prisme triangulaire DCHG*hg*, et que je retranche son égal ABEF*ef*, j'ai le prisme quadrangulaire oblique ABCD*efgh*. Donc ce dernier a même volume que le prisme rectangle de même base et de même hauteur.

On ferait voir avec facilité que les prismes ABCDEFGH, *abcdefgh*, fig. 15, ont même volume que tout autre qui aurait même hauteur, et dont les bases seraient des parallélogrammes de même surface que la base rectangle ABCD.

*Le volume d'un prisme droit triangulaire égale le produit de sa base par sa hauteur.*

En effet, tout prisme quadrangulaire ABCDEFGH, fig. 17, peut se diviser en deux prismes triangulaires de même volume, et cette égalité se conserve, quelque inclinaison qu'on donne aux arêtes du parallélipipède, sans changer sa base ni sa hauteur. Mais la surface de la base ABC ou ADC, des prismes triangulaires, est moitié de la surface de ABCD base du parallélipipède. Donc le volume du prisme triangulaire est égal au produit de sa base par sa hauteur.

*Le prisme polygonal quelconque ABCD, abcd, fig. 18, a pour volume le produit de sa base par sa hauteur.*

T. I. — Géom.

En effet, ce prisme peut se décomposer en autant de prismes triangulaires que sa base ABCD, peut contenir de triangles ABC, ACD... Tous ayant la hauteur même du prisme total, leur volume total sera la somme des bases triangulaires ABC, ACD, ADE,... multipliée par la hauteur.

*Cubage des pyramides.* Commençons par la pyramide triangulaire.

*Le volume d'une pyramide triangulaire est le tiers du produit de sa base par sa hauteur.*

Pour le démontrer, prenons le prisme triangulaire quelconque AF, fig. 19, coupons-le par un plan ACE qui passe par le côté AC de la base et par l'angle E. Nous aurons d'abord une pyramide triangulaire ABCE, ayant même base et même hauteur que le prisme. Il nous reste une pyramide quadrangulaire dont ACFD la base, et E le sommet. Divisons-la en deux pyramides triangulaires par un plan AEF, nous aurons la pyramide renversée ADEF, dont DEF est la base et A le sommet : pyramide qui, par conséquent, a même base et même hauteur que le prisme donné. Enfin, si nous comparons la troisième pyramide ACFE à ADEF, nous verrons qu'elle lui est égale en volume; parce qu'en prenant les triangles ADF = ACF pour leurs bases, elles ont même sommet E. Donc, enfin, on peut regarder le volume de tout prisme triangulaire comme équivalent à celui de trois pyramides ayant même base et même hauteur; donc, le produit de la base de chaque pyramide par sa hauteur, qui est le volume du prisme, est égal à trois fois le volume de cette pyramide.

*Le volume d'une pyramide quelconque*, fig. 20, *est le tiers du produit de la base par la hauteur.*

Pour le démontrer, divisons la base en triangles ABC, ACD, ADE..., dont chacun soit la base d'une pyramide triangulaire ayant O pour sommet. Chacune de ces pyramides triangulaires aura pour mesure la surface des triangles ABC, ACD..., multipliée par le tiers de la hauteur commune. Par conséquent, la pyramide totale aura pour mesure le produit de la base totale par le tiers de cette hauteur.

*Cubage d'un corps terminé par tant de faces planes qu'on voudra*, fig. 21. On prend dans ce corps un point quelconque O, pour sommet de pyramides ayant pour base les faces planes du corps. La superficie de chaque face, multipliée par le tiers de sa distance au sommet O, sera le volume de la pyramide correspondante, et la somme des produits sera le volume du corps. Pour qu'il fût aisé de mettre cette méthode en pratique, il faudrait qu'on pût se placer dans l'intérieur du corps à faces planes, et mesurer directement la distance de chaque face à ce plan. Sans cela, l'on se jetterait dans des opérations de géométrie extrêmement compliquées, et qui ne peuvent convenir à la rapidité, à la simplicité des opérations de l'industrie. Il existe heureusement une autre méthode, à la fois plus facile et plus expéditive.

Avant d'exposer cette méthode, demandons-nous d'évaluer le volume du tronc de prisme triangulaire ABCDEF, fig. 22. Nous pouvons le décomposer en trois pyramides : la première ayant ABC pour base, BE pour hauteur ; et, par conséquent, pour volume, la base ABC multipliée par le tiers de BE. La seconde pyramide ayant ACF pour base, et son sommet en E, est équivalente à la pyramide ayant en B son sommet, et ACF pour base ; ou ce qui revient au même, ayant ABC pour base et son sommet en F. La troisième pyramide ADFE est équivalente à la pyramide ADFB, laquelle est équivalente à ABCF. Donc, enfin, *le tronc de prisme ABCDEF est équivalent en volume à trois pyramides ayant ABC pour base commune et leurs sommets respectifs en D, E, F, à l'extrémité des trois arêtes.*

Si les trois arêtes sont perpendiculaires à la base, on aura pour volume des trois pyramides et par conséquent du tronc de prisme, surface ABC $\times \frac{1}{3}$ ( AD plus BE plus CF ).

On demande le volume d'un tronc de prisme MNODEF, fig. 23, compris entre deux plans MNO, DEF, obliques aux arêtes du prisme ? Pour le trouver, en supposant que ABC soit perpendiculaire à ces arêtes, on aura :

*Volume* ABCDEF = *surf.* ABC $\times \frac{1}{3}$ (AD + BE + CF)
*Volume* ABCMNO = *surf.* ABC $\times \frac{1}{3}$ (AM + BN + CO)

Donc, enfin,

*Volume* MNODEF = *surf.* ABC $\times \frac{1}{3}$ (DM + EN + OF.)

Avec ces principes, on déterminera facilement le volume d'un corps terminé par des faces planes quelconques; on décomposera ce corps en prismes et troncs de prismes triangulaires, dont on obtiendra sur-le-champ le volume. La somme de tous ces volumes sera celui du corps même.

On peut démontrer avec une égale facilité que *tout prisme ou tronc de prisme quadrangulaire ABCDEFGH, fig. 24, ayant ses arêtes perpendiculaires à la base ABCD, a pour volume la surface de cette base multipliée par le quart de la somme des quatre arêtes* AE, BF, CG, DH.

Pour cela, décomposons successivement le prisme quadrangulaire en deux prismes triangulaires ABCEFG, ADCEHG, puis ABDEFH, BCDFGH.

Nous aurons pour volume des deux premiers prismes
$= \frac{1}{2}$ surf. ABCD $\times \frac{1}{3}$ (AE + BF + CG + AE + DH + CG),
et pour volume des deux seconds prismes $=$
$\frac{1}{2}$ surf. ABCD $\times \frac{1}{3}$ (AE + BF + DH + BF + CG + BH)

Prenant la somme de ces deux produits, on a deux fois le volume du prisme quadrangulaire,

$\frac{1}{2}$ surf. ABCD $\times \frac{1}{3}$ ( 3 AE + 3BE + 3CG + 3DH )

Donc le simple volume du prisme quadrangulaire est

$\frac{1}{4}$ surf. ABCD ( AE + BF + CG + DH ).

*Application au cubage de la carène des navires.*
Nous avons vu, dans la seconde leçon, qu'on divise la carène en sections horizontales, par les plans horizontaux des lignes d'eau, qui sont à égale distance. On la divise en tranches verticales par d'autres plans également espacés, appelés plans des couples. Ces plans coupent le volume de la carène en prismes rectangles d'égale base, tronqués de chaque bord. On obtient le volume total de ces troncs de prismes, en multipliant leur base commune par le quart des quatre arêtes de chaque prisme. Mais chaque arête sert à quatre prismes (1); donc le volume total de la carène du navire égale la surface d'un des rectangles, c'est-à-dire, le produit de la distance des plans de ligne d'eau, par la distance

---

(1) Excepté les arêtes des bords, qui ne servent qu'à deux prismes et qui, pour cette raison, ne doivent être prises chacune que $\frac{2}{4}$ ou $\frac{1}{2}$ fois. Il peut y avoir quatre arêtes qui ne servent qu'à un prisme, et dont il faut simplement prendre le quart pour l'ajouter à la somme de toutes les arêtes qui servent à quatre prismes.

des plans de couple, et par la simple somme de toutes les arêtes, lesquelles sont des horizontales placées, à la fois, sur chaque plan de couple et sur chaque ligne d'eau. Cette opération approximative, aussi simple que facile, peut servir à calculer le volume de tout autre corps.

*Deux corps symétriques sont égaux en volume.*
En effet, si nous décomposons ces corps en troncs de prismes triangulaires ayant pour arêtes les lignes parallèles qui déterminent la symétrie, pour chaque tronc de prisme MNODEF, fig. 23, placé d'un côté du plan de symétrie ABC, nous aurons de l'autre côté un tronc de prisme *mnodef*, tel que DM $=$ *dm*, EN $=$ *en*, FO $=$ *fo*; et les deux troncs seront égaux en volume. Donc la somme de tous les troncs de prismes, pour le premier corps, est égale à la somme de tous les troncs de prismes correspondants, pour le second corps. Ainsi, *quand deux corps à faces planes sont symétriques, leurs volumes sont toujours égaux*. Cette propriété étant vraie, quel que soit le nombre des faces, le serait encore, quand il y aurait tant de faces si petites qu'on pût regarder les corps comme terminés par des surfaces courbes, et non plus par des faces planes.

Par conséquent, *tout plan de symétrie d'un corps, coupe ce corps en deux parties d'égal volume.*

*Des solides semblables.* Deux pyramides ABCD, *abcd*, fig. 25, sont semblables, quand toutes leurs arêtes correspondantes AB et *ab*, BC et *bc*, CD et *cd*, AD et *ad*, sont parallèles.

Il est évident, en effet, qu'alors les triangles formés par leurs faces correspondantes, ayant leurs côtés parallèles, sont semblables. Donc les trois angles plans qui forment chaque sommet des deux pyramides sont respectivement égaux. De plus, les trois arêtes formant chaque angle solide étant parallèles, si l'on transporte *abcd* parallèlement à elle-même, de manière que le point *a* vienne se placer en A, *ab* s'appliquera sur AB, *ac* sur AC, *ad* sur AD; donc les plans *abc* et ABC, *abd* et ABD, *acd* et ACD, se confondront; donc aussi les deux angles solides A et *a* des deux pyramides seront égaux. On démontrera de même que les angles solides B et *b*, C et *c*, D et *d*, sont égaux; toutes les conditions pour que les deux figures soient semblables sont donc remplies par la seule condition que les deux pyramides ont leurs côtés correspondants parallèles.

Si deux pyramides, sans avoir leurs côtés parallèles, ont leurs arêtes proportionnelles, elles n'en seront pas moins semblables.

En effet, les trois côtés de chacune de leurs faces correspondantes étant proportionnels, ces faces seront semblables, les angles plans seront égaux, et par conséquent aussi, les angles solides qu'ils forment trois à trois. Toutes les conditions de la proportionnalité seront ainsi remplies.

Deux solides terminés par des faces planes sont *semblables*, quand leurs arêtes correspondantes sont proportionnelles, et leurs angles correspondants, plans ou solides, égaux entr'eux.

En effet, on peut toujours décomposer ces solides en pyramides dont les côtés soient proportionnels, et par conséquent les angles correspondants égaux.

*Les volumes des pyramides semblables* ABCDE..., *abcde...*, fig. 26, *sont proportionnels aux cubes des arêtes correspondantes.*

En effet, le volume de chaque pyramide égale le produit de sa base par le tiers de sa hauteur; or les bases BCDEF, *bcdef*..., étant des figures semblables, sont proportionnelles au quarré construit sur un de leurs côtés; on a donc, *fig.* 26 :

$$\text{Surfaces... BCDEF} : bcdef :: \text{BCMN} : bcmn.$$

A présent, sur BCMN et *bcmn* comme bases, construisons un cube, nous aurons pour volumes des deux cubes :

$$BC^3 = BC^2 \times BC, \text{ et } bc^3 = bc^2 \times bc.$$

Mais $\quad BC : bc :: \frac{1}{3} AH : \frac{1}{3} ah;$

Donc $\quad BC^3 : bc^3 :: BC^2 \times \frac{1}{3} AH : bc^2 \times \frac{1}{3} ah;$

Dans la dernière proportion, les deux derniers termes représentent le volume des deux pyramides, et les deux premiers termes représentent le volume des deux cubes.

*Les volumes de solides semblables, terminés par tant de faces planes qu'on voudra, sont comme les cubes des lignes correspondantes.*

En effet, nous pouvons les décomposer en un même nombre de pyramides semblables, ayant toutes le même rapport $r$, pour celui de leurs côtés correspondants. Mais deux pyramides dont les côtés correspondants sont entr'eux comme 1 est à $r$, ont des volumes qui sont entr'eux comme 1 est au cube de $r$. En ajoutant d'un côté toutes les petites pyramides, de l'autre toutes les pyramides $r^3$ fois plus volumineuses, les volumes seront entr'eux :: $1 : r^3$.

*Il faut expliquer cette leçon, en montrant aux élèves, des prismes et des pyramides en relief, égaux, semblables, symétriques, etc. De même, il faudra qu'on leur explique les leçons suivantes, en leur montrant des cylindres, des cônes, des sphères, etc., en relief, avec des sections bien exécutées.*

# 1. GÉOMÉTRIE.    ARTS ET MÉTIERS et BHB

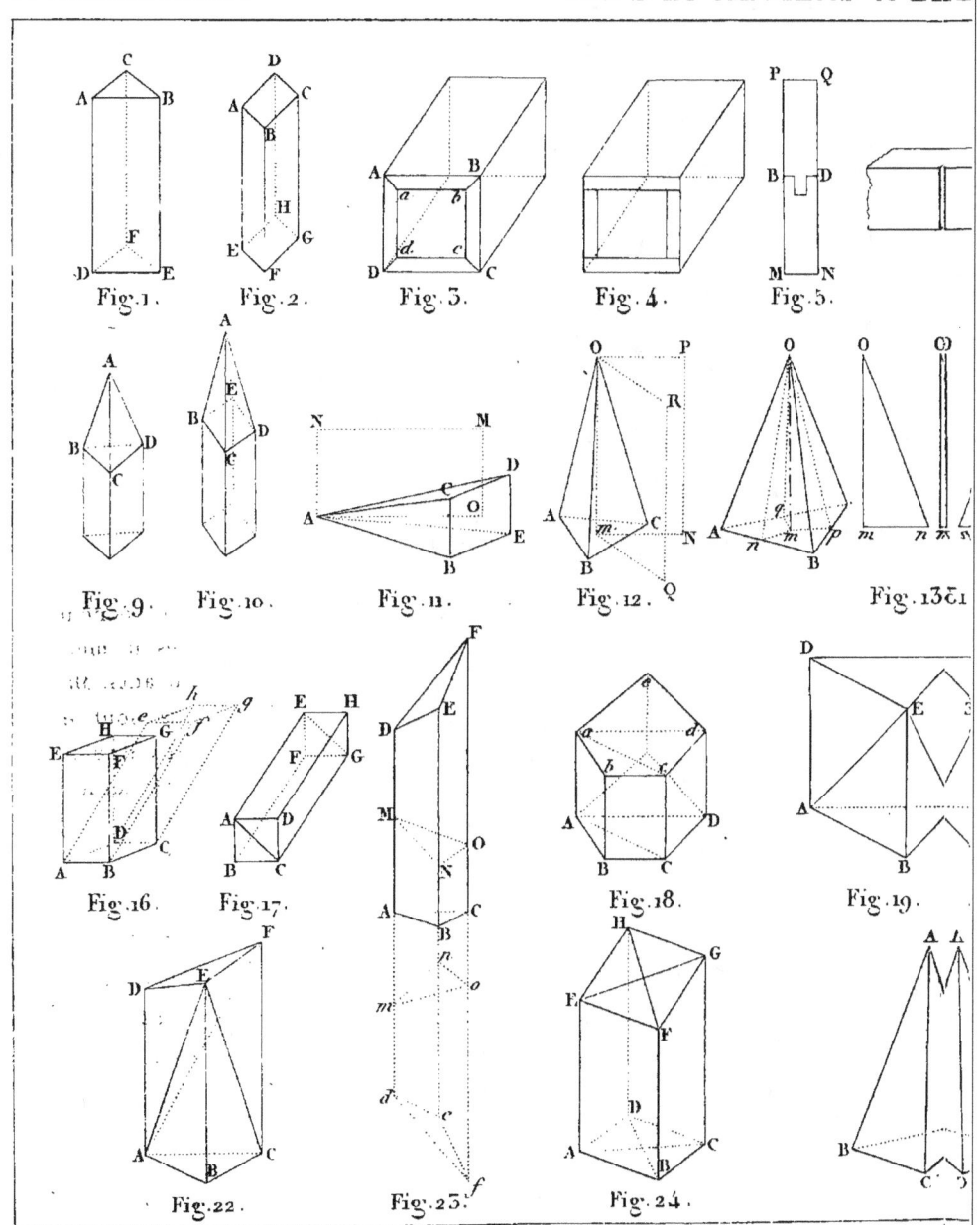

Déssiné par Charles Dupin.

X-ARTS.　　　　　　　　　　VII.ᴱᴹᴱ LEÇON.

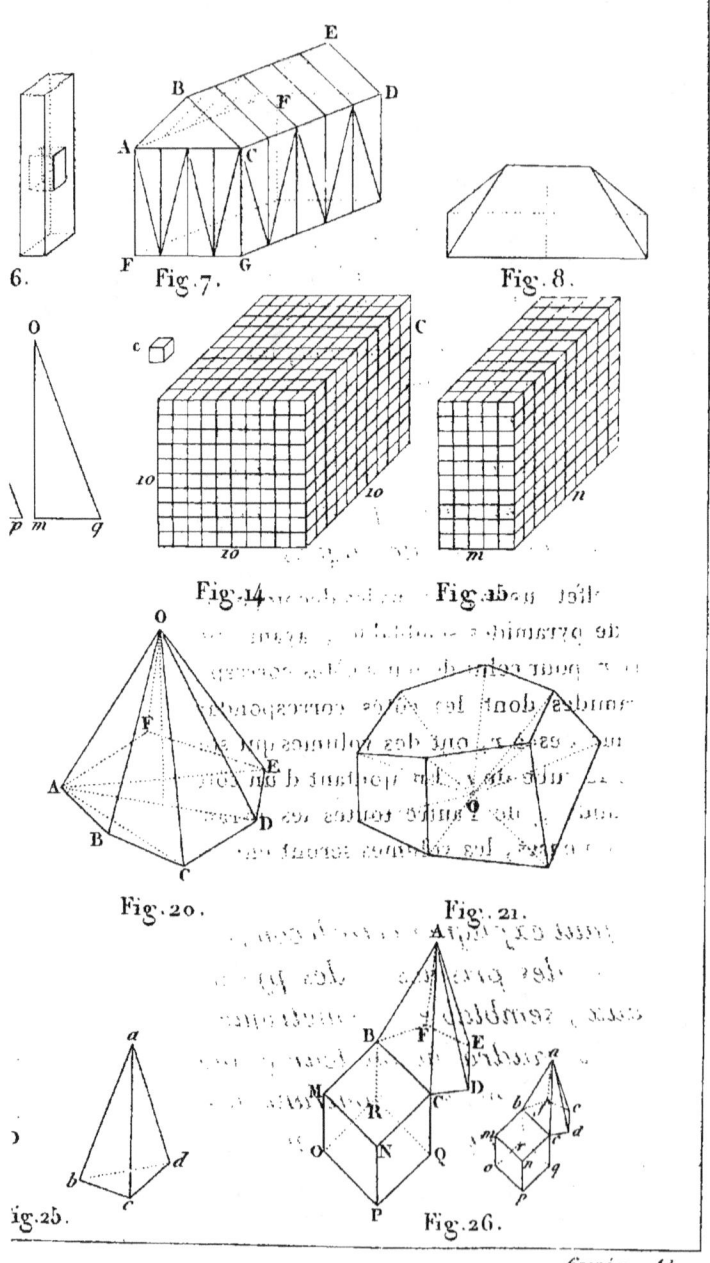

Gravé par Adam.

# HUITIÈME LEÇON.

## *Les cylindres.*

Lorsqu'une ligne droite est obligée de se mouvoir le long d'une courbe ABCD..., fig. 3, en restant parallèle à une direction donnée, elle *engendre* un cylindre. C'est pour cette raison qu'on l'appelle *génératrice* du cylindre. Chacune des droites A$a$, B$b$, C$c$..., qui représente une position de la génératrice, est une *arête* du cylindre.

On voit par-là : 1°. qu'il y a autant d'espèces différentes de cylindres que d'espèces de courbes ABCD..., qui peuvent servir à diriger le mouvement de la droite génératrice ; 2°. qu'avec une même courbe ABCD, fig. 1 et 2, on peut former une infinité de cylindres différents, suivant les inclinaisons diverses qu'on donne à la droite génératrice, A$a$, B$b$....

Comme, aux yeux du géomètre, une droite complète s'étend à l'infini par les deux bouts, un cylindre, pour être complet, doit s'étendre à l'infini par les deux bouts de ses arêtes.

Mais, dans l'industrie, les cylindres ont toujours une fin, des deux côtés de leurs arêtes : ainsi, pour un artiste, tout cylindre a deux bouts.

Quand, d'un bout, le cylindre se termine par une superficie plane ABCD, on appelle *base* cette superficie. Si le cylindre est terminé des deux bouts par des superficies planes et parallèles, on dit qu'il a *deux bases*. Il est *droit*, fig. 1, ou *oblique*, fig. 2, suivant que ses arêtes sont perpendiculaires ou obliques aux plans des *bases*.

Parfois, l'un des plans qui terminent le cylindre n'est pas parallèle à l'autre, comme dans la fig. 8, où l'on voit un cylindre terminé par les superficies planes ABCD, MNPQ. L'on suppose, alors, que le plan MNPQ a tronqué le cylindre à bases parallèles ABCD*abcd*, et l'on appelle *tronc de cylindre* ou *cylindre tronqué*, la partie ABCDMNPQ, de même que *abcd*MNPQ.

Le cylindre dont la base est un cercle, se nomme *cylindre circulaire*. Les artistes le nomment simplement *cylindre*; parce qu'il est d'un usage pour ainsi dire exclusif, dans la plupart des branches de l'industrie.

La ligne droite O*o*, fig. 4, menée par le centre des cercles qui servent de bases au cylindre circulaire, est l'*axe* de ce cylindre; elle passe par le centre de tous les cercles formés en coupant le cylindre par des plans parallèles au plan des deux bases.

D'après les propriétés des parallèles, (que nous avons démontrées, deuxième leçon), la surface du cylindre est exactement la même, lorsqu'on la produit : 1°. par le mouvement d'une droite prenant successivement les positions parallèles A$a$, B$b$, C$c$, D$d$..., le long de ABCD..., figure 3 ; 2°. par le mouvement de la courbe ABCD...., fig. 4, qui prend successivement les positions parallèles ABCD, A'B'C'D', A''B''C''D'', etc., le long d'une ligne droite : de manière que le même point de la courbe, A, par exemple, occupe tour à tour les positions A', A'', A'''..., d'une arête A$a$.

Les arts ont profité de ces deux moyens d'engendrer le cylindre droit et circulaire. Suivant qu'ils ont besoin de donner à cette surface une grande continuité dans un sens plutôt que dans un autre, ils préfèrent le premier mode au second, ou le second au premier.

I. *Confection du cylindre par arêtes.* Lorsqu'il importe surtout de donner au cylindre une continuité parfaite dans le sens de ses arêtes, on inscrit dans un cercle, ou l'on *circonscrit* au cercle, un polygone régulier d'un assez grand nombre de côtés, ABCDE; puis on exécute avec précision autant de facettes planes ou parallélogrammes AB$ba$, BC$cb$, etc., fig. 3, qu'il y a de côtés dans la base. Ensuite, avec un rabot, une hache, une bisaiguë, une scie, ou tout autre instrument propre à tailler des surfaces planes, en suivant la direction longitudinale des droites parallèles A$a$, B$b$, C$c$..., l'on abat ces arêtes saillantes, et l'on arrondit le cylindre.

Par ce moyen, l'on s'assure que la surface satisfait à la condition d'être formée d'arêtes rectilignes et parallèles. Mais on n'est pas également sûr que la surface qu'elles représentent ait partout un cercle pour contour; parce que le rabot, la hache, etc., donnent la continuité dans le sens rectiligne des arêtes, et non pas dans le sens du contour circulaire.

*Application à la confection des mâts de navire.* Ces mâts et surtout les mâts supérieurs (de hune et de perroquet) ont besoin que leur surface soit très-continue dans le sens de la longueur; afin que les colliers des vergues (appelés colliers de racage) glissent sans résistance, de bas en haut et de haut en bas, autour de ces mâts : aussi l'ouvrier exécute-t-il ses mâtures suivant la méthode que nous venons d'expliquer.

II. *Confection du cylindre, par courbes égales et parallèles.* Quand il s'agit d'assurer, avant tout, la continuité dans le sens perpendiculaire à la longueur des arêtes, on fait usage d'outils de tournage. Avec ces outils, on décrit successivement un assez grand nombre de cercles $ABC$, $A'B'C'$, $A''B''C''$,... fig. 4, pour que leur ensemble représente un cylindre. Alors on est sûr que la surface exécutée est parfaitement circulaire et continue dans le sens transversal; mais, en général, on n'est plus certain de la continuité dans le sens longitudinal.

*Application à la confection des bois de lance, des hampes d'écouvillon,* etc. J'ai vu, dans les arsenaux d'Angleterre, employer le moyen suivant, pour tourner des surfaces cylindriques. On prend un prisme en bois, dressé d'avance à quatre ou à huit pans. On le pousse dans l'entonnoir d'un rabot circulaire : à mesure qu'il chemine, le fer du rabot l'arrondit. Par ce moyen, l'on forme une surface cylindrique exactement circulaire, si le prisme est parfaitement droit ; mais plus ou moins infléchie, si le fil du bois est gauchi quelque part.

Lorsqu'on veut exécuter une surface qui soit rigoureusement cylindrique, il faut s'assurer de la continuité *dans les deux sens*; c'est ce qu'on fait, par exemple, en conduisant l'outil tranchant du tourneur, au moyen d'un guide parallèle à l'axe du cylindre : de manière à ce que le tranchant reste toujours à la même distance de cet axe. Alors on est certain que tous les cercles sont égaux entr'eux, et que les arêtes sont exactement rectilignes.

*Application aux treillis, aux grillages,* etc. Les deux moyens d'exécuter un cylindre se réunissent pour faire des surfaces cylindriques à jour, telles que celles des grillages et des treillis. On emploie, soit des fils, soit des barres de fer, soit des tringles de bois, ou de simples cordages tendus en ligne droite, pour représenter les arêtes. Des cerceaux de même matière, ayant tous même grandeur et même courbure, représentent les courbes égales et parallèles aux bases du cylindre. L'on soude ensuite, ou l'on attache avec des fils métalliques ou autres, les arêtes et les courbes, à chaque point où elles se croisent; et la surface cylindrique est parfaitement représentée. C'est ainsi qu'on donne une figure cylindrique à des tours, à des colonnes de treillis, à des cages, à des paniers, etc.

On peut figurer des cylindres d'une certaine grosseur, en réunissant côte à côte un grand nombre de plus petits cylindres, et les attachant extérieurement par des cerceaux, ou par des courroies circulaires. Telles sont les fascines exécutées pour les travaux militaires. Tels sont les faisceaux de piques, formés dans un but d'ornement ou d'utilité, etc.

Il y a des arts dont l'objet principal est de fabriquer des surfaces cylindriques, en pliant des surfaces planes continues. (Voyez, dixième leçon, *Des surfaces développables*.)

Ainsi *le boisselier* prend des planches bien aplanies, et partout également minces, pour les plier suivant la forme et d'après les dimensions des diverses mesures, telles que l'hectolitre, le décalitre, le litre, etc. On appelait *boisseau* l'ancienne mesure cylindrique employée pour les grains; l'artisan qui fabriquait des boisseaux a pris le nom de boisselier.

Pour s'assurer de la forme cylindrique de ses boisseaux, cet artisan leur donne un fond plan et solide, pareil à celui des barriques. Souvent le bord supérieur des boisseaux est garni d'un cercle de fer et d'un ou deux diamètres en fer; ce qui empêche que la mesure ne prenne une figure irrégulière, et ne change de contenance.

*Le chaudronnier et le ferblantier*, qui travaillent avec des feuilles très-minces de cuivre, de tôle et de fer-blanc, fabriquent très-souvent des surfaces cylindriques; ce sont les plus faciles de toutes les surfaces courbes qu'ils aient à fabriquer. Tels sont les tuyaux de poêle, les gouttières, etc. On donne ordinairement à ces artistes le diamètre et la longueur de chaque tuyau; ils en concluent sur-le-champ la circonférence du tuyau : circonférence qui, multipliée par la longueur, leur fait connaître la surface des feuilles de cuivre, de tôle ou de fer-blanc, dont ils ont besoin.

Il faut avoir soin d'ajouter : 1°. à la circonférence du tuyau, une largeur égale au recouvrement des deux parties de chaque feuille qu'on doit mettre en contact pour former le cylindre; 2°. à chaque longueur des tuyaux, un surplus égal à la longueur de leur emboîtement bout à bout.

*Les chaudières des machines à vapeur* doivent

être comptées parmi les plus grands ouvrages que le chaudronnier exécute suivant la forme du cylindre; mais ces chaudières ne sont pas à base circulaire. (Voyez fig. 5.) Pour assembler les diverses feuilles de tôle ou de cuivre, dont se compose une grande chaudière, il faut employer des clous cylindriques, ou *rivets*, qui traversent les feuilles avec une précision telle qu'aucune portion de la vapeur ne puisse s'échapper entr'eux et les feuilles. On parvient à ce résultat avec un groupe de quatre à cinq poinçons également espacés et formant une matrice unique. Cette matrice peut se lever et se baisser alternativement, au moyen d'un appareil méchanique très-puissant. La feuille de tôle, dans laquelle il faut percer les trous que devront traverser les rivets cylindriques, est posée sur un châssis. Ce châssis reste immobile quand la matrice s'abaisse, afin que tous les poinçons traversent la tôle, à la distance requise. Quand la matrice se relève après avoir percé les trous cylindriques, la feuille avance d'une longueur telle que les poinçons, en s'abaissant de nouveau, percent les quatre ou cinq trous suivants, à la distance convenable des premiers.

Tel est le moyen qu'on emploie pour préparer l'assemblage exact, non-seulement des feuilles métalliques dont se composent les grandes chaudières des machines à vapeur, mais les feuilles qui servent à fabriquer l'enveloppe extérieure des navires en fer, les caisses à eau récemment introduites dans la marine, etc.

Remarquons, au sujet de ces caisses en fer, qui ont la forme de cubes ou de prismes rectangles tronqués, que les arêtes de ces cubes et de ces prismes, sont émoussées, et figurées par des portions de tôle arrondies en quart de cylindre droit circulaire.

*Le plombier et le facteur d'orgues* exécutent leurs tuyaux en forme de cylindres. Pour fabriquer ces tuyaux, on peut les plier, comme les plient le chaudronnier et le ferblantier, ou les tirer à la filière.

*Fabrication des cylindres par l'étirage.* Je vais décrire un moyen pratiqué dans l'arsenal de Chatham, pour exécuter, en plomb, des cylindres creux d'une épaisseur et d'un diamètre donnés.

Soit ABCD, fig. 6, un cylindre massif ayant pour diamètre, le diamètre intérieur du cylindre creux qu'il s'agit de produire. On commence par couler, autour du cylindre massif, ou d'une matrice de même diamètre, un cylindre de plomb, plus épais et plus court que celui qu'on veut fabriquer. On enfile le cylindre massif ABCD, dans le cylindre creux ; puis, on fait passer le tout dans une filière circulaire, qu'on rétrécit à chaque fois. Par l'effet de la filière, le cylindre creux s'amincit et s'allonge, en conservant pour diamètre intérieur le diamètre de ABCD. On l'amène ainsi, par degrés, à l'épaisseur convenable. Ce moyen produit des cylindres où la continuité dans les deux sens est assurée, lorsque le cylindre solide ABCD est parfaitement exécuté.

Les fils métalliques de toutes grosseurs, de même que les barres de fer rond, sont des cylindres qu'on fabrique en les réduisant au diamètre convenable, par le moyen de l'*étirage*. On les fait passer au travers de trous circulaires qu'on appelle *des filières*. Ces trous circulaires sont de moins en moins grands, afin de réduire graduellement, à chaque passage, la grosseur de la barre ou du fil.

*Fabrication des cylindres par la fonte et le moulage.* Tels sont les tuyaux de fer coulé qu'on emploie dans nos cités, pour la conduite des eaux et du gaz; tels sont les tuyaux employés pour les corps de pompes à eau, à air, à vapeur, etc.

*Fabrication des cylindres par le forage.* Le moulage suffit pour les tuyaux tels que ceux qui servent à la conduite des eaux, où l'on n'a pas besoin de formes extrêmement précises. Mais, pour les tuyaux qui ont besoin d'une précision mathématique, tels que ceux des corps de pompe, de même que pour l'intérieur, l'*âme* des canons, des obusiers et des mortiers, il faut souvent recourir à des moyens plus rigoureux: telle est l'opération *du forage*. (Voyez, douzième leçon, *Surfaces de révolution*.)

*Fabrication des cylindres par le sciage.* Enfin on peut exécuter le cylindre avec la scie: 1°. en tenant fixe le corps qu'on veut scier, et faisant avancer la scie parallèlement à une direction donnée, tandis qu'elle suit un contour tracé d'avance : c'est ce que font les scieurs de long ; 2°. en faisant monter et descendre la scie dans sa propre direction, sans avancer ni reculer, et donnant au corps à scier, un mouvement curviligne convenable. C'est ainsi qu'on travaille des surfaces cylindriques, dans les *moulins à scie*.

*Construction des cylindres, par les architectes.* Quand les architectes veulent exécuter une surface cylindrique, telle que le cintre d'une porte, d'une voûte, d'une arche de pont, etc., ils commencent par construire, en charpente, une surface cylindrique présentant un relief exactement identique avec le contour du cintre qu'il s'agit de construire. De distance en distance, ils construisent un polygone ABCDE, fig. 7, inscrit dans le contour du cintre, et donnent à ce polygone un nombre de côtés assez grand pour former, avec le cintre, des segments faciles à remplir, sans trop dépenser de bois. Ils remplissent, en effet, les segments, avec des morceaux de bois sur lesquels ils posent, côte à côte, des madriers droits, que la figure 7 montre par un bout. Le dessus de ces madriers forme la surface cylindrique sur laquelle les maçons vont poser les pierres de la voûte, qu'ils appellent voussoirs.

*Mesure de la surface des cylindres.* Nous

pouvons considérer la surface des cylindres comme composée d'autant d'arêtes que nos yeux puissent en distinguer, en les traçant aussi près que possible les unes des autres, et regarder le cylindre comme un prisme terminé par un grand nombre de facettes extrêmement étroites.

Alors le contour de la base est un polygone qui se confond à nos yeux avec celui qui sert de base au prisme.

*Si le cylindre est droit, sa surface* (sans compter les bases) *égale le contour d'une de ces bases, multiplié par sa hauteur.*

*La surface totale du cylindre droit, circulaire, et des bases, égale la circonférence d'une des bases, multipliée par la longueur d'une arête, plus la longueur d'un rayon des bases.*

Dans le prisme ABCD.... abcd...., fig. 8, nous pouvons couper la surface longitudinale suivant l'arête A*a*, et faire successivement tourner chaque facette B*bc*C, C*cd*D, etc., pour la ramener dans le plan de A*ab*B. Alors nous formons une figure plane composée de parallèles A*a*, B*b*, C*c*..., fig. 9, et de côtés AB, BC, CD, DE..., *ab*, *bc*, *cd*, *de*..., perpendiculaires à ces parallèles; ce qui exige que ABCDE, *abcde*, soient deux lignes droites parallèles entr'elles, et perpendiculaires aux arêtes A*a*, B*b*, etc. Le rectangle, ainsi produit, fig. 9, est ce qu'on appelle le *développement du contour du prisme;* et la surface du prisme est *développable*, parce que ce développement a pu s'exécuter, sans que les parties de surfaces A*ab*B, B*bc*C, etc., aient eu besoin de s'allonger ou de se resserrer, pour rester côte à côte, et former une surface plane continue. Nous consacrons une leçon spéciale aux *surfaces développables*, parmi lesquelles il faut placer les cylindres, qu'on peut considérer comme des prismes ayant une infinité de côtés.

Faisons, dans le cylindre droit, figure 8, deux sections obliques et parallèles MNPQ, *mnpq*; puis, demandons-nous de mesurer la surface cylindrique comprise entre ces deux sections. Il est évident que les portions d'arêtes M*m*, N*n*, P*p*, Q*q*...., étant des lignes droites parallèles comprises entre deux plans parallèles, sont toutes égales. Si donc on regarde le cylindre comme un prisme d'un grand nombre de facettes, la surface des parallélogrammes représentant chaque facette, sera :

Surface M*mn*N $=$ AB, multiplié par........ M*m*;
Surface N*np*P $=$ BC, multiplié par N*n* $=$ M*m*;
Surface P*pq*Q $=$ CD, multiplié par P*p* $=$ M*m*, etc.

Donc, enfin, surface MNPQ... *mnpq* $=$ ABCD.., multiplié par M*m* :

C'est-à-dire, égale le contour de la base ABCD..., multiplié par la longueur d'une des portions d'arêtes comprises entre les deux plans parallèles.

Si l'on demandait de mesurer la surface du

tronc de cylindre ABCD... MNPQ, fig. 8, il faudrait développer la surface cylindrique, en marquant chaque arête AM, BN, CP..., suivant sa longueur, et déterminer sur le développement, fig. 9, la surface ABCD.... MNPQ....

En supposant que le cylindre fût un prisme d'un grand nombre de facettes égales, on aurait, si l'on fait $AB = BC = CD...$

*Surface du tronc de cylindre* ABCD... MNPQ... $= AB(AM + BN + CP + DQ..)$, *c'est-à-dire, la largeur d'une des facettes, multipliée par la somme des arêtes de ces facettes.*

*Mesure du volume des cylindres.* Si nous regardons le cylindre comme un prisme composé d'un très-grand nombre de facettes, nous verrons que son volume égale la surface de sa base, multipliée par sa hauteur.

La base du cylindre droit circulaire, étant un cercle, a pour surface sa circonférence multipliée par la moitié de son rayon.

*Donc le volume de ce cylindre est égal à la circonférence de la base, multipliée par la moitié du rayon de cette base, et par la hauteur du cylindre.*

Les prismes obliques, ou droits, de même base et de même hauteur, sont égaux en volume; donc *les cylindres, obliques ou droits, de même base et de même hauteur, sont égaux en volume.*

On peut déterminer très-facilement le volume d'un tronc de cylindre droit circulaire. Soit

ABC, figure 10, le cercle qui sert de base à ce cylindre, et O*o* l'axe : le volume du tronc de cylindre ABC*ef*..., égale la surface de la base multipliée par l'axe O*o*, c'est-à-dire, égale le volume du cylindre droit ayant O*o* pour hauteur.

Afin de le démontrer, imaginons le cylindre droit ABC*amcn*, dont la base supérieure a son centre en *o*. Je dis que les deux volumes *amne*, *cmnf* sont égaux. En effet, remarquons d'abord que *o* étant le centre du cercle *amnc*, le diamètre *mon* divise ce cercle en deux parties égales.

Maintenant, autour de *mn* comme charnière, faisons tourner de deux angles droits le volume *mnae*, alors le demi-cercle *mna* s'appliquera sur le demi-cercle *mnc*; toutes les portions d'arête, telles que *ae*, etc., se confondront avec les arêtes *fc*, etc.; enfin le plan de *mne* se confondra avec le plan de *mnf*. Donc les deux volumes seront compris entre trois surfaces qui se confondent; par conséquent ils ont même volume. Mais, le cylindre droit possède *mnae* de plus, et *mncf* de moins, que le cylindre tronqué ABC*ef*. Donc, les deux cylindres sont égaux en volume; et la mesure de l'un est aussi la mesure de l'autre.

De même qu'il y a des secteurs de cercle AOB, fig. 11, il y a des *secteurs de cylindre*, qui ont le secteur de cercle pour base et qui sont terminés, d'un côté AB*ab* par la surface même du cylindre, et de deux autres côtés par deux plans A*a*oO, B*bo*O, qui passent par l'axe O*o* du cylindre.

*Un segment de cylindre* a pour base un segment de cercle ABC, fig. 12, et pour contour : 1°. la partie cylindrique ACB*acb* ; 2°. un plan AB*ba* parallèle à l'axe, et présentant la figure d'un parallélogramme.

*Application des propriétés du cylindre à la détermination des ombres.* Les rayons du soleil, lorsqu'ils arrivent jusqu'à nous, sont parallèles, à si peu de chose près, que les instruments les plus précis auraient peine à montrer la plus légère différence dans la direction de deux rayons solaires tombant à une distance même assez considérable l'un de l'autre, comme aux extrémités opposées d'un grand édifice. C'est pourquoi, dans les arts, on regarde les rayons de lumière émanés du soleil, comme exactement parallèles.

Lorsqu'une porte, ou une fenêtre, ou une voûte en arc de cercle ABCDE, fig. 13, est éclairée par les rayons solaires A*a*, B*b*, C*c*, D*d*, E*e*,... ces rayons étant des lignes droites parallèles entr'elles, qui passent par la circonférence d'un cercle, tracent un cylindre ou un prisme dont ABCDE est la base. Ce cylindre sépare toute la partie de l'espace éclairée par le soleil, en dedans de la porte, de la fenêtre ou de la voûte, et la partie placée dans l'ombre.

La considération des cylindres, de leur figure

et de leur position, est donc de la plus haute importance lorsqu'il faut déterminer les parties éclairées et les parties placées dans l'ombre, pour l'architecture, la peinture et généralement tous les arts du dessin.

Dans les leçons suivantes, nous donnerons les moyens de résoudre géométriquement les principales questions relatives aux ombres.

*Application des propriétés du cylindre à la géométrie descriptive.* Une des applications les plus utiles des propriétés du cylindre, est l'emploi qu'on fait de cette surface pour représenter, sur des plans, le dessin ou la projection des lignes courbes quelconques.

Supposons qu'on ait dans l'espace une courbe ABCDE..., fig. 14, qu'on veuille représenter sur le plan de projection MNPQ. A partir de chaque point de cette courbe, on mènera une perpendiculaire jusqu'à ce plan. La suite des points $a, b, c, d, e,...$ qui seront, sur ce plan, les pieds des perpendiculaires, va former une courbe qui sera la représentation géométrique, ou, comme on dit, *la projection* de la courbe ABCDE.

Ordinairement on projette chaque courbe sur deux plans MNPQ, PQRS, perpendiculaires l'un à l'autre; de sorte que les lignes de projection A$a$, B$b$, C$c$...., perpendiculaires au premier plan, sont parallèles au deuxième plan, et que les lignes de projection A$a'$, B$b'$, C$c'$,..., perpendiculaires au deuxième plan, sont parallèles au premier. Les deux projections abcde, $a'b'c'd'e'$, comme nous le verrons en traitant de l'intersection des surfaces, suffisent à la détermination complète de la courbe ABCDE.... qu'elles représentent.

Nous savons qu'avec le plan, l'on peut construire ou fabriquer les cylindres; réciproquement, avec les cylindres l'on peut construire ou fabriquer des plans.

*Application du cylindre aux travaux agricoles.* Avec un cylindre qu'on fait rouler sur un chemin récemment sablé, sur un tapis de gazon, ou sur une terre fraîchement labourée, on refoule les parties saillantes, pour les mettre au même niveau que les parties enfoncées; on aplanit le terrain, pour en faire une surface plane.

*Application du cylindre au feuilletage de la pâte.* Le boulanger emploie un cylindre de bois qu'il appelle *billette*, et qu'il fait rouler en la pressant et la poussant avec ses mains, pour aplatir de la pâte et la transformer en feuilles terminées, dessus et dessous, par des surfaces planes.

COMBINAISON DES CYLINDRES : *les laminoirs.* Au lieu d'employer un seul cylindre pour produire des surfaces planes, on trouve beaucoup d'avantage à combiner deux cylindres dont les axes sont parallèles. Soient AB, *ab*, fig. 15, les axes des deux cylindres qui sont tenus de manière à ne pouvoir se rapprocher ou s'écarter l'un de l'autre, que si on le veut et autant qu'on le veut. Les deux axes étant établis bien parallèles l'un à l'autre, et les cylindres fabriqués avec toute la justesse désirable, ils sont partout à la même distance l'un de l'autre. Cela posé, si l'on fait passer entre les deux cylindres, une plaque de métal ou de toute autre substance propre à s'aplatir, cette plaque sera forcée de se réduire à l'épaisseur marquée par la plus courte distance des deux cylindres.

Si, après un premier passage de la plaque entre les cylindres, on les rapproche un peu, pour la faire de nouveau passer entr'eux, on va l'aplatir encore d'une quantité égale au nouveau rapprochement des deux cylindres. En suivant ce système, on réduira successivement la plaque à une feuille de l'épaisseur précise qu'on désire : tel est l'effet des laminoirs.

*Application à la papeterie.* L'industrie a fait une foule d'applications de cette propriété des cylindres. Deux cylindres revêtus de drap pressent et réduisent en feuille continue la matière d'un papier auquel ils donnent telle longueur qu'on désire, et qu'on appelle, pour cette raison, *papier sans fin.*

*Application à l'imprimerie.* On place sur des

cylindres d'un diamètre considérable, les caractères d'imprimerie nécessaires à l'impression d'une feuille. Ces grands cylindres sont en contact avec d'autres cylindres revêtus de cuir et chargés d'encre que ceux-ci déposent, en quantité convenable, sur les caractères d'imprimerie. Ensuite, une feuille plane de papier passe entre les deux cylindres porteurs de caractères dont elle reçoit l'impression. Ce moyen, qui permet d'imprimer avec une extrême rapidité, est surtout utile pour la publication des journaux, qui ne peuvent mettre qu'un petit nombre d'heures entre la composition et l'envoi des feuilles, quel que soit le nombre d'exemplaires qu'on ait à tirer.

On emploie également les cylindres pour imprimer, sur les étoffes, des dessins de toute espèce. On grave sur des cylindres en cuivre les dessins que l'on veut imprimer.

*Impression lithographique.* Les presses lithographiques n'emploient qu'un cylindre. La feuille de papier qui doit recevoir l'impression est posée sur la pierre, après que le dessin est fait et empreint d'encre ; puis un cylindre passe sur le tout, en y exerçant une pression égale en chaque partie : ce qui produit l'égalité et la beauté de l'impression.

*Impression des gravures sur cuivre.* Pour imprimer avec des planches en cuivre, la planche qui est plane et la feuille de papier qui doit recevoir l'empreinte, passent à la fois entre deux cylindres qui les pressent l'une contre l'autre.

*Application des paires de cylindres à la fabrication du fer, et à sa réduction en barres.* Suivant l'ancienne méthode, employée encore presqu'universellement sur le continent européen, pour fabriquer le fer, après avoir fait chauffer très-fortement une masse de fonte appelée *loupe*, on la met sur une enclume où elle est battue par un très-lourd marteau qui chasse la matière impure, le *laitier* que cette loupe renferme. Ce marteau réduit le fer en prismes ou barres d'une configuration plus ou moins imparfaite. Depuis quelques années, les Anglais ont employé des paires de cylindres, pour remplacer avec une grande régularité le travail grossier du marteau. Qu'on imagine deux paires de cylindres entaillés de manière à présenter des ouvertures ou jours dont le profil est une suite de lozanges de plus en plus petits, comme dans la figure 16, ou de rectangles de moins en moins grands, comme dans la figure 17. On fait passer la loupe, suffisamment équarrie au marteau, entre les cylindres, et successivement par les ouvertures 1, 2, 3... qui diminuent sa grosseur, et réduisent la loupe en barres quarrées ou plates. Cette méthode a le grand avantage d'étirer très-régulièrement les fibres du fer : on commence à l'introduire en

France, mais dans un nombre d'endroits malheureusement encore trop petit.

*Application des cylindres au cardage.* On a fait une heureuse application des cylindres à laminer, pour carder le coton et la laine, ainsi que pour diviser le chanvre et le lin.

Deux cylindres, fig. 18, établis bien parallèlement, sont hérissés de pointes à cardes, implantées régulièrement sur la surface de ces cylindres; de manière que les pointes de l'un engrènent aisément entre les pointes de l'autre. Lorsqu'on fait passer du coton, de la laine, du chanvre ou du lin entre ces cylindres, qui se meuvent en sens contraires ou dans le même sens, mais avec des vîtesses différentes, il faut que les filaments de ces substances s'élongent parallèlement et forment, au sortir des cylindres, une bande plane qu'on appelle une carde.

*Application des cylindres au filage du coton, du chanvre*, etc. On combine un cylindre droit circulaire uni AB, avec un cylindre cannelé CD, fig. 19. Les fils sont entraînés entre deux premiers cylindres; ils sont entraînés plus vîte entre deux autres cylindres parallèles aux premiers. Cela oblige la partie du fil située entre les deux paires de cylindres, à s'allonger proportionnellement à la différence de vîtesse des deux paires de cylindres. En allongeant ainsi les fils, on les rend plus fins; ce qui est un des grands avantages qu'ont les machines modernes de filage.

La fabrication des cylindres cannelés est au rang des opérations les plus délicates de l'industrie; elle exige une extrême précision. Le moindre défaut de parallélisme dans les cannelures, et la plus légère inégalité dans les diamètres des cylindres, suffiraient pour produire, sur des fils très-fins, des différences qui leur feraient perdre tout l'avantage de force et d'égalité compatible avec leur finesse.

*Canneler des cylindres.* On fait usage pour cela d'un méchanisme propre à diviser le cercle en parties égales, suivant les moyens dont nous avons parlé dans la troisième leçon.

Après avoir déterminé le nombre des cannelures, et s'être placé sur le cercle de division qui donne ce nombre, on commence une première cannelure avec un outil tranchant qui chemine le long d'un guide exactement parallèle à l'axe du cylindre, et qui rétrograde ensuite. La première cannelure faite, on avance, d'un point, l'indicateur des divisions du cercle. Le cylindre se présente dans la position propre au travail de la seconde cannelure, qu'on fait de même avec l'outil tranchant, et ainsi de suite.

On combine souvent les cylindres d'une autre manière. On fait entrer un cylindre plein dans un cylindre creux; tel est le jeu des pistons dans les pompes, fig. 20, et d'un bouchon dans une bouteille; tel est le jeu des deux parties d'un étui, fig. 21, d'une tabatière ronde, fig. 22, etc.

On emploie aussi des cylindres creux qui s'emboîtent exactement les uns dans les autres. Tel est le système des lunettes d'opéra et des lunettes marines, qui peuvent s'allonger à volonté comme en AB, fig. 23, et se resserrer comme en *ab*. Il est évident que c'est de la parfaite exécution de chaque cylindre creux, soit intérieur, soit extérieur, que dépend le jeu facile et précis des emboîtements d'instruments de cette espèce.

C'est par un emboîtement de cylindres que les Anglais unissent ces grandes lignes de tuyaux qu'ils emploient pour conduire les eaux de leurs villes. Le fer éprouvant un allongement très-sensible par l'augmentation de la chaleur, et un raccourcissement analogue quand la chaleur diminue, si des tuyaux étaient ajustés sur une grande longueur, sans que leurs bouts pussent se mouvoir librement, ils se briseraient. Pour obvier à cet inconvénient, on termine un bout de chaque portion de tuyau par un cylindre ABED plus large que le corps du tuyau CF, fig. 24. Dans cette partie plus large, emboîte le petit bout *mn* du tuyau suivant. L'emboîtement est tel que les deux tuyaux peuvent un peu glisser l'un dans l'autre, malgré la soudure qui les unit, et se prêter de la sorte soit aux allongements, soit aux raccourcissements produits par les variations de la température.

# I. GÉOMÉTRIE.  ARTS ET MÉTIERS et 19

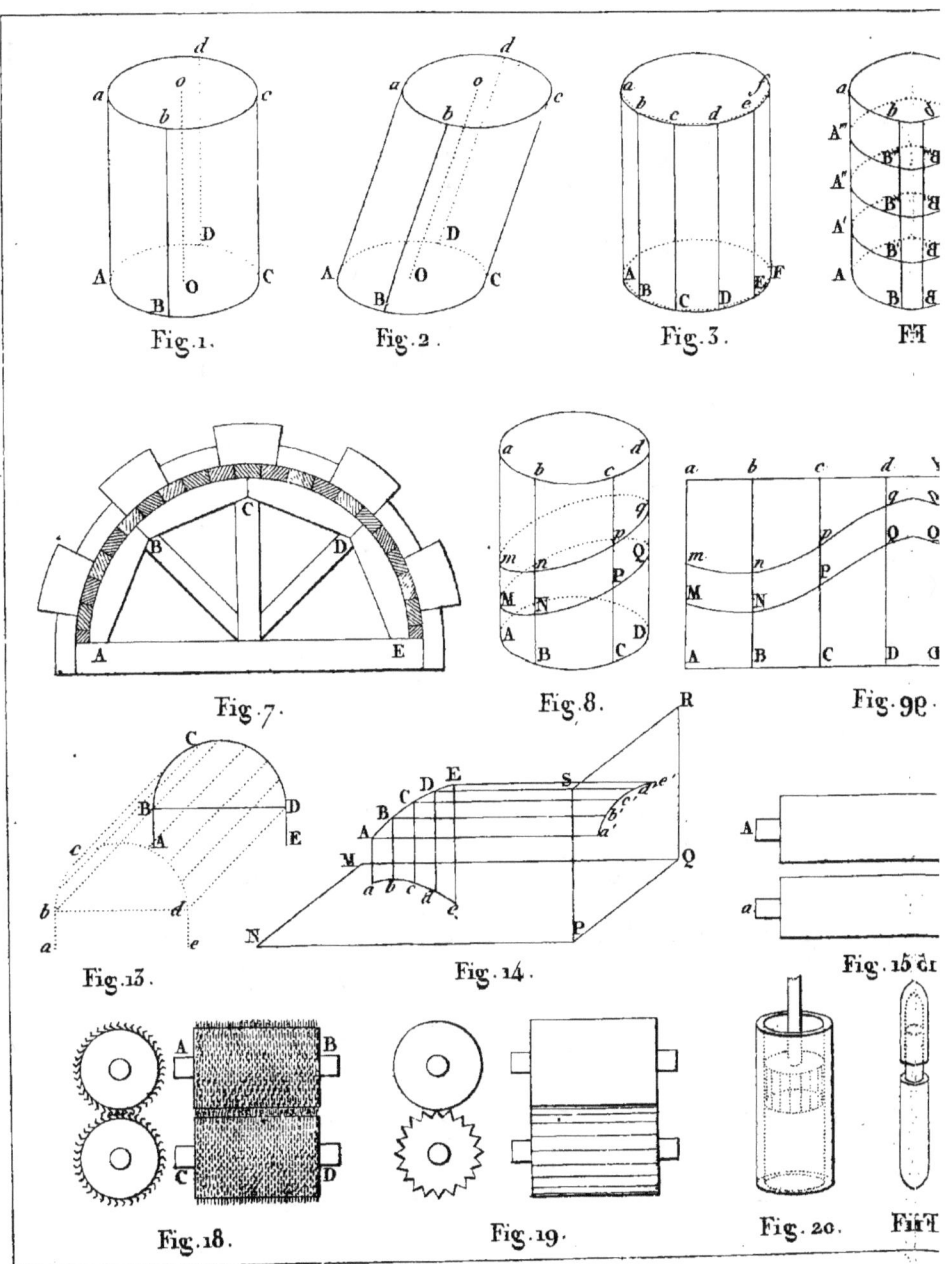

Dessiné par Charles Dupin.

AUX-ARTS. VIII.ÈME LEÇON.

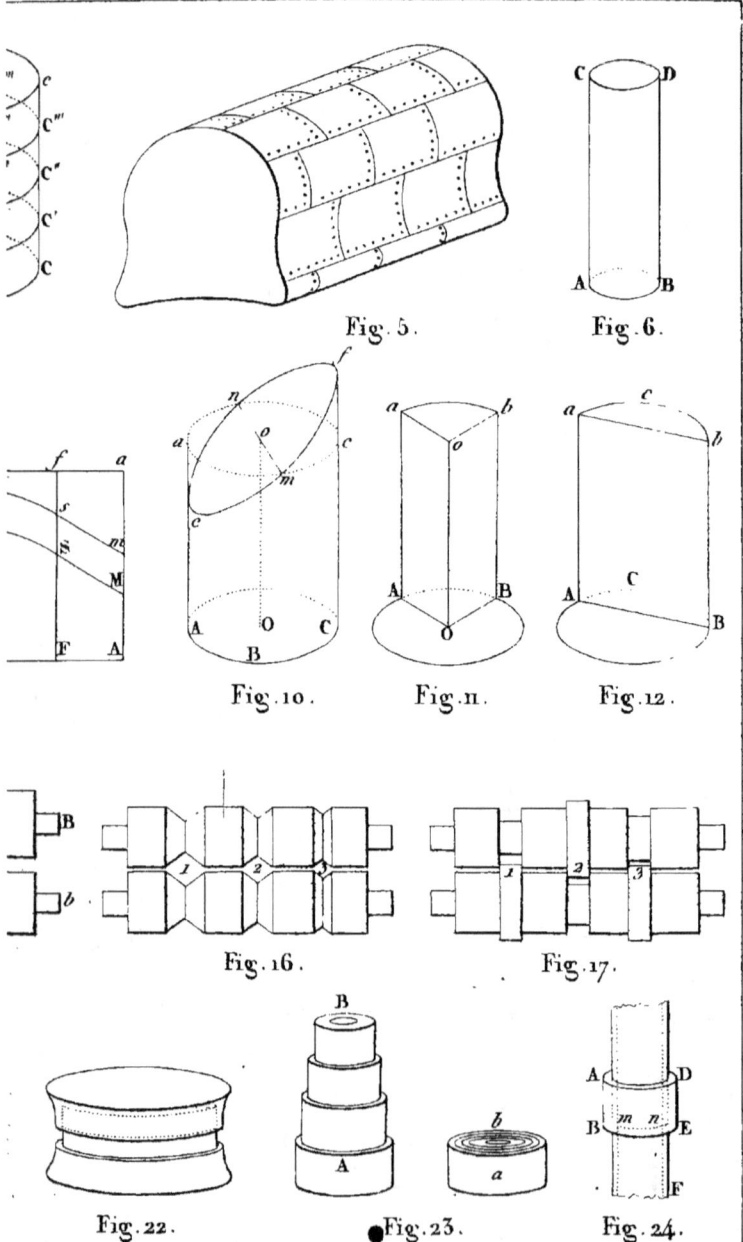

Fig. 5. Fig. 6. Fig. 10. Fig. 11. Fig. 12. Fig. 16. Fig. 17. Fig. 22. Fig. 23. Fig. 24.

Gravé par Adam.

# NEUVIÈME LEÇON.

*Surfaces coniques.*

On décrit *la surface d'un cône* SABCDE, fig. 1, avec une ligne droite qui passe toujours par le même point S et par une courbe ABCDE. Les droites SA, SB, SC..., sont les *arêtes*, et le point S est le *sommet* du cône.

Dans le cas particulier où le sommet S et la courbe ABCDE, se trouvent sur un même plan, la surface du cône devient la surface même du plan. Ainsi, lorsqu'un cheval tourne au manége, le timon en ligne droite, qui va de l'arbre du manége au point d'attache du cheval, décrit un cône SABCD..., fig. 3, si le sommet est hors de la courbe ABCD... parcourue par le point d'attache du cheval. Mais, quand le timon est horizontal, ce cône devient un plan ; parce que le sommet S est dans le plan du cercle *abcd*, que parcourt le cheval : les arêtes S*a*, S*b*, S*c*..., deviennent alors les rayons de ce cercle.

Le géomètre considère le cône, figure 1, comme une surface qui se prolonge sans fin, de deux côtés : de même que les lignes droites qui en sont les arêtes. Il considère, comme ne faisant qu'une surface, deux cônes formés par les parties de chaque arête, en deçà et au delà du *sommet* qu'il appelle, pour cette raison, *le centre du cône*.

L'industrie offre quelques exemples de ces cônes complets ou doubles cônes. Le sablier, fig. 2, employé sur les navires, pour mesurer le temps, se compose de deux cônes ainsi disposés. Dans une longueur de temps, prise pour unité, tout le sable passe du cône supérieur au cône inférieur; et l'on compte autant d'unités de temps, qu'on retourne de fois le sablier.

Dans les arts, les cônes sont toujours d'une étendue limitée, et l'on ne considère, en général, qu'une seule partie ou *nappe*, SABCD, fig. 1.

Quand le cône est terminé par une aire plane ABCDE, fig. 1, on appelle cette aire *la base du cône*. Dans cette leçon, nous supposons que chaque cône est terminé par une base plane.

Le *cône droit circulaire*, ou *cône régulier*, le plus simple de tous les cônes, est celui dont la *base* ABCDEF..., figure 3, est un *cercle*, et pour lequel le sommet S est situé sur l'axe SO du cercle. Cette droite est aussi l'*axe* du cône.

Le *cône circulaire oblique*, fig. 5, a pour base un cercle. Mais ses arêtes ne sont pas toutes égales entr'elles; et la ligne droite SO, menée du sommet au centre de la base, n'est pas perpendiculaire au plan de cette base.

Dans le cône régulier, les arêtes SA, SB, SC,

fig. 3, étant des obliques également éloignées de SO perpendiculaire au plan du cercle, sont égales entr'elles. Donc toutes les arêtes de ce cône sont égales entr'elles, et font le même angle avec l'axe.

Supposons que, sur un cône produit par nos arts, nous traçions tant d'arêtes si fines, qu'elles n'offrent plus à nos regards que l'aspect d'une surface parfaitement continue, et couverte de lignes dont les distances soient trop petites pour être perceptibles à nos yeux. La surface ainsi composée de petits triangles plans, entre les diverses arêtes, ne différera pour ainsi dire pas d'un cône géométrique. Lorsque nous prendrons une de ces surfaces pour l'autre, les erreurs, s'il y en a, seront si petites, qu'elles échapperont à nos sens, et seront nulles pour l'industrie.

Par conséquent, un cône peut toujours être regardé comme une pyramide à beaucoup de facettes triangulaires, dont la largeur soit extrêmement petite, et dont la hauteur se confonde avec la longueur même des arêtes.

Alors toutes les mesures de surface et de volume, données pour les pyramides (septième leçon), s'appliquent immédiatement au cône.

Le cône droit circulaire étant une pyramide régulière : 1°. la surface totale des facettes ou *la surface courbe du cône droit circulaire, égale le contour de sa base, multiplié par la moitié d'une* arête; 2°. la surface totale du contour circulaire et de la base du cône droit, est égale au contour de la base, multiplié par la moitié d'une arête, plus la moitié du rayon de la base.

Le volume d'un cône quelconque, égale le produit du tiers de sa hauteur par la surface de sa base.

Si l'on coupe le cône par un plan parallèle à sa base, on forme un tronc de cône dont la surface et le volume se mesurent aussi d'après la surface et le volume du tronc de pyramide.

La surface du tronc de cône régulier, égale la demi-somme du contour des deux bases, multipliée par la longueur d'une arête comprise entre ces bases.

Si l'on coupe une pyramide par un plan parallèle à la base, fig. 7, la petite pyramide, ainsi détachée, est semblable à la grande. Cette propriété étant vraie, quelque nombreuses que soient les faces de la grande pyramide, est pareillement vraie pour le cône, ainsi que toutes les conséquences qui en dérivent. Donc : 1°. quand on coupe un cône par un plan parallèle à la base, on détache un petit cône *semblable* au grand; 2°. quand deux cônes sont *semblables*, *la surface* de leur partie courbe est proportionnelle *au quarré* des lignes correspondantes dans les deux cônes, par exemple, au quarré des arêtes; 3°. *les bases* ont aussi *leur surface* proportionnelle *au quarré* des lignes correspondantes; 4°. *les volu-*

*mes* des cônes *semblables*, sont proportionnels *aux cubes* des lignes correspondantes, fig. 7.

Formons un tronc de cône ABC... *abc*..., fig. 7, en détachant un petit cône d'un grand, par un plan coupant. Il est clair qu'alors, on obtient le volume du tronc de cône, en calculant à part le volume du petit cône, pour le retrancher du volume du grand. Chacun de ces volumes étant égal au produit de la base par le tiers de la hauteur, l'opération n'offre aucune difficulté.

Lorsqu'un cône n'est pas droit et circulaire, ou seulement lorsque le cône n'est pas droit, on ne peut plus mesurer sa surface par les règles que nous venons de donner.

Pour mesurer la surface du cône, il faut la décomposer en un nombre de triangles suffisant pour le degré d'exactitude auquel on veut atteindre. Ensuite, on rabat sur un plan tous ces triangles, les uns à côté des autres. C'est ainsi qu'on a rabattu, en S′A′B′, S′B′C′, S′C′D′,.... dans les figures 4 et 6, tous les triangles SAB, SBC, SCD, des figures 3 et 5. Il est évident que la surface courbe du cône, égale la surface plane S′A′B′C′.... On mesurera cette dernière surface par les méthodes que nous avons exposées dans la 6ᵉ. leçon.

Après avoir donné, pour le cône, les mesures essentielles de surface et de volume, voyons quel emploi les arts font des cônes.

*L'architecte et le charpentier* couvrent les

tours circulaires, avec des cônes droits circulaires, fig. 8, ayant pour axe l'axe même de la tour. *L'artilleur* fabrique ses bouches à feu, en leur donnant, fig. 9, la forme d'une suite de troncs de cônes dont la grande base est du côté de la culasse. *Le chapelier* donne aux feutres qu'il destine à la coëffure des hommes et des femmes, la figure d'un cône ou d'un tronc de cône, avec un bord plat ou courbé. C'est dans la variation des dimensions de ce cône ou tronc de cône, et de ce bord, que consiste l'infinie diversité des coëffures, qui marque le caprice et la fécondité bizarre de nos modes. ( Voyez fig. 10, 11, 12. )

*Le facteur d'orgues* termine la partie inférieure de ses tuyaux cylindriques, par un tronc de cône ABST, fig. 13. Les tuyaux dont les sons imitent ceux de la trompette, et dont l'ensemble porte le nom de *jeu de trompette*, ABST, fig. 14, sont entièrement formés avec un tronc de cône.

*L'architecte*, pour des motifs de solidité, renfle parfois ses colonnes, depuis la base jusqu'au tiers de leur hauteur; il en diminue toujours le diamètre, depuis ce point jusqu'à la partie qui supporte le chapiteau. Lorsqu'il s'agit d'exécuter des colonnes trop hautes pour qu'on puisse les tirer d'un seul bloc, on les divise par une suite de plans parallèles, et l'on regarde comme des troncs de cône les diverses parties dans lesquelles on a décomposé la colonne, fig. 15 : on taille donc chacune de ces parties, qu'on appelle *tambours*, comme de simples troncs de cônes.

Le charpentier de vaisseaux donne à ses mâts une forme semblable à celle des colonnes, en diminuant graduellement leurs diamètres, depuis le pied jusqu'au sommet.

Le cône s'exécute de plusieurs manières, analogues à celles qu'on emploie pour le cylindre.

D'abord on peut former un polygone régulier ABCDE, fig. 3 et 5, d'un grand nombre de côtés, et travailler chacune des facettes planes SAB, SBC, SCD,.... suivant les moyens expliqués dans la leçon relative aux plans.

Si, au lieu d'un cône complet, on n'a qu'un tronc de cône droit circulaire ABCD... abcd.., fig. 16, il faudra d'abord exécuter les deux faces planes ABCD..., abcd..., parfaitement parallèles. On marquera, sur ces plans, deux points O, o, qui soient sur une droite perpendiculaire aux deux plans. On mènera, par les deux points O, o, les droites parallèles OA, oa, qui aient pour longueur celle des rayons des deux cercles ABCDE, abcde, qu'on tracera.

Cela fait, divisons les deux circonférences en un même nombre de parties égales ; et, par les points de division A, B, C, D,... a, b, c, d..., menons des perpendiculaires au rayon, pour former deux polygones réguliers qui entourent deux cercles. On travaillera les faces planes et trapèzes ayant pour bases inférieure et supérieure les côtés des deux polygones, I.II.2.1, II.III.3.2, III.IV.4.3,.. On formera de la sorte un tronc de pyramide enveloppant le cône. En abattant les arêtes I.1, II.2, III.3, IV.4..., avec un rabot ou tout autre instrument propre à les aplanir, jusqu'à ce que les nouvelles facettes planes qu'on va former touchent les deux cercles, on obtiendra un tronc de pyramide ayant deux fois autant de facettes que le premier, et s'approchant beaucoup plus de la figure du cône. En continuant ainsi d'abattre les arêtes, on s'approchera toujours davantage de la vraie figure du cône, pour arriver au degré d'exactitude qui doit correspondre aux besoins de l'industrie.

La méthode que nous venons d'indiquer n'est, comme on voit, qu'une méthode *d'approximation*. Il faut d'autres procédés pour exécuter un cône d'une manière parfaitement continue.

On peut exécuter des surfaces coniques avec un tour, en faisant glisser l'outil tranchant P, fig. 17, sur un guide rectiligne NM, fixe, et parallèle à l'arête AS. Dans chaque position de l'outil, il décrira un cercle ayant pour axe la ligne droite qui passe par les deux pointes du tour; l'ensemble des cercles décrits de cette manière, formera la surface du cône SABC, fig. 17. C'est ainsi qu'on produit *la toupie*, SAC, figure 18.

On peut exécuter un cône droit circulaire, en faisant tourner, autour d'un axe SO, fig. 3, la droite génératrice qui fait toujours un même angle avec cet axe. (Voyez onzième leçon.)

Par la définition même, on produit un cône quelconque, avec une droite mobile, assujettie à passer toujours par un point pris pour sommet.

*Application au physionotrace*. On se sert de cet instrument pour copier avec exactitude un profil ABCD..., fig. 19. Une tige rectiligne, qui peut tourner autour du point fixe S, s'appuie d'un bout sur le profil ABCD....; l'autre bout, muni d'un crayon pointu, s'appuie contre un papier tendu, dont le plan est parallèle à celui du profil. *La courbe abcd...., décrite par ce crayon, est semblable au profil* ABCD...

Pour le démontrer, menons OS$o$, figure 19, perpendiculaire aux deux plans parallèles du profil et du portrait; O, $o$, étant les points où cette perpendiculaire rencontre ces deux plans. Considérons la tige rectiligne qui sert à tracer le portrait, dans l'une quelconque de ses positions, AS$a$, par exemple. Menons OA, $oa$; je dis que les deux triangles rectangles ASO, $a$S$o$, sont semblables. En effet, l'angle ASO est égal à l'angle $a$S$o$, puisque ce sont deux angles opposés au sommet; de plus AO, $ao$, sont parallèles; donc les triangles ASO, $a$S$o$, sont semblables, et

$$SO : So :: SA : Sa :: OA : oa.$$

On démontrera de même que

$$SO : So :: SA : Sa :: SB : Sb :: SC : Sc :: SD : Sd...$$
$$SO : So :: OA : oa :: OB : ob :: OC : oc :: OD : od...$$

Or, les lignes OA et $oa$, OB et $ob$, OC et $oc$..., sont parallèles deux à deux. Par conséquent, les figures ABCDEF..., $abcdef$..., sont des figures semblables, dont les lignes correspondantes sont parallèles et proportionnelles aux distances du point fixe S, aux plans du profil et du portrait. Donc, enfin, le profil ABCD et son portrait $abcd$, sont semblables.

La nature trace elle-même des surfaces coniques, à la manière du *physionotrace*, au moyen des rayons émanés de chaque point lumineux. Ces rayons pénètrent dans notre œil, par la prunelle, et se croisent en un point S, figure 22, pour arriver sur une surface PQ appelée la rétine. Tel est le tableau sur lequel la nature a produit les contours et conservé les couleurs des objets mêmes. Cette impression, produite sur la rétine, se transmet au nerf optique, qui lui-même la transmet au cerveau, siége de notre intelligence.

Ainsi, l'admirable phénomène de la vision s'effectue, chez l'homme et chez la plupart des animaux, au moyen *de surfaces coniques* tracées dans l'espace et dans notre œil, par les rayons de lumière que répandent, en tout sens, les corps lumineux par eux-mêmes ou par reflet.

Tous les points lumineux qui peuplent le ciel, durant une belle nuit, tous les objets dont se compose un immense paysage, regardés durant un jour serein, se peignent dans notre œil avec leurs proportions et leurs formes, leurs couleurs et leurs nuances, au moyen de cônes dont nous venons d'indiquer la position.

*Chambre obscure.* L'art imite la nature, en construisant une chambre comparable à l'intérieur de notre œil, pour n'y laisser entrer la lumière que par un verre ou lentille semblable à la prunelle S de notre œil, fig. 22. La lumière transporte sur les parois de cette chambre, comme sur la rétine *abcd*, les objets, leurs couleurs, leurs formes et leurs mouvements. Si l'on reçoit sur un papier cette lumière, on peut dessiner les contours qu'elle trace, et reproduire ses teintes, ses ombres et ses clartés.

Les rayons émanés d'un point unique S, fig. 20, qui rencontrent une surface opaque *abcdef*, ne pouvant aller au-delà, les rayons qui affleurent le contour de cette surface se prolongent en séparant, de la partie de l'espace éclairée par le point lumineux, une autre partie privée de lumière par le corps opaque. Cette partie, privée de lumière, est ce qu'on appelle *l'ombre du corps opaque*. Ainsi, quand une surface ou corps opaque, est placée devant un point lumineux, l'ombre de cette surface ou de ce corps est limitée par une surface conique ayant le point lumineux pour sommet.

*Silhouettes.* On s'est servi de cette propriété des rayons lumineux, pour tracer, sur un plan, des portraits semblables à des profils donnés. On place le profil qu'il s'agit d'imiter, *abcde...*, figure 20, dans un plan parallèle à celui sur lequel on veut tracer le portrait. Une lumière telle qu'une bougie, posée à distance convenable, devient le sommet d'un cône ayant pour base le profil à copier. Le cône se prolonge jusqu'au plan du portrait, de manière à tracer, sur ce plan, *une base nouvelle* ABCD...., semblable à la première, et marquée par le contour qui sert de limite à l'ombre que porte le profil : cette base est la *silhouette* de ce profil.

Nous avons donné les mêmes lettres à la fig. 19 du physionotrace, et à la fig. 20 de l'ombre portée ; parce que la démonstration présentée pour la fig. 19, s'applique exactement à la fig. 20, et conduit à la même conséquence.

*Ombres chinoises.* On a mis à profit, pour amuser les enfants, la propriété qu'ont les surfaces coniques, de reproduire, sur un plan donné, le profil exact d'une figure et d'un groupe quelconque de figures. Une lumière unique éclaire des pantins de carton, ou des personnages véritables, et porte l'ombre des scènes qu'ils représentent, sur un rideau qui, sans permettre qu'on voie à travers, laisse passer assez de lumière dans les parties éclairées, pour rendre parfaitement distinctes, à l'œil du spectateur, les parties placées dans l'ombre. Ces parties sont les bases de surfaces coniques ayant pour sommet le quinquet ou tout autre point lumineux placé derrière le rideau, et dont toutes les arêtes passent par le profil des personnages dont on veut reproduire la position et la forme.

Si le même objet AB, fig. 21, dont l'ombre MN est portée sur le rideau RR, s'éloigne du point lumineux S, et s'avance en *ab*, l'ombre portée par *ab* n'est plus que *mn*, et se trouve diminuée. Ainsi, la position du point lumineux restant la même, il suffit de rapprocher du rideau l'objet représenté, pour diminuer l'étendue de l'ombre; tandis qu'en éloignant l'objet du rideau, on agrandit de plus en plus cette ombre. Au contraire, en laissant fixe l'objet, suivant qu'on approche ou qu'on éloigne du rideau le point lumineux, l'ombre portée grandit ou diminue.

Cette variété dans la grandeur d'ombres conservant la même forme, et la diversité des scènes résultant du mouvement de ces ombres, produisent tout l'intérêt de ce genre de spectacles. Les propriétés des surfaces coniques, permettent de réduire à des tracés géométriques exacts, les effets désirés, et les proportions qui conviennent à ce jeu d'optique.... Parlons, à présent, d'une application beaucoup plus importante que celle des ombres chinoises.

*Principe de la perspective.* Quand, d'un point fixe S, fig. 22, l'œil dirige tous les rayons visuels possibles, sur la courbe ABCD, ces rayons forment un cône SABCD. Si l'on détermine la section *abcd*, faite dans ce cône par un plan MN, cette figure *abcd* sera, sur le plan MN, la représentation, ou comme on dit, la *perspective* de la figure ABCD. Elle fera, quant à ses formes, le même effet sur l'œil; c'est-à-dire, elle produira sur la rétine, la même image que ABCD; puisque les droites S$a$ et SA, S$b$ et SB, S$c$ et SC, etc., se confondent.

Ainsi, la perspective a pour résultat, d'opérer une représentation des objets telle que, vue d'un point S, elle produise sur notre rétine la même image que les objets. Notre conception recevant des images pareilles, quand elles sont fournies par l'objet ou par cette représentation, nous avons souvent peine à les distinguer; ou, plutôt, nous jouissons d'une ressemblance obtenue par les soins de l'art. Telle est la source du plaisir intellectuel que le spectateur éprouve à la vue de toute perspective bien faite.

Si l'œil du spectateur ne se plaçait pas au point de vue S, le cône S*abcd* changerait de figure; il ne produirait pas, sur la rétine de notre œil, une image parfaitement semblable à celle que produit l'objet même. Tel est l'effet désagréable qu'on éprouve plus ou moins, lorsqu'on place son œil dans une position différente du *point de vue*. Point ainsi nommé, parce que c'est celui duquel il faut *voir* la perspective, pour jouir pleinement de son véritable effet.

La perspective des courbes produit des cônes, et celle des polygones produit des pyramides, par l'ensemble des rayons visuels des lignes ou droites menées de l'œil aux contours de ces courbes ou de ces polygones.

Si l'on regarde un polygone régulier auquel le plan du tableau soit parallèle, et que le rayon visuel mené par le centre du polygone soit perpendiculaire à ce plan, la perspective sera semblable à ce polygone, et l'image peinte sur la rétine de l'œil sera encore le même polygone régulier. Mais, si l'on trace la perspective du polygone, et qu'on déplace le point de vue, l'image qui se peint sur la rétine n'est plus régulière. Le polygone paraît allongé dans un sens, et rétréci dans le sens perpendiculaire.

Ainsi, quand la figure à représenter ne se trouve pas sur un plan parallèle au plan du tableau, la perspective diffère, en général, de forme avec l'objet représenté. Ces différences peuvent offrir des variétés infinies. Cependant, il est des règles générales très-importantes pour abréger les opérations de la perspective : opérations nécessaires à beaucoup d'artistes, à l'architecte, au paysagiste, au décorateur, au sculpteur de bas-reliefs, etc.

D'abord, si deux lignes droites AB, CD, figure 23, sont parallèles au plan du tableau MN, je dis que leurs perspectives $ab$, $cd$, sur ce tableau, seront deux droites encore parallèles.

En effet, si nous menons les rayons visuels S$a$A, S$b$B, S$c$C, S$d$D, les lignes AB, $ab$, de même que CD, $cd$, seront parallèles : or AB et CD sont parallèles entr'elles. Donc les deux lignes perspectives $ab$, $cd$, seront aussi parallèles. Par conséquent, jamais ces lignes perspectives ne pourront se rencontrer.

A présent, supposons que les lignes AB, CD,

EF, fig. 24, parallèles entr'elles, ne le soient pas au plan du tableau MN.

Par le point de vue S, je mène jusqu'au tableau MN une ligne droite SO parallèle aux droites AB, CD, EF, que je veux mettre en perspective. Ensuite, je mène les rayons visuels SA, SB, qui traversent le tableau en $a$, $b$. Ces deux rayons sont dans un plan qui passe par S, par AB et, dès-lors, par SO parallèle à AB. Donc les trois points $a$, $b$, O, qui sont tous trois sur ce plan et sur le tableau, sont en ligne droite. Donc $ab$, prolongé, passe par O. On démontrera la même chose pour $cd$, $ef$, etc. Donc :

*Les lignes ab, cd, ef..., perspectives des parallèles* AB, CD, EF..., *passent toujours par un même point* O, *prolongées s'il le faut, quand* AB, CD, EF, *ne sont pas parallèles au plan du tableau.*

Ce point O, fort remarquable, est ce qu'on appelle le *point de concours* de la perspective des parallèles AB, CD, EF....

Lorsqu'on met en perspective, des objets sur lesquels se trouvent beaucoup de lignes parallèles, il est très-avantageux de déterminer le point de concours des lignes de chaque direction. On a de la sorte un point de la perspective de chacune d'elles ; il suffit donc de connaître un second point pour avoir leur tracé complet.

*Application à l'architecture.* C'est surtout lorsqu'on met en perspective un dessin d'architecture, qu'on peut tirer un parti très-avantageux des points de concours. Le plus grand nombre des lignes que doit tracer un architecte, sont parallèles, soit au plan vertical qui suit la direction des faces de l'édifice à représenter, soit aux plans verticaux perpendiculaires à ces faces ; enfin, de ces lignes, les unes sont verticales, les autres horizontales.

Presque toujours, le plan du tableau sur lequel se fait la perspective, est vertical, fig. 25. Alors toutes les lignes qui, dans l'édifice même, sont verticales, le sont encore en perspective. Quant aux lignes horizontales, celles qui sont parallèles au plan de la façade ont leur point de concours O qu'il faut déterminer. On détermine de même le point de concours $o$ des horizontales qui sont perpendiculaires au plan de la façade ; ensuite, on n'a plus à déterminer qu'un seul point par horizontale et par verticale. La méthode des projections fournit pour cela des moyens extrêmement faciles : moyens que nous indiquerons en traitant de l'intersection des surfaces.

Lorsqu'on sait que des lignes sont parallèles, et qu'on les voit en perspective, on doit examiner immédiatement si ces lignes, prolongées, passeraient par un point unique et convenablement placé, qui est leur point de concours sur le tableau.

Quand on met un édifice en perspective sur un tableau vertical, figure 25, ce qui, comme nous l'avons déjà dit, est le cas le plus ordinaire dans le dessin et dans la peinture, les points de concours de tous les groupes possibles d'horizontales parallèles, sont placés sur le plan horizontal qui passe par le point de vue. En effet, c'est le seul plan qu'on puisse mener par ce point, parallèlement à des lignes horizontales. Ainsi, d'une part, le point de concours pour la perspective des horizontales parallèles à la façade, et de l'autre part, le point de concours pour la perspective des horizontales perpendiculaires à cette façade, sont placés à la hauteur du point de vue. Par conséquent, à cette hauteur, les horizontales des deux directions se trouvent mises en perspective suivant une ligne horizontale O$o$, placée à la hauteur du point de vue.

On remarquera facilement, figure 25, que les dessus et les dessous des fenêtres qui, dans l'édifice, sont en ligne droite, se trouvent de même en ligne droite sur le tableau de leur perspective. C'est, en effet, la propriété des diverses parties d'une ligne droite, isolées ou non; car il suffit de joindre, ne fût-ce que par un trait idéal, les portions de cette droite, pour former une ligne continue, dont la perspective est une ligne droite unique, laquelle, par conséquent, comprend la représentation de toutes ces portions de la ligne droite qu'on a voulu mettre en perspective.

*Application à la peinture.* Dans les tableaux

où le peintre place des personnages, il a soin de ne pas les placer tous dans un même plan ni dans la même attitude. Sans cela, les personnages paraîtraient avec des hauteurs égales, ou diminuées suivant une loi régulière; de manière que, s'ils étaient debout et de même stature, non-seulement tous les pieds seraient posés sur une même ligne droite; mais tous les genoux, toutes les mains, tous les coudes, toutes les têtes seraient respectivement sur une même ligne droite; enfin toutes ces lignes droites concourraient en un même point, ce qui serait d'une insupportable monotonie.

Afin d'éviter cette régularité, mortelle pour la peinture, l'artiste a soin de placer ses personnages, à des distances différentes du spectateur; il conçoit plusieurs plans parallèles au plan du tableau. Au *premier plan*, qui est le plus voisin du spectateur, les objets se peignent sur le tableau, dans la plus grande dimension relative. Ils sont moins grands au *second plan*, moins encore au *troisième*, etc.

C'est au premier plan, ou très-près de ce plan, que les artistes placent ordinairement leurs principaux personnages, dont les dimensions attirent le plus l'attention du spectateur.

Suivant le plan où se trouvent les figures, vous voyez que leur perspective doit avoir une certaine dimension. Si le peintre ne la détermine pas exactement, sa peinture devient fausse, et les personnages ne sont plus aux distances qu'il a voulu marquer; s'il a bien posé leurs têtes et bien dirigé la prunelle de leurs yeux, des figures qui devraient se regarder ne se regardent pas, etc.

Il y a bien d'autres fautes que les peintres peuvent faire, et font en effet, contre la perspective : surtout quand ils représentent des corps, des bras, des jambes dont la direction n'est point parallèle au plan du tableau, et qui souvent se trouvent par-là beaucoup réduites de longueur.

Ces *raccourcis* sont, pour les artistes, la partie difficile du dessin. Le plus souvent, ils ne parviennent à les figurer qu'en faisant mettre des modèles dans la position même qu'ils veulent représenter ; ils se placent, par rapport à ces modèles, dans la position où sera le spectateur, par rapport à la scène qu'ils veulent peindre.

Le petit nombre de principes que je viens d'exposer suffira, dans une foule de cas, pour vous mettre en état de connaître la vérité ou la fausseté des perspectives d'objets qui vous seront connus. Il arrive souvent que les architectes et les peintres entendent mal les lois de la perspective, et par conséquent les appliquent d'une manière fautive. Lorsque les connaissances géométriques seront généralement répandues dans la masse des Français, beaucoup de fautes graves qui ne choquent aujourd'hui que le petit nombre des connaisseurs, choqueront le public même, et les artistes ne pourront plus se les permettre impunément; ils seront forcés de faire une étude plus approfondie des applications de la géométrie à la perspective. Alors, leurs ouvrages acquerront cette exactitude de proportions, indispensable aux œuvres parfaites, dans les beaux-arts, comme dans les arts qui n'ont pour objet que la précision des formes.

*Application de la perspective au dessin des machines et des produits d'industrie.* Lorsqu'on veut représenter des produits d'industrie ou des machines, on emploie souvent la perspective. Cette méthode a, sur celle des projections ordinaires, l'avantage de rendre visibles beaucoup de parties qui, par la méthode des projections, se cachent les unes les autres. Par exemple, il est ordinaire, en employant les projections par des lignes parallèles, de prendre le plan vertical de projection ou parallèle ou perpendiculaire à la façade d'un édifice. Dans le premier cas, les petits côtés de l'édifice ne sont pas visibles; dans le second cas, c'est la façade même qui cesse d'être visible. La perspective a l'avantage, comme on le voit dans la figure 25, de montrer à la fois deux faces d'un édifice.

La méthode des projections sert à mettre rigoureusement une figure en perspective. Cette figure, ainsi que le point de vue, étant donnés en projections horizontale et verticale, ainsi que les traces du tableau, on a la perspective d'un point quelconque, en menant une ligne droite de ce point au point de vue, et cherchant l'intersection de cette ligne avec le plan du tableau ( Voyez treizième leçon. Il faudra que le professeur applique cette méthode à quelques exemples simples, comme à la perspective d'un quarré ou d'un cube, avec les figures nécessaires.)

Pour dessiner à vue, ou, comme on dit, *croquer* un édifice, un produit d'industrie, une machine, la perspective a l'avantage de permettre de dessiner les objets tels que l'œil les aperçoit, sans faire aucune altération, par la pensée, à l'apparence des choses. Il est bon que les élèves s'habituent à ces divers genres de dessin, pour lesquels ils trouveront des méthodes faciles, en divers ouvrages spéciaux.

*Application aux décorations théâtrales.* Le décorateur de théâtre, pour augmenter l'illusion et pour faciliter les jeux de la scène, emploie d'abord un vaste tableau qui forme la toile de fond, sur laquelle il peint à l'ordinaire, en perspective, les édifices et les paysages. Ensuite il place des deux côtés, suivant deux lignes qui s'écartent l'une de l'autre en avançant vers le spectateur, une suite de tableaux étroits et élevés, parallèles entr'eux et à la toile de fond : ce sont les coulisses. Sur ces coulisses il représente soit des arbres, soit des colonnes isolées, soit des parties continues. Mais ce mode est imparfait ; en effet, les lignes qui, sur les coulisses, représentent des fractions d'une même ligne droite, regardées du point de vue, semblent toutes ne former qu'une même ligne, mais ne sont plus dans la même direction, lorsqu'on les regarde de tout autre point de la salle. Cependant, malgré ce défaut, une perspective bien esquissée et bien coloriée, offre encore assez de ressemblance avec la réalité des choses pour procurer, à des spectateurs placés dans beaucoup de parties de la salle, une illusion très-agréable.

*Projections coniques appliquées à la géographie.* Afin de représenter les objets les plus remarquables sur le globe terrestre et sur le globe céleste, on emploie parfois un système de projections coniques, analogue à la perspective (1).

Quoique la méchanique ne fasse pas un aussi grand usage des cônes combinés deux à deux, trois à trois, etc., que des cylindres combinés de la sorte, elle s'en sert pourtant avec avantage, en plusieurs circonstances.

Elle emploie des cônes réguliers unis, fig. 26, pour transmettre par frottement des mouve-

---

(1) Un pôle de la terre devient le sommet d'un cône ayant pour base chacune des lignes courbes à tracer sur l'hémisphère le plus éloigné. L'intersection de ce cône avec le plan de l'équateur est la *projection polaire* de cette courbe.

ments de rotation d'un axe à un autre, les deux axes n'étant pas parallèles.

Elle emploie des cônes réguliers dentés, fig. 27, dans la même intention.

L'architecte, pour exécuter les grandes colonnes, les décompose en troncs de cônes ou tambours, qui sont *cannelés* quand les colonnes mêmes doivent l'être. L'art de canneler les colonnes exige beaucoup de précision dans le travail. Si quelque chose est propre à faire bien juger de la rare habileté qu'avaient acquise les ouvriers employés aux constructions d'Athènes, dans les siècles qui font la gloire de cette ville industrieuse, c'est la perfection avec laquelle sont taillées, suivant des surfaces coniques, les cannelures des tambours des plus grandes colonnes, et le raccordement parfait de ces divers troncs de cône, pour former des cannelures exactement continues, depuis le chapiteau jusqu'à la base de la colonne.

L'exactitude dans la *cannelure ou denture des roues coniques* n'est pas seulement un objet de luxe et d'amour-propre, comme peut l'être la cannelure des colonnes. De cette exactitude dépendent la facilité et l'économie dans la transmission des mouvements, comme nous le verrons en expliquant le jeu des engrenages. (Voyez première partie de la Méchanique, second volume de ce Cours.)

I. GÉOMÉTRIE. ARTS ET MÉTIERS

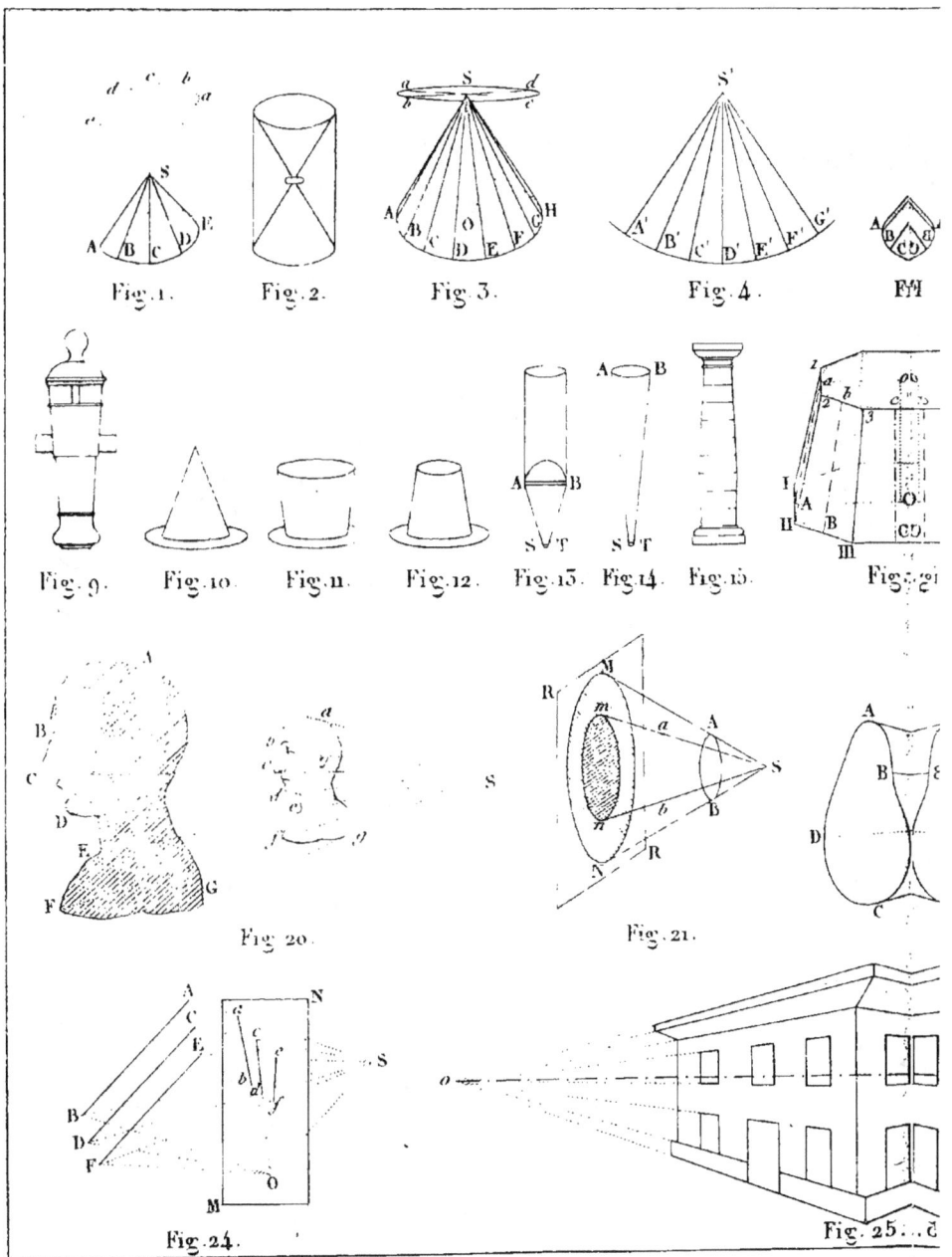

Dessiné par Charles Dupin.

EAUX-ARTS. IX.ᴱᴹᴱ LEÇON.

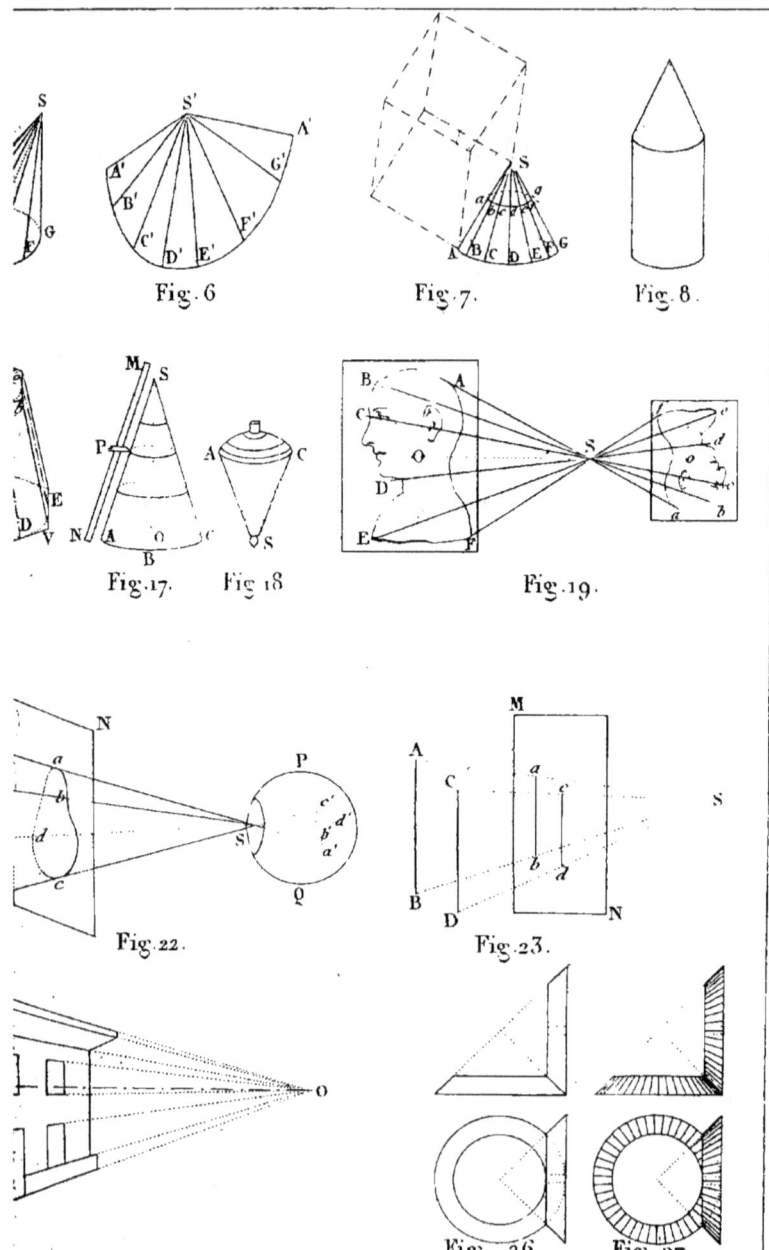

Fig. 6.   Fig. 7.   Fig. 8.

Fig. 17.   Fig. 18.   Fig. 19.

Fig. 22.   Fig. 23.

Fig. 26.   Fig. 27.

Gravé par Adam

# DIXIÈME LEÇON.

*Surfaces développables, surfaces gauches, etc.*

---

Nous appelons *surface développable*, toute surface qui peut être déroulée, déployée, *développée* sur un plan, sans que, dans cette opération, aucune partie de la surface ait eu besoin de s'allonger ni de se raccourcir, de s'ouvrir ni de se doubler.

Déjà, nous avons examiné deux espèces importantes de surfaces développables : les cylindres et les cônes. Nous avons vu, en effet, que ces surfaces peuvent se déployer sur un plan, sans rupture ni duplicature. Nous avons vu, réciproquement, qu'on peut toujours ployer une portion de plan, sans duplicature ni rupture, de manière à former un cylindre ou un cône dont la figure et les dimensions soient déterminées.

Enfin, nous avons vu qu'on peut toujours considérer le cylindre comme un prisme composé d'un très-grand nombre de facettes planes, ayant la figure d'un parallélogramme ; et considérer le cône comme une pyramide composée d'un très-grand nombre de facettes ayant la figure d'un triangle très-étroit.

On peut de même considérer toute surface développable, fig. 1, comme étant composée de facettes planes $aAb$, $bBc$, $cCd$..., terminées par des lignes droites, $Aa$, $Bb$, $Cc$..., qu'on appelle *arêtes*.

Veut-on *développer* cette surface, pour la réduire à la forme d'une surface plane? On commencera par faire tourner la facette $aAb$, autour de l'arête $Ab$, jusqu'à ce qu'elle se place dans le même plan que la 2$^e$. facette, $bBc$; puis, on fera tourner ces deux facettes autour de l'arête $Bc$, jusqu'à ce qu'elles se placent ensemble dans le plan de la 3$^e$. facette, $cCd$. On continuera de la sorte jusqu'à la dernière facette, et l'on aura complètement *développé* la surface.

La différence du cône à la surface développable la plus générale, c'est que, dans le cône, toutes les facettes angulaires ont leur sommet au même point; tandis que, dans une surface développable quelconque, les sommets A, B, C,... des facettes $aAb$, $bBc$, $cCd$, etc...., sont différents.

De même que les géomètres considèrent le cône comme formé de deux nappes (fig. 1, neuvième leçon), de même ils considèrent les surfaces développables comme ayant deux *nappes*: la première, telle que nous l'avons décrite, et la seconde formée par le prolongement des arêtes, en $Aa'$, $Bb'$, $Cc'$..., au-delà de la courbe ABCD...., courbe qu'ils appellent *arête de rebroussement*. Il suffit, en général, aux besoins des arts, de considérer une seule nappe des surfaces développables.

*Applications.* Lorsqu'on doit conserver des

objets auxquels on attache du prix, on les entoure avec une matière qui soit moins précieuse. C'est ordinairement avec une feuille flexible et plane, telle que de la toile, du papier, du carton, des peaux, du fer-blanc, de la tôle, etc., qu'on leur forme une enveloppe : tels sont les étuis et les cartons, les fourreaux d'armes, les tentes, les couvertures d'emballage, les boîtes de toute espèce, les cornets, les *enveloppes* des épiciers, des apothicaires, etc.

Toutes ces enveloppes, quels que soient leurs plis et leurs replis, si elles en forment, sont évidemment *développables*. Il faut seulement observer que les substances qu'on emploie, surtout quand ce sont des tissus, étant susceptibles de se comprimer et de s'étendre, peuvent différer, en certains endroits, des formes rigoureuses de la surface développable, telle que nous l'avons définie d'après les géomètres.

*Application aux tentures et aux draperies.* Il en faut dire autant des surfaces formées par les tentures et les draperies avec lesquelles on décore nos appartements et l'intérieur des monuments publics. Si l'on se bornait aux formes des surfaces développables rigoureusement géométriques, on n'aurait que des plis rectilignes, des contours roides, sans grâce et sans variété ; tels, à peu près, que les contours des draperies étrusques.

Les Grecs semblent être le premier peuple dont l'imagination, gracieuse et fertile, ait bien compris quelles combinaisons heureuses l'on peut obtenir, en étudiant la double propriété qu'ont les étoffes, de se plier en surfaces développables composées d'arêtes rectilignes, et de se courber avec uniformité, pour s'éloigner de ces formes, suivant des gradations soumises aux lois du bon goût. Ces lois elles-mêmes, dans la décoration des édifices, sont susceptibles d'être ramenées à des principes généraux.

Revenons aux surfaces rigoureusement développables; vous allez voir combien leur usage est étendu dans les arts, et quelle utilité l'industrie trouvera dans la solution géométrique des questions qui s'y rapportent.

Demandons-nous de construire une surface développable, fig. 2, passant par deux courbes ABCDEF, *abcdef*, qui ne sont pas dans un même plan. A cet effet, on supposera que la courbe ABCDEF est un polygone d'un très-grand nombre de côtés, AB, BC, CD, DE.... On prendra une règle bien dressée dont on posera le plat, d'un bout sur AB, et qu'on fera tourner autour de AB, jusqu'à ce que l'autre bout de la règle vienne rencontrer la courbe *abcdef*, en deux points très-rapprochés, *a*, *b*. On mènera les droites A*a*, B*b*. Cela fait, on placera la règle de manière que la large face plane pose à la fois sur B*C* et B*b* : on marquera le point *c* où cette face plane rencontre la courbe, puis on mènera C*c*. On déterminera, de la même manière, D*d*, E*e*, F*f*... Ainsi sera produite la surface développable ABCDEF*abcdef*..., laquelle différera très-peu de celle qui passe rigoureusement par les deux courbes ABCDEF, *abcdef*. *Voyez* treizième leçon.

*Sciage des pièces de tour.* Dans la construction des vaisseaux, il arrive souvent qu'on doit scier une pièce de bois, suivant des surfaces dont le contour inférieur *abc*... et le contour supérieur ABC..., sont tracés sur deux faces de cette pièce. Si l'on veut opérer le sciage sans être obligé de *gauchir*, de *tordre* la scie, pour lui faire perdre sa figure plane ou développable, il faut que la ligne droite, formée par les dents de la scie, soit dirigée de manière à se confondre successivement avec les arêtes A*a*, B*b*, C*c*..., fig. 2; alors la scie divise la pièce de bois, en décrivant une surface développable.

*Application des surfaces développables, à la coupe des pierres.* La coupe des pierres fait un fréquent usage de surfaces développables, ce sont ordinairement des cylindres et des cônes. Pour construire les voûtes ayant des formes compliquées, on détermine, comme nous l'expliquerons dans la leçon relative à *l'intersection des surfaces*, la figure de tous les contours de chaque pierre qui doit entrer dans la composition de la voûte, et qu'on appelle pour cette raison *voussoir*. Afin que l'édifice ait la plus grande solidité possible, ces voussoirs doivent se toucher exactement dans leurs parties cachées, qui se supportent mutuellement et qu'on appelle *joints*. Il importe donc que les surfaces de joint soient déterminées avec une précision parfaite, afin qu'on puisse les rendre identiques pour les deux faces des voussoirs qui doivent s'appliquer l'une contre l'autre. On arrive aisément à ce but, si l'on rend *développables* les faces de joint. On peut alors exécuter rigoureusement, en carton, en planches minces, etc., le patron de chaque face développable; plier le patron sur la face de joint; et voir si la règle s'applique parfaitement sur cette face, suivant la direction des arêtes.

Je ne puis pas vous offrir une idée plus frappante de la nécessité de donner aux surfaces de joint, dans les diverses parties d'un édifice, une forme rigoureusement pareille, qu'en vous citant l'exemple *du Panthéon*, à Paris. Dans cet édifice, un dôme vaste et très-élevé devait être soutenu par quatre groupes de colonnes élégantes. Afin d'atteindre plus aisément à l'aspect d'une exécution parfaite, on avait taillé les tambours ou troncs de cônes circulaires dont se compose chaque fût de colonne, en les creusant vers le milieu, pour que les bords se joignissent sans laisser voir le moindre interstice au dehors. Le coup d'œil de ces colonnes, au premier moment de leur érection, donnait l'idée d'un chef-d'œuvre de l'art. Mais, lorsqu'on les eut chargées du poids immense de la voûte, les bords des tambours, bords qui seuls étaient en contact, n'ayant pas assez de surface pour résister à cette pression, s'éclatèrent, et le dôme entier s'affaissa, jusqu'à ce que le vide laissé dans l'intérieur des tambours eût été rempli. On se crut obligé de bâtir d'énormes piliers, au centre des groupes de colonnes qui soutenaient cette voûte, et la beauté de la construction disparut. Elle eût été conservée, si l'on avait exécuté les joints des tambours suivant des surfaces exactement superposables. La Géométrie en fournit les moyens, dans les cas les plus simples, comme dans les plus compliqués.

Traçons bien exactement les arêtes curvilignes AB, BC, CD, DA, *ab*, *bc*, *cd*, *da*, fig. 3, d'un voussoir. Nous pouvons, pour chaque face de joint, déterminer une surface développable qui passe à la fois par AB et *ab*, une par BC et *bc*, une par CD et *cd*, une par DA et *da*. En faisant la même chose pour les voussoirs adjacents, on sera sûr que les faces en contact s'appliqueront exactement les unes contre les autres. Quand on connaîtra la figure et la position de AB et *ab*, BC et *bc*..., rien ne sera plus facile que d'employer la méthode donnée, fig. 2, pour déterminer chaque surface développable.

Quand les artistes ont à couvrir une grande superficie, avec des feuilles d'une matière mince et flexible, ils plient ces feuilles, suivant des surfaces développables, en opérant ainsi :

Ils tracent sur la superficie à couvrir, fig. 4, des lignes courbes ABCDE, *abcde*, $a'b'c'd'e'$, $a''b''c''d''e''$, qui, partout, soient éloignées l'une de l'autre d'une distance égale à la largeur des feuilles qu'ils peuvent employer. Ensuite, ils commencent à plier les feuilles, de manière à ce qu'elles passent par les contours ABCDE et *abcde*, puis *abcde* et $a'b'c'd'e'$, etc. Ils les posent l'une à la suite de l'autre, en les unissant par une soudure ; ou les assemblent à recouvrement, en les fixant l'une sur l'autre.

*Application des surfaces développables, à la couverture des dômes et des coupoles.* C'est en suivant un pareil procédé, que l'on a couvert avec des feuilles de cuivre, la magnifique coupole de la halle au bled de Paris.

*Application au doublage des navires.* C'est encore en suivant ce procédé, que les constructeurs de vaisseaux couvrent ou, comme on dit, *doublent* la carène des navires, avec des feuilles de cuivre, comme en ABCDEF, fig. 7. Les bords des feuilles sont taillés en ligne droite, quoique souvent ces bords se recouvrent suivant une ligne qui ne corresponde pas exactement à ce contour. Mais, par le recouvrement, qui n'est pas

## DIXIÈME LEÇON.

égal à tous les angles, ni rectiligne sur tous les côtés; l'on produit le même effet que si l'on avait taillé les feuilles de cuivre suivant un contour qui convînt à leur raccordement rigoureux, en les supposant soudées côte à côte.

Ce moyen, adopté par les constructeurs de vaisseaux, est praticable avantageusement; parce que la surface de la carène est très-grande par rapport à l'étendue de chaque feuille qui sert au doublage, et que le cuivre qu'on emploie pour cette opération, peut s'étendre un peu dans sa partie intermédiaire, pour suivre, en chaque point, les deux directions de la courbure de la carène. C'est ce qui deviendra plus sensible, lorsque j'expliquerai les deux courbures des surfaces les plus générales.

*Le cartonnier*, qui forme une foule de surfaces diverses, avec des feuilles de papier et de carton collées les unes sur les autres et les unes à côté des autres, produit une suite de surfaces développables, très-variées dans leur figure et dans les rapports de leur position.

Lorsque *le carrossier* a construit la charpente d'un carrosse, c'est-à-dire, posé les pièces de fer et de bois qui marquent les contours anguleux de la voiture, les encadrements des portières et des fenêtres, etc., il doit fermer les espaces marqués par ces encadrements et par ces principaux contours. C'est ce qu'il fait avec des feuilles de bois minces et flexibles, qu'il plie, en général, suivant la forme de surfaces développables assujetties à passer par des contours donnés. Il a donc besoin de connaître aussi la solution du problème indiqué, fig. 2 et 3.

*Le chaudronnier, le poëlier, le ferblantier,* ont également besoin de connaître la solution de ce problème. Par exemple, dans la construction des poêles, et dans celle de beaucoup de chaudières employées dans les usines, afin d'ajuster exactement le dessus du poêle ou le dessus de la chaudière avec le tuyau, l'on doit souvent tailler et contourner une surface développable qui passe, à la fois, par une base inférieure ABCD, fig. 5, d'une certaine figure, et par une base supérieure *abcd*, ayant la forme circulaire du tuyau. Alors, il faut connaître exactement quel contour on doit donner à la feuille ou au système de feuilles métalliques planes qui, pliées convenablement, formeront une surface développable passant à la fois par ABCD, *abcd*. Nous donnerons la solution de ce problème, dans la quatorzième leçon, qui traite *des tangences.*

Au lieu de couvrir des surfaces, par de petites feuilles développables, comme dans la fig. 4, on préfère souvent les couvrir par de longues bandes développables.

Lorsque les guerriers étaient cuirassés, le

plus grand nombre des pièces qui recouvraient leur corps et leurs membres, étaient des surfaces développables ; c'étaient le plus souvent des assemblages de bandes coniques ou cylindriques, aisément fabriquées avec des feuilles métalliques auxquelles on donnait une simple courbure. Il n'y avait qu'un petit nombre de pièces auxquelles il fallût donner deux courbures, comme le casque : encore même se servait-on parfois de surfaces développables, telles que le pot de fer.

*La construction des vaisseaux* nous présente une très-belle application des surfaces développables disposées par bandes.

Quand un navire est ce qu'on appelle *membré*, il présente une espèce de carcasse MNOPQ, fig. 6, composée de pièces de charpente accouplées. Ces couples 1.1, 2.2, 3.3,... qui s'élèvent dans des plans verticaux, laissent entr'eux des espaces vides, (*xyz*, fig. 8, représente l'élévation ou le vertical d'un couple du milieu ). Pour achever de fermer la carène ainsi figurée, on prend des planches bien dressées suivant une épaisseur donnée, et taillées suivant un contour convenable. On les pose à plat sur la face extérieure des couples; puis, on les plie librement, pour en former des surfaces développables, appelées *bordages*; parce qu'elles couvrent, *bordent* la surface du navire, en s'ajustant avec précision, côte à côte et bout à bout, avec celles qui leur sont contiguës. La géométrie fournit un moyen rigoureux pour tailler ces pièces.

Supposons qu'on ait déjà posé les bordages depuis le bas jusqu'en ABCD, et qu'on veuille poser le bordage immédiatement supérieur, compris entre les lignes ABCD, *abcd*. Par deux points $x$, $y$, convenablement placés entre ABCD, *abcd*, on tend fortement un cordeau qui s'applique contre les couples. Admettons que le bordage à travailler soit effectivement exécuté et posé, et que ce cordeau soit tout à coup collé sur la surface du bordage appliqué sur les membres. *Développons*, c'est-à-dire, redressons ce bordage. Le cordeau marquait sur la surface de la carène, la ligne la plus courte entre les points $x$, $y$; ce cordeau ne cessera pas de marquer la ligne la plus courte qu'on puisse tracer entre ses extrémités, sur la surface développable, développée, c'est-à-dire, sur le plan Mais la ligne la plus courte qu'on puisse tracer sur le plan, est la ligne droite. Donc le cordeau $xy$ se trouvera en ligne droite, fig. 6 *bis*, s'il garde sur le bordage la position qui, sur la carène du navire, le rendait la ligne la plus courte entre $x$ et $y$.

Lorsqu'on a tendu ce cordeau sur la carène, on a marqué sur sa longueur, des points 1. 2. 3...; et, par ces points, perpendiculairement à la direction du cordeau, on a fait passer des *Brochettes*, ou comme on dit, des *buquettes* de bois, dirigées perpendiculairement à la direction du cordeau. Ces brochettes viennent aboutir d'un bout au contour ABCDE..., de l'autre au contour *abcde*..., entre lesquels le nouveau bordage doit s'appliquer exactement.

Maintenant, on redresse le cordeau $x\,y$. On le tend sur la planche GHKL, fig. 6 *bis*, de manière que les petites brochettes I 1 *I*, II 2 *II*, III 3 *III*, IV 4 *IV*..., soient perpendiculaires au cordeau. On trace les polygones I. II. III. IV...; *I. II. III. IV*..., dont on fait deux courbes continues. Elles représentent exactement la limite inférieure et supérieure du contour longitudinal du bordage.

Il ne suffit pas d'avoir ces contours; il faut connaître en chaque point I, II, III, IV..., *I, II, III, IV*..., l'angle que le bordage à poser doit faire avec la carène, pour que sa

# DIXIÈME LEÇON.

face de joint s'applique exactement sur le joint du bordage contigu. C'est ce qu'on fait, en dirigeant une branche de la fausse équerre suivant la direction de chaque brochette, et l'autre suivant la face de joint du bordage déjà posé, perpendiculairement à l'arête de ce bordage qui touche à la carène. On n'a plus ensuite qu'à rapporter ces angles respectivement en I, II, III, IV..., *I, II, III, IV*..., quand on travaille la planche GHKL, avec la hache ou bien avec l'instrument à polir qu'on appelle *herminette*.

Pour éviter toute espèce de confusion, à mesure que le charpentier relève, au moyen de sa fausse-équerre, l'angle que le joint du nouveau bordage fait, en I, II, III, IV..., avec le bordage contigu déjà placé, il pose un côté *ts* de la fausse-équerre, contre le bord d'une planchette NP, fig. 6 *ter*; puis, le long de l'autre côté *sr*, il trace une ligne droite. Toutes ces lignes étant dans l'ordre même où sont placées les brochettes 1, 2, 3, 4...., qui correspondent aux points I, II, III, IV,..., rien n'est plus facile au charpentier, que de reconnaître, pour chaque point I, II, III, IV..., quel équerrage il doit prendre; afin de travailler le petit côté ou *cant* du bordage, suivant une inclinaison convenable par rapport aux grandes faces.

Il est essentiel de remarquer que la méthode ainsi décrite, ne supposant à la surface de la carène, aucune figure particulière, peut s'appliquer non-seulement à la construction des vaisseaux, mais à toute autre espèce de constructions civiles ou militaires. C'est un des exemples les plus heureux, des avantages que présente l'application aux arts, des propriétés que la géométrie découvre dans les surfaces.

*Modèles et patrons développables.* Dans un

grand nombre d'arts, lorsqu'on veut exécuter des surfaces terminées par de certaines lignes, on décompose ces surfaces en parties qu'on puisse, à peu de chose près, regarder comme développables. On prend leur figure au moyen de modèles ou patrons de papier et de carton, qui produisent de véritables surfaces développables, par leur flexion naturelle, sans déchirure et sans duplicature. Tels sont les patrons que *les tailleurs et les modistes* emploient pour déterminer la forme et la coupe des tissus qui servent aux vêtements des hommes et des femmes.

*Application à la coupe des étoffes pour les vêtements.* Une application très-utile de la géométrie, a pour objet de combiner la coupe des différentes pièces d'un vêtement, de manière à perdre le moins possible, en petits morceaux, de la pièce dans laquelle il faut tailler. Quoiqu'on n'emploie ni la règle (1) ni le compas pour résoudre ce problème, il ne faut point croire pour cela que l'intelligence du tailleur et de la modiste ne fasse pas une opération mathématique et même fort compliquée, qui demande, à la fois,

---

(1) Au lieu d'une règle, le tailleur emploie une *mesure* flexible, qui est une *surface développable* divisée en parties égales. Cette surface développable, pliée d'abord sur le contour du corps et des membres, en fait connaître les dimensions qui, rapportées sur une étoffe plane, en *développant* la mesure, donnent des points par lesquels le tailleur conduit les lignes de son tracé.

de la justesse dans le coup d'œil, de la combinaison dans l'esprit, et beaucoup d'expérience dans la comparaison des formes humaines et des formes qui conviennent aux surfaces développables propres à faire des vêtements.

Indépendamment de la question d'économie, les questions de convenance, de grâce et d'élégance, dans la parure des hommes et des femmes, ont des principes qui se rattachent, en beaucoup de points, à des règles de géométrie et de méchanique.

Il faudrait reproduire, au sujet des vêtements, les considérations que nous avons présentées au sujet des draperies et des tentures, pour les surfaces développables susceptibles de s'allonger et de se raccourcir en certaines parties; ce qui constitue leur souplesse et leur élasticité. De telles étoffes ayant la propriété de mieux s'adapter aux formes humaines, réelles ou supposées, sont les plus propres à prendre exactement un aspect commandé par la mode. Ce sont les étoffes qui, pour me servir des termes de l'art, *habillent le mieux*.

Si les étoffes joignent à la qualité d'être élastiques, celle d'avoir une grande souplesse et une grande légèreté, elles peuvent prendre des inflexions, des plis plus nombreux, plus variés et mieux assujettis aux règles du goût. Au lieu de garder une rigidité, une immobilité géométriques, les étoffes très-souples et très-fines peuvent, une fois drapées, céder mollement à l'impulsion la plus légère, et prendre un aspect ondoyant qui rappelle, en quelque chose, l'agitation et la grâce de la vie. Tels paraissent avoir été les tissus qui servaient de modèle aux artistes de l'antiquité, pour ces draperies élégantes dont ils ont revêtu quelques statues. Tels sont aujourd'hui les tissus de mousseline et de cachemire.

Pour qu'un vêtement soit parfait, il faut que les surfaces dont il se compose laissent à notre corps et à nos membres, la liberté, la facilité des mouvements; ce qui exige une certaine ampleur, une certaine légèreté, une certaine coupe, adaptées aux diverses parties. Mais les hommes ayant attaché la gravité, l'importance, la dignité, à la lenteur des mouvements, il faut que les personnes qui, par leurs fonctions, doivent montrer ce décorum, aient des costumes qui semblent ne convenir qu'à de tels mouvements. La chape processionnelle du pontife, la toge du sénateur, le manteau des rois, seront taillés sur d'amples dimensions, avec des étoffes assez peu flexibles pour former des surfaces développables à larges plis que l'agitation de l'air ne puisse faire voltiger.

La tunique militaire, le costume léger du danseur de théâtre, les vêtements de bal, seront taillés, au contraire, en réduisant autant que possible chaque dimension ; puis, en faisant choix, pour les costumes de pur agrément, des étoffes les plus souples, les plus légères et les plus onduleuses; afin de révéler, avec le plus de grâce et de fidélité, les formes humaines et leurs mouvements variés.

Sous ces rapports, le choix des tissus, le dessin des costumes, doivent donc se régler d'après des considérations qui se rattachent à la théorie des beaux-arts, et qui tiennent à l'organisation de la société. Sous les points de vue de la commodité, de l'aisance, de la salubrité, ils se rattachent aux intérêts les plus positifs de l'état social. Enfin, sous le point de vue de l'industrie, c'est la méchanique et la géométrie qui doivent donner la mesure des formes et des qualités de ces produits, et les moyens de fabrication, de coupe et d'ajustement qui conviennent le mieux pour produire, par la flexion et l'assemblage de surfaces primitivement planes, cette variété de formes heureuses que présentent les vêtements et les draperies, chez un peuple où les beaux-arts font généralement sentir leur agréable influence.

Nous reviendrons sur les surfaces développables, pour montrer de nouvelles applications non moins essentielles que les précédentes, lorsque nous aurons expliqué les principes des intersections et des tangences. Maintenant il faut passer aux surfaces gauches.

Surfaces gauches. On appelle ainsi les surfaces engendrées par des lignes droites consécutives qu'on ne peut pas regarder comme formant une suite de très-petites facettes planes.

Pour donner une idée de ces facettes gauches, imaginons une échelle, fig. 9 et 10, dont les deux côtés ne soient pas dans le même plan. Posons à terre cette échelle, de manière que ses deux côtés aient une direction horizontale, mais ne se trouvent pas dans un même plan vertical. La fig. 9 représente la projection verticale, et la fig. 10 représente la projection horizontale. Les côtés AB, CD, fig. 9, se croisent en un point 4 IV. Si nous menons une verticale par ce point, elle passera, fig. 10, par le point 4 sur CD et par le point IV sur AB. Maintenant, divisons, à partir de 4 et de IV, les deux montants AB, CD, en parties égales, par les points 1, 2, 3, 4, 5, 6, 7..., I, II, III, IV, V, VI, VII...; et menons les droites 1 I, 2 II, 3 III, 4 IV, 5 V, etc.; nous formerons une *échelle gauche*.

*Les ailes de moulins à vent* sont des échelles de ce genre, composées de longs côtés divergents et de bâtons perpendiculaires à l'un de ces côtés. *Les échelles de perroquets*, sont aussi des échelles gauches; mais il leur manque un côté.

Les surfaces gauches peuvent toujours être

regardées comme se composant de facettes gauches très-étroites, analogues à l'échelle que nous venons de décrire. Les côtés qui terminent ces facettes gauches, portent le nom d'*arêtes*.

*Application à la construction des vaisseaux.* Pour border la carène des navires, on forme des surfaces développables qu'on taille dans des planches, ou madriers plans; comme nous l'avons expliqué, fig. 6. Pour certaines parties très-courbes du navire, vers la pouppe et vers la proue, on ne pourrait tirer, des planches les plus larges, que des bordages fort courts, si l'on voulait qu'ils conservassent exactement le tracé qui convient à des surfaces développables. Dans le tracé du bordage représenté fig. 12, on voit qu'il faudrait perdre beaucoup de bois pour tirer, d'un rectangle, le tracé curviligne 1, 2, 3, 4, 5, 6, 7, VII, VI, V, IV, III, II, I. Supposons, maintenant, qu'on donne une courbure légère et régulière au cordeau *abcdefg*, fig. 11; alors on obtient un tracé qu'on peut poser complètement sur un bordage beaucoup moins large qu'en employant le tracé de la figure 12.

Mais, lorsqu'on voudra plier un bordage taillé comme dans la fig. 11, il ne remplira plus exactement la place à laquelle il est destiné sur la carène du navire. Il faudra, par des moyens mécaniques, le forcer à prendre cette position. Presque toujours une pareille opération changera la surface développable en surface gauche.

Dans les parties du navire, où la courbure de la carène est trop considérable, on ne peut plus employer de bordages pliés, sans risquer de les rompre par la flexion même. On opère ainsi :

*Travail des pièces de tour.* Soit proposé d'exécuter une pièce qui porte ce nom, à cause de sa grande courbure, et qui s'applique sous le contour ABC, fig. 13, contre la membrure du navire. On tiendra fixe une règle représentant une ligne droite ED, par laquelle on conçoit un plan qui marquera, sur la membrure, trois points $m, n, o$, de ABC (1). Par ces points, on mènera les droites $m$1, $n$2, $o$3..., perpendiculaires à ED ; on en mesurera la longueur. Cela fait, on prendra la fausse-équerre, dont on posera d'abord une branche suivant $m$1, l'autre le long de la surface de la carène : les deux branches de la fausse-équerre restant dans un plan perpendiculaire à ED$mno$. On fera la même opération pour les autres points $n, o...$, de la courbe $mno...$. La suite des positions de la seconde branche de la fausse-équerre va former *une surface gauche*, qui sera la face intérieure de la pièce de bois à travailler. On travaillera la face extérieure, en faisant une seconde surface gauche, partout à la même distance de la première ; afin que la pièce de bois ait partout la même épaisseur. Quant à la face étroite qui doit poser contre ABC, on aura de nouveau recours à la fausse-équerre ; on verra l'angle que la seconde branche, posée successivement en $m, n, o$, contre la sur-

---

(1) On suppose ici que dans la courte étendue d'une pièce de tour, le contour ABC n'a qu'une simple courbure. Si entre $m, n, o$, il y avait des points trop distants de la courbe plane $mno$, on relèverait ces distances en des points déterminés, ce qui ferait une opération de plus.

face de la carène, forme avec la face de joint du bordage ABC, déjà posé. Cela fait, on n'aura plus qu'à rapporter ces équerrages à la position qui leur convient.

Lorsqu'on veut construire un navire, on travaille d'abord, comme nous l'avons dit, des pièces de charpente qu'on accouple et qu'on pose suivant des plans verticaux parallèles, fig. 14. Ensuite, on attache temporairement ces couples avec de fortes règles ou carrelets, appelés *lisses*. Les lisses sont dirigées le long des deux côtés ou bords de la carène. Les courbes qu'elles suivent sont planes et tracées à l'avance, dans la salle des patrons ou gabarits. Pour les parties du navire qui sont peu courbées dans le sens longitudinal, on se contente de travailler de longs prismes quadrangulaires ou carrelets ayant l'équarrissage convenable. On les plie de manière à ce qu'ils aboutissent aux points indiqués sur le contour des différents couples. Si la petite portion de carène occupée par la face de la lisse qui s'applique sur cette carène, est exactement développable en bande rectiligne, la lisse est pliée sans difficulté, dans toute sa largeur et dans toute sa longueur, contre cette carène. Si la petite portion de carène recouverte par la face de la lisse qui doit être en contact avec elle, est une surface gauche, alors le contact parfait n'a plus lieu; il faut de grands efforts pour obliger la lisse à s'appliquer exactement contre la membrure, en suivant le contour donné par le tracé de l'ingénieur.

Dans les parties très-courbes de la carène, on ne peut plus employer ce moyen. On est obligé d'avoir recours à la méthode suivante :

ABC, fig. 14, faisant partie du plan de la lisse, l'on marque ce plan avec deux cordeaux ; l'un qu'on cloue sur la carène, le long de ABC; l'autre DE, qu'on tient à quelque distance, en dehors de la carène. On mesure avec la fausse-équerre, l'angle que forment ce plan et la surface de la carène, en chaque point A, B, C, sur les différents couples.

Ensuite, ayant posé le patron ou gabarit de la courbe ABC, sur la pièce de bois, fig. 15, dans laquelle on veut tailler la lisse, on trace ABC, et l'on taille la pièce en formant, vis-à-vis des points A, B, C,..., des coches où la fausse-équerre se loge, en donnant juste les angles relevés sur le navire. On enlève ensuite le bois entre les coches ; de manière à former une surface développable, ou *gauche*. On marque, dans l'intérieur de cette surface, les points $a$, $b$, $c$, partout également distants de ABC ; puis, les points $a'$, $b'$, $c'$ distants de $abc$ de la largeur de la lisse. On obtient ainsi la 1$^{re}$ face $abcc'b'a'$, qui s'appliquera contre les couples. On taille la face supérieure et la face inférieure, d'équerre avec $abcc'b'a'$ ; on donne à ces deux faces une largeur partout constante ; enfin, on taille la quatrième face, d'équerre avec la 3$^e$ et la 4$^e$. Le travail de cette pièce, et les procédés de brochetage, deviendront très-clairs et très faciles, en les expliquant sur un *modèle*, dans les villes maritimes. On pourra les omettre dans les villes de l'intérieur, si l'explication n'en paraît pas assez facile.

*L'architecture civile* fait également usage des surfaces gauches, pour les *voussoirs* de certaines voûtes, et de quelques *escaliers*.

On sait que les marches des escaliers doivent être planes et horizontales, dans la partie sur laquelle pose le pied de la personne qui monte ou qui descend. Elles ont le contour représenté, fig. 16, par ABCFE, DEFGH...; où l'on voit les joints BC, EF, GH..., à l'aide desquels chaque marche porte sur celle qui est immédiatement inférieure, et supporte celle qui est immédiatement supérieure. Dans l'escalier à marches parallèles, les joints BC, EF, GH..., sont tous parallèles entr'eux ; ils sont plans et ont la figure de parallélogrammes.

Mais, lorsque l'escalier suit une direction curviligne, lorsqu'il est ce qu'on appelle *tournant*, le problème de l'assemblage des marches devient beaucoup plus compliqué. On voit d'abord, fig. 17, que les marches n'ont plus la même largeur en chacun de leurs points ; elles sont plus étroites vers l'intérieur ou le *noyau* O de l'escalier, et plus larges à mesure qu'on avance vers l'extérieur. Par conséquent, la pente de l'escalier mesurée par la ligne inférieure GFC, fig. 16, est d'autant plus douce qu'on s'éloigne davantage de l'axe de l'escalier. Donc le joint EF, des marches, lequel est partout perpendiculaire à GFC, se rapproche de l'horizontale, quand on avance vers l'extérieur de l'escalier ; et se rapproche de la verticale, quand on avance vers le noyau de l'escalier.

La suite des perpendiculaires EF, à l'arête rentrante E, présente donc une échelle gauche comparable à celle des figures 9 et 10. Donc le joint EF de deux marches consécutives, est *une surface gauche*. Quand on aura taillé toutes les faces planes, d'une marche, suivant les règles de la plus simple géométrie, il ne restera plus à tracer que la face de joint EF.

Pour cela, l'on divisera la longueur de chaque marche en parties égales ; puis, par les points de division 1, 2, 3..., marqués sur l'arête rentrante OE, fig. 17, on mènera des droites 1.1, 2.2, 3.3..., perpendiculaires à cette arête, et venant aboutir à l'arête rentrante immédiatement supérieure OB.

La fig. 18 représente, en grand, l'élévation de la marche OEB, vue perpendiculairement à OE. Là, $E_1$, $E_2$, $E_3$..., représentent 1.1, 2.2, 3.3..., de la figure 17.

Si, dans la figure 18, on mène EI, EII, EIII..., perpendiculaires à $E_1$, $E_2$, $E_3$..., ces lignes représenteront la direction de la face de joint des deux marches qui se touchent en OE, pour les points correspondants 1, 2, 3... Il suffira donc, avec la fausse-équerre, de relever les angles AEI, AEII, AEIII..., pour avoir l'inclinaison de la face du joint EF, fig. 16, des marches contiguës, en chacun des points 1, 2, 3...

Toute cette construction deviendra très-claire, si les professeurs l'expliquent sur un modèle en bois ou en plâtre.

Les escaliers considérés comme surface continue, du moins quant à leur surface inférieure, appartiennent aux *surfaces spirales* qui sont d'un grand intérêt pour les arts. (Voyez 12<sup>e</sup>. leçon.)

1. GÉOMÉTRIE · ARTS ET MÉTIERS

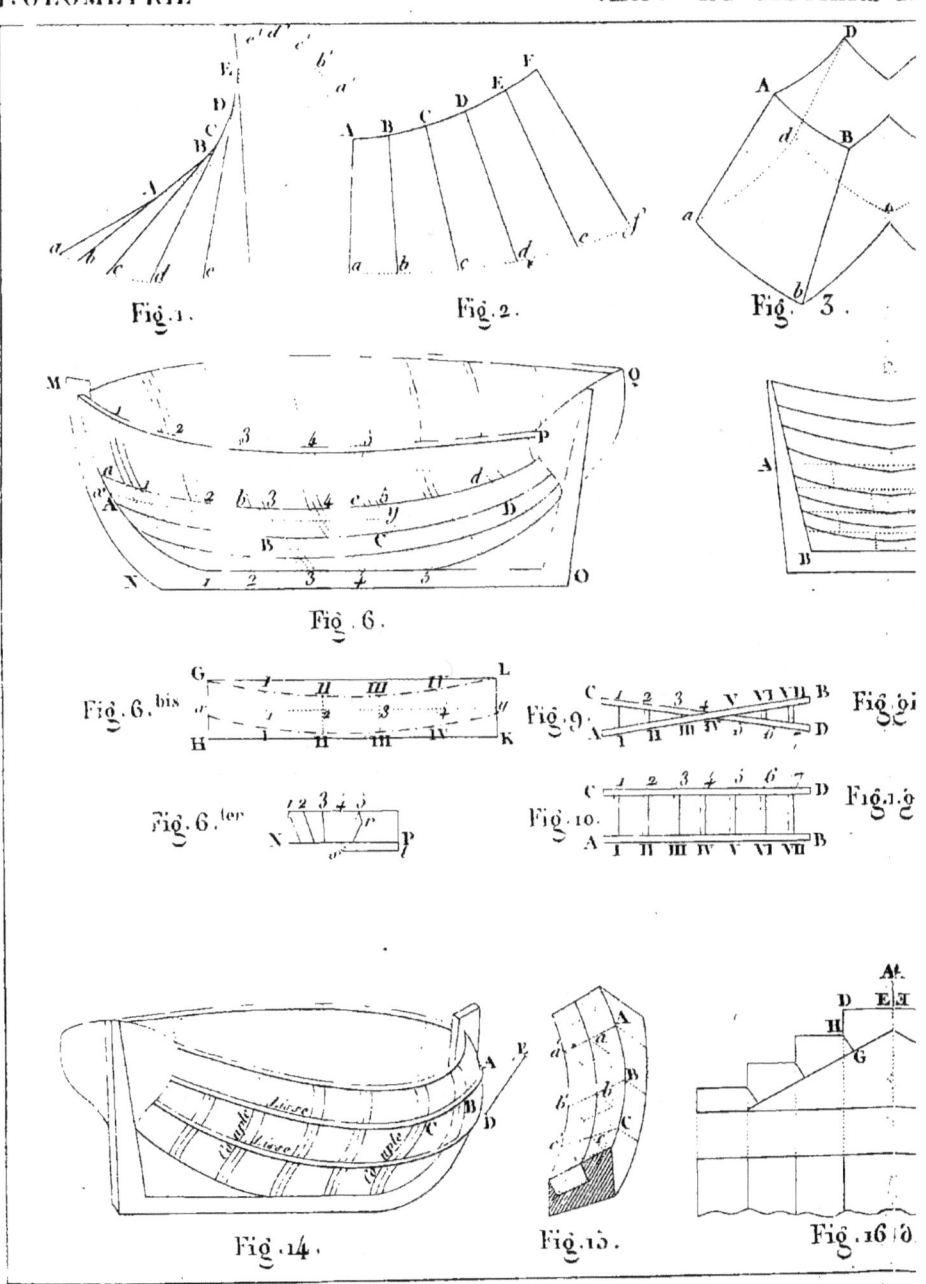

Dessiné par Charles Dupin.

BEAUX - ARTS.  X.ᴹᴱ LEÇON.

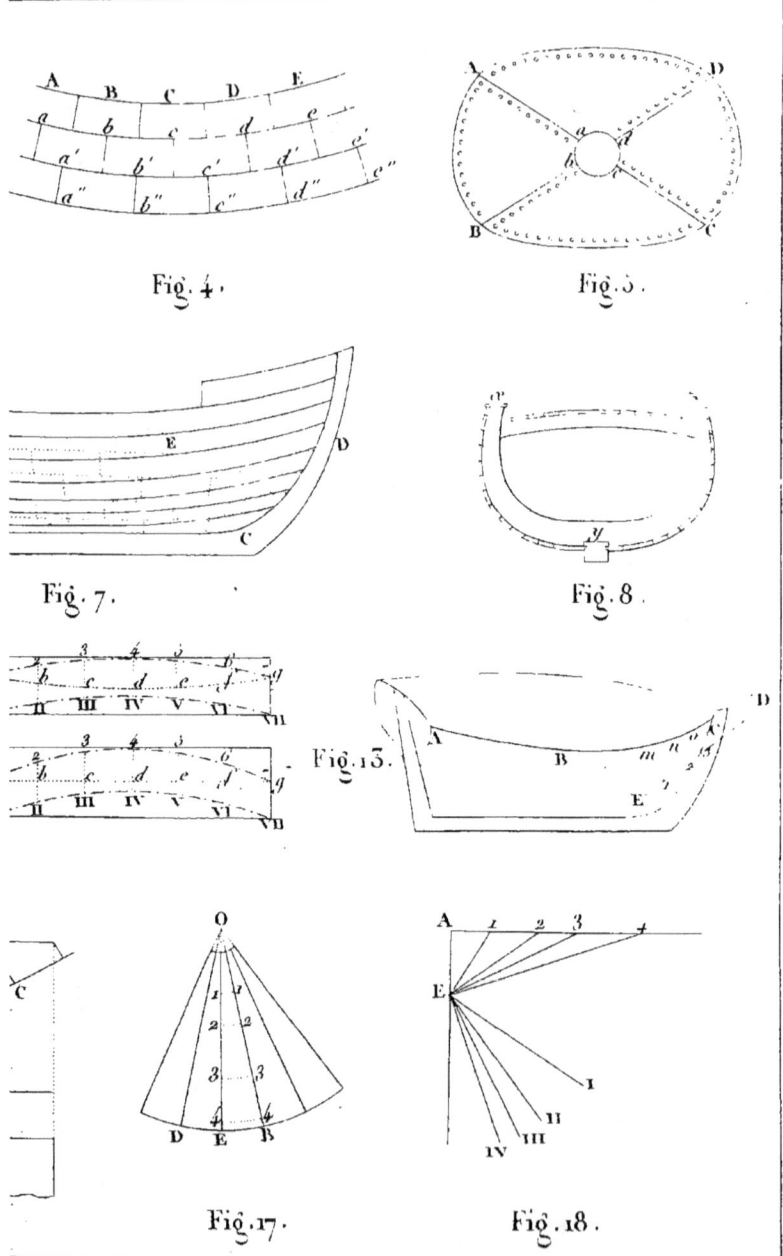

Gravé par Adam.

# ONZIÈME LEÇON.

*Surfaces de révolution.*

Après les surfaces planes, *les surfaces de révolution* sont les plus simples à construire et les plus fréquemment employées dans les arts ; leurs propriétés sont d'un usage perpétuel en méchanique, et les phénomènes de la nature les reproduisent sans cesse à nos yeux.

Si l'on conçoit une courbe quelconque ABC, fig. 1, qu'on fasse tourner autour d'un axe AC, la surface qu'elle engendre est une surface de révolution ; le mouvement qu'on imprime à la courbe, est celui qu'on appelle *mouvement circulaire* ou *de rotation* ; enfin, quand cette rotation est complète, c'est-à-dire, de 360 degrés, on l'appelle *une révolution*.

Dans ce mouvement, chaque point B, B', B'',.. décrit un cercle. Tous ces cercles ont leurs plans B$b$, B'$b'$, B''$b''$, parallèles entr'eux et perpendiculaires à l'axe AC, sur lequel sont situés tous leurs centres O, O', O''.... Nous avons démontré ces diverses propriétés : *leçon sixième*.

Il n'est pas nécessaire que la courbe ABB'B"C soit plane, pour qu'elle produise une surface de révolution, en tournant autour de AC. Si, de chaque point B, B', B"... de la courbe, on mène une perpendiculaire BO, B'O', B"O"... sur l'axe AC, ces perpendiculaires ne varieront ni de grandeur, ni de distance, en les ramenant toutes sur un même plan. Alors, leurs extrémités B, B', B"..., formeront *une courbe plane* qui, tournant autour de l'axe, engendrera la même surface de révolution que la courbe proposée.

La courbe *plane* qui produit la surface de révolution, en tournant autour de l'axe AC, est ce qu'on appelle *le méridien* de cette surface. Les cercles B*b*, B'*b'*, B"*b"*..., dont les plans perpendiculaires à l'axe sont parallèles entr'eux, ont été nommés, pour cette raison, *les cercles parallèles*, ou simplement *les parallèles*.

Autant on peut former de figures différentes avec des lignes droites, des cercles et d'autres courbes, ou des combinaisons de ces lignes, autant on peut former de genres différents de surfaces de révolution. Ces genres mêmes se divisent en espèces très-distinctes, suivant la position de l'axe, par rapport à la ligne génératrice. Nous allons examiner successivement les surfaces de révolution les plus simples et les plus importantes pour l'industrie.

*Surfaces de révolution engendrées par le mouvement d'une ligne droite.*

Si cette ligne est perpendiculaire à l'axe, en

tournant autour de cet axe, elle décrit UN PLAN. Nous avons expliqué, dans la *sixième leçon*, les divers moyens que cette propriété fournit aux arts, pour exécuter des surfaces planes.

Si la ligne génératrice est parallèle à l'axe OO, fig. 2, elle décrit un CYLINDRE CIRCULAIRE dont nous avons expliqué les propriétés, et les applications à l'industrie, dans la *huitième leçon*.

Si la ligne génératrice passe par un point de l'axe OO, et se trouve oblique par rapport à cet axe, elle décrit UN CÔNE, fig. 3, dont nous avons expliqué les propriétés et les applications à l'industrie, dans la *neuvième leçon*.

Lorsque la droite génératrice n'est pas parallèle à l'axe, et se trouve, relativement à cet axe, dans la position d'un côté d'échelle gauche, relativement à l'autre côté, cette droite décrit une surface de révolution, fig. 4, dont les deux courbures sont dirigées en sens contraires.

Quand une droite AB ne passe pas par l'axe OO, on peut en concevoir une seconde *ab* symétriquement placée par rapport au plan OO*o* qui passe par cet axe. Les deux droites se coupent nécessairement en un point P, placé sur le plan de symétrie. Si l'on fait tourner d'un mouvement égal les deux droites AB, *ab*, autour de l'axe, pour s'approcher ou s'éloigner également du plan OO*o*, il sera toujours leur plan de symétrie, et elles se couperont toujours en un point placé sur ce plan. Faisons tourner, autour de l'axe, et le plan de symétrie et les droites AB, *ab*. Les deux droites étant disposées de manière à se couper toujours sur le plan OO*o*, la suite de leurs intersections forme une courbe, laquelle est le méridien d'une surface de révolution engendrée par les deux droites AB, *ab*. Donc ces deux droites, en tournant autour de OO, engendrent la même surface. La fig. 4 représente les deux systèmes de lignes droites qui forment la surface. Les élèves entendront parfaitement ces deux systèmes, si les professeurs leur font exécuter un modèle avec deux cercles de carton joints par un axe, et des fils également obliques dirigés en deux sens opposés.

*Cisailles.* M. Ferry, ancien examinateur de l'École Polytechnique, a fait une cisaille ingénieuse, avec des tranchants rectilignes; l'un fixe, AB, fig. 4, et l'autre, *ab*, tournant autour d'un axe OO. Ce dernier, dans son mouvement, reste toujours en contact avec le premier, et coupe les corps placés entre les deux.

*Dévidoirs.* Il y en a de formés avec des baguettes, AB, *ab*, fig. 4, qui tournent autour de de l'axe OO. Le fil, enroulé sur la gorge de la surface, ne peut pas tomber. On retire un écheveau formé autour de cette gorge, en rapprochant de l'axe toutes les baguettes, au moyen, d'un méchanisme simple.

*De la sphère.* Pour engendrer cette surface, il suffit de faire tourner un cercle AMBN, figure 5, autour d'un de ses diamètres AB. Tous les points de la circonférence du cercle méridien AMBN, étant à la même distance du centre O, ne cesseront pas d'être à la même distance de ce point, lorsqu'on fera tourner le cercle méridien autour de l'axe AOB. Donc, tous les points de la surface de la sphère, sont également éloignés d'un centre O : c'est *le centre de la sphère*.

Tout point pris dans le plan du méridien AMBN, en dehors ou en dedans de ce méridien, est ou plus près ou plus loin du centre O, que les points de la circonférence AMBN. Donc, tout point de l'espace, qui se trouvera dans le plan de quelque méridien, sera plus loin du centre de la sphère, s'il est en dehors du méridien; et plus près, s'il est en dedans.

Ainsi, non-seulement tous les points de la surface de la sphère sont à la même distance du centre; mais aucun autre point n'est à la même distance de ce centre.

Tout plan qui passe par le centre d'une sphère, la coupe suivant une courbe dont tous les points sont distants du centre, d'une quantité égale au rayon de la sphère : cette courbe est un cercle. Si l'on fait tourner ces différents cercles sur chacun de leurs diamètres, on produira des sphères ayant toutes même centre et même rayon ; ce sera donc toujours la même sphère.

Toute corde *mn*, d'un cercle AMBN, fig. 5, est plus petite que le diamètre MN, et d'autant plus petite qu'elle est plus loin du centre de la sphère. Mais, quand le cercle tourne autour d'un axe AOB perpendiculaire à la corde *mn*, la demi-corde *om* décrit un plan, et son extrémité trace une circonférence qui est toute sur la sphère. Donc : 1°. Toute section *mn*, faite par un plan dans la sphère, est un cercle ; 2°. Ces cercles sont tous plus petits que ceux dont le centre est au centre de la sphère, et qu'on appelle, pour cette raison, les *grands cercles* de la sphère ; 3°. Les *petits cercles* sont d'autant plus petits que leur centre est plus loin du centre de la sphère.

### Moyens de décrire la sphère.

Nous pouvons, fig. 6, fixer sur l'axe AB d'un tour, le corps qu'il s'agit de tailler en forme de sphère ; puis, à une certaine distance de cet axe, fixer le demi-cercle *aTb*, dont le diamètre $ab = AB$, et lui est parallèle. Avec un outil tranchant qui saille de TM $=$ la distance de *ab* à AB, et faisant glisser *parallèlement* cet outil le long de *aTb*, sa pointe M décrira le cercle méridien AMB Donc, en faisant aller le tour, ce méridien décrira la sphère.

On peut placer l'outil tranchant, de telle manière que son pied T, fig. 7, glisse le long d'un cercle *aTb*, ayant pour centre le centre même du cercle méridien, et toujours dirigé vers le centre O des deux cercles AMB, *aTb*. Il est évident que TM, *tm*, représentant la différence des rayons des deux cercles, lorsque T parcourt le cercle *aTb*, il faudra toujours que M soit sur le cercle méridien : ainsi, le tranchant de l'outil restera constamment sur la surface de la sphère.

On exécute aussi des sphères par le moulage : c'est de cette manière qu'on fabrique les *boulets de canon*, qui sont des sphères pleines. Pour fabriquer *les bombes* et *les obus*, qui sont des sphères creuses, il faut faire un moule ayant la forme des parties hachées, fig. 8, et présentant deux sphères, l'une pleine, A, et l'autre creuse, BBB. C'est entre ces deux sphères que l'on coule ensuite la bombe ou l'obus. On voit qu'ici, l'exactitude de l'opération dépend de plusieurs circonstances : 1°. Les deux parties A et BBB doivent avoir une figure parfaitement sphérique; 2°. leurs centres doivent être placés au même point. Quand ces conditions ne sont pas bien remplies, le tir ne saurait avoir d'exactitude.

Dans le cercle A$m$B$m'$, fig. 9, menons la corde $mm'$, et le rayon O$o$A, perpendiculaire à cette corde. En faisant tourner la figure A$m$O, autour de l'axe AOB : 1°. l'arc de cercle A$m$ engendre la *calotte sphérique;* 2°. le segment de cercle, $m$A$m'$, engendre le *segment sphérique;* 3°. le secteur de cercle, O$m$A$m'$, engendre le *secteur sphérique.*

Il faut résoudre des problèmes qui, dans les arts, sont du plus fréquent usage.

Quelle est *la surface* de la calotte sphérique $m$A$m'$, fig. 9, et de la sphère complète? Quel est *le volume* d'un segment de sphère, d'un secteur de sphère, et de la sphère complète?

Pour déterminer la surface de la calotte $m$A$m'$, fig. 9, supposons qu'on substitue, à l'arc $m$A$m'$ du cercle méridien de la sphère, un polygone d'un très-grand nombre de côtés $mn$, $np$,.... Faisons tourner ce polygone autour de l'axe AOB de la calotte ; chaque portion de ligne droite $mn, np,..$ va former un tronc de cône, dont AOB sera l'axe. La surface totale de ces troncs de cônes différera d'autant moins de la surface même de la calotte sphérique $mAm'$, qu'il y aura plus de côtés dans le polygone $mnpAp'n'm'$. Or, la surface d'un tronc de cône droit $mm'n'n$, égale la somme de la circonférence des deux bases, multipliée par la moitié de l'arête $mn$. Ainsi....

Surf. du tronc de cône $mm'n'n =$ (circonf. $mm' +$ circ. $nn'$) $\frac{1}{2} mn$.
Surf. du tronc de cône $nn'p'p =$ (circonf. $nn' +$ circ. $pp'$) $\frac{1}{2} np$.
et ainsi de suite.

Si nous menons $nh$ parallèle à l'axe, le triangle rectangle $mnh$ est semblable au triangle rectangle $Oig$, formé par $Oi$ perpendiculaire à la corde $mn$, par $ig$ perpendiculaire à l'axe AO et dès lors à $nh$, et par $Og$ perpendiculaire à $mh$.

Les deux triangles sont donc semblables, et l'on a $nh : mn :: ig : iO ::$ circonf. ayant $ig$ pour rayon ou $ii'$ pour diamètre, est à circonf. ayant $iO$ pour rayon ou AB pour diamètre, en supposant que le nombre des côtés du polygone soit si grand qu'il n'y ait plus de différence assignable entre $Oi$ et $Om = OA$, rayon de la sphère.

Donc $mn \times$ circonf. $ii' = nh \times$ circonf. AB,
Mais.... $ii' = \frac{1}{2} (mm' + nn')$; donc
$mn \times \frac{1}{2}$ (circonf. $mm' +$ circonf. $nn') = nh \times$ circonf. AB.

Le premier terme de cette égalité est la surface du tronc de cône $mm'n'n$; le second terme est la circonférence du cercle méridien, multipliée par $nh$, hauteur du tronc de cône.

Donc, quand le polygone $mnp...$ est formé d'un très-grand nombre de côtés extrêmement petits, la surface qu'il engendre égale la circonférence méridienne de la sphère, multipliée par la somme des hauteurs *nh*, *ph'*,.., des troncs de cône engendrés par la rotation des côtés du polygone. Donc ;

I. *La surface d'une calotte sphérique* m*A*m' *est égale à la circonférence du grand cercle de la sphère, multipliée par la flèche Ao de la calotte;*

II. *La surface de la sphère est égale à la circonférence de son grand cercle, multipliée par le diamètre de ce grand cercle.*

Mais la surface d'un grand cercle A*m*B*m'*, égale la circonférence multipliée par la moitié du rayon ou le *quart* du diamètre. Donc, *la surface de la sphère est égale à* QUATRE *fois celle de son grand cercle ou cercle méridien.*

Si l'on sait que, pour couvrir partout également un cercle A*m*B*m'*A, fig. 9; il faut tel poids ou telle superficie de peinture ou de feuilles de plomb, de cuivre, de fer, etc., on en conclura qu'avec *quatre fois* ce poids de peinture, ou cette superficie de feuilles métalliques, on couvrira la sphère entière, ayant ce cercle pour méridien; et qu'avec *deux fois* ce poids ou cette superficie, on couvrira la voûte en hémisphère, ayant le même cercle pour base.

*Mesure du volume de la sphère et des portions de sphère.* En considérant la surface de la sphère comme composée d'un très-grand nombre de très-petites facettes, on pourra regarder chacune d'elles comme un plan qui soit la base d'une pyramide ayant son sommet au centre de la sphère.

L'ensemble de ces pyramides sera le volume même de la sphère. Or, le volume de chaque pyramide est égal à la surface de sa base, multipliée par le tiers de sa hauteur, qui est ici le tiers du rayon. Donc, le volume complet de la sphère, est égal à la somme de toutes les petites facettes qu'on a substituées à sa surface, multipliée par le tiers de son rayon. Ainsi... *la sphère a pour mesure de son volume, sa surface multipliée par le tiers de son rayon, ou, quatre fois la surface de son grand cercle, multipliée par le tiers de son rayon.*

On verra de même que *le volume d'un secteur de sphère* OmAm'O, figure 9, *est égal au produit de la surface de la calotte* mAm', *par le tiers du rayon de la sphère.*

Si, de ce produit, on retranche le volume du cône mOm', on a le volume *du segment sphérique* mAm' $= \frac{1}{3}$ circ. AmBm' $\times$ Ao $\times$ Ao $- \frac{1}{6}$ circonf. mm' $\times$ Oo $\times$ mo.

La méthode qui nous sert à calculer la surface de la sphère, nous fournit, pour cette surface, un moyen de construction dont les arts font souvent usage. S'agit-il de couvrir une voûte sphérique, avec des feuilles planes de métal, ou toute autre matière? On divise la voûte, par une suite de plans parallèles, en zones ou bandes circulaires, mm'n'n, nn'p'p, etc., fig. 9, qu'on suppose coniques, et par conséquent développables. Voici comment on trace le tronc de cône $mm'n'n$, supposé développé.

Prolongeons $mn$, $m'n'$, fig. 9, jusqu'en leur point de rencontre $s$, sommet du cône dont fait partie le tronc $mm'n'n$. Si nous développons le cône, tous les points de chaque base $mm'$, $nn'$, étant également éloignés du sommet $s$, fig. 9, se développeront suivant deux arcs de cercle MM', NN', fig. 9 bis, ayant même centre S.

On aura, fig. 9 et 9 bis, circ. $mm'$ = arc MKM', et circ. $nn'$ = arc NLN'. Demandons-nous la valeur de l'angle MSM'. L'arc MKM' égale la circonférence dont le rayon est $mo$. Mais cette circonfér. est à celle dont SM est le rayon :: $mo$ : SM. Donc la circ. ayant $mo$ pour rayon = MKM' = la circ. ayant SM pour rayon $\times \frac{mo}{SM}$. Ainsi, l'arc MKM' représente $\frac{mo}{SM} \times 360°$ de la circonf. ayant SM pour rayon. Il suffira d'effectuer une multiplication et une division pour avoir le nombre des degrés de l'angle MSM', et par conséquent cet angle. Quand on l'aura déterminé, avec SM = $sm$ et SN = $sn$ comme rayons, on tracera les deux arcs MKM' et NLN', fig. 9 bis; alors on aura la zone MKM'N'LN, qui, pliée naturellement, en joignant les deux bouts MN, M'N', produira le tronc de cône $mm'n'n$, fig. 9.

*Les ferblantiers et les cartonniers* exécutent souvent, avec des feuilles de métal ou de carton, taillées en bandes circulaires, puis soudées ou collées, des surfaces qui diffèrent d'autant moins de la sphère, que les bandes sont plus étroites et plus multipliées. La méthode précédente leur sera très-utile; elle servira souvent aux architectes, aux charpentiers, etc.

Après avoir expliqué le moyen d'exécuter la

surface sphérique, *avec des cônes*, il faut donner le moyen de l'exécuter *avec des cylindres*.

Supposons que l'on fasse passer par l'axe AOB d'une sphère, figure 10, un très-grand nombre de plans méridiens; de manière à diviser l'espace autour de cet axe, en angles plans très-petits. Concevons, de plus, une suite de plans perpendiculaires à l'axe de la sphère, et par conséquent parallèles entr'eux : 1°. ils couperont la sphère suivant une suite de cercles parallèles; 2°. ils couperont les cercles méridiens, en une suite de points également espacés sur ces cercles. Ces points seront les sommets de polygones, réguliers, semblables, et dont les côtés correspondants seront parallèles. Tous les côtés parallèles à une direction donnée, formeront un cylindre dont les arêtes passeront, à la fois, par deux cercles méridiens consécutifs. On obtiendra, de la sorte, une suite de bandes cylindriques, semblables pour leur contour aux côtes d'un melon; et plus ces côtes seront multipliées, plus la surface ainsi produite approchera de la sphère.

*Applications.* On assemble ainsi par côtes cylindriques, pour former des sphères ou des portions de sphère, la soie gommée, la peau, le carton, la soie pure, la gaze, le papier, etc., qui servent à confectionner les aërostats, les petits ballons pleins d'air et les balles qui servent au jeu de paume, les globes terrestres ou célestes, destinés à l'étude de la géographie et de l'astronomie, les ombrelles ou parapluies, les garde-vues en hémisphère, pour les quinquets. Dans les ombrelles, les parapluies et les garde-vues, la direction des méridiens est marquée par des baleines ou des fils de fer.

Voici la figure qu'il faut donner aux côtes cylindriques, pour que leur ensemble forme une surface dont les joints ou coutures soient les méridiens d'une même sphère.

Les largeurs $mm' = MM'$, $nn' = NN'$, d'une côte, sont proportionnelles aux rayons OM, ON, des cercles parallèles, à cause des triangles semblables OMM', ONN'. Donc, OM, ON, étant les rayons des cercles parallèles qui correspondent à $mm'$ et $nn'$, on aura OM : ON : : MM' : NN' : : $mm'$ : $nn'$. On connaîtra donc aisément les largeurs qui correspondent aux différents points de chaque côte; et, par conséquent, la figure même de ces côtes.

*Applications à la géographie et à l'astronomie.* Ces deux sciences ont fait, des propriétés de la sphère, un usage très-important.

La figure de la terre est sensiblement celle d'une surface de révolution, qui ne diffère que fort-peu de la sphère.

Il a fallu des siècles pour que les peuples supposassent que la terre fût ronde en tout sens, qu'elle fût ce qu'on appelle *un globe*, et qu'elle eût la figure d'une sphère. Il a fallu les progrès simultanés de la géométrie et de la méchanique, pour apprendre aux astronomes que la terre est aplatie dans une direction, et bombée dans la direction perpendiculaire.

Quand les géographes ont admis que la surface de la terre était sphérique, voici comment ils ont divisé cette surface.

Ils ont donné le nom d'*axe*, à la ligne droite autour de laquelle le ciel leur paraissait faire une révolution complète en vingt-quatre heures. Ils ont appelé *pôles* de la terre, les points où cet axe traverse la surface de la terre. Ils ont appelé *plans méridiens*, tous ceux qui passent par les pôles, et *cercles méridiens*, les lignes que ces plans tracent sur la surface de la terre. Ils ont appelé *parallèles*, tous les cercles tracés sur la surface de la terre par des plans *parallèles* entr'eux, et perpendiculaires à l'axe.

En regardant la terre comme une surface de révolution, deux parallèles sont partout à la même distance l'un de l'autre, et les méridiens mesurent la distance qui sépare les parallèles sur cette surface.

Le parallèle dont le plan passe par le centre de la terre, est le plus grand de tous. C'est *l'équateur*; ainsi nommé, parce qu'il divise le globe en deux parties égales, qu'on appelle *hémisphères*: demi-sphères.

L'hémisphère boréal est celui qui contient le *pôle boréal*; par conséquent, la *France est située dans l'hémisphère boréal.* L'autre hémisphère s'appelle *austral*, du nom du pôle qu'il contient.

Si l'on conçoit 360 plans méridiens également espacés, ils comprendront des angles de 1°. Ils diviseront à la fois chaque parallèle et l'équateur en 360 parties égales, c'est-à-dire, en 360 degrés : ce sont les *degrés de longitude*. Si maintenant on divise l'espace compris entre deux des 360 méridiens, en 60 parties égales, par de nouveaux plans méridiens, ces plans diviseront en 60 parties égales, et par conséquent en *minutes*, les degrés de longitude, etc.

Si les parallèles sont également espacés et au nombre de 180, ils diviseront les méridiens en 360 parties égales; ce sont les *degrés de latitude*. Des parallèles intermédiaires subdivisent ces degrés, en *minutes, secondes, tierces*......

*Division de la surface de la terre en carreaux sphériques, pour la description des objets.* De même qu'on divise en carreaux la surface du plan, par des lignes parallèles et perpendiculaires, pour y marquer la position des figures tracées sur ce plan; de même on divise la surface du globe en carreaux sphériques, par des cercles parallèles et perpendiculaires, pour indiquer avec exactitude, sur cette surface, la position de tous les points, de toutes les lignes remarquables : comme l'emplacement des villes, le cours des fleuves, la direction des chaînes de montagnes, le contour des côtes de la mer, etc. La position de chaque point est complètement indiquée, lorsqu'on marque sur quel parallèle et sur quel méridien il se trouve, dans chaque hémisphère. On compte les parallèles par 0°, 1°, 2°, 3°,.... 90° de *latitude*, depuis l'équateur jusqu'au pôle boréal d'une part, jusqu'au pôle austral de l'autre. On compte les méridiens par 0°, 1°, 2°, 3°;.... 180° de *longitude*, à partir du méridien qui passe par l'observatoire de Paris (1), en distinguant les degrés à l'orient et les degrés à l'occident. A 180° de longitude, on se retrouve sur le cercle méridien de Paris.

Ainsi, lorsqu'on sait sur quel hémisphère un point du globe est situé, il suffit de connaître le nombre de degrés qui marque : 1°. sa latitude; 2°. sa longitude, pour avoir sa position précise, laquelle ne peut être confondue avec aucune autre.

Un travail très-utile à la géographie, à l'astronomie, à la navigation, est celui par lequel on a mesuré, pour les villes considérables, et pour les points notables du globe, le nombre de degrés et de fractions de degrés, soit en longitude, soit en latitude, qui marquent leur position. C'est,

---

(1) Les Anglais, dans leurs cartes hydrographiques et géographiques, partent d'un cercle méridien qui passe par leur observatoire de Greenwich, auprès de Londres.

comme vous voyez, un moyen d'exprimer avec deux nombres, sur la sphère, la position d'un point : moyen parfaitement analogue à celui qu'on emploie pour indiquer par deux nombres la position d'un point sur un plan.

On s'est servi de cette analogie pour représenter la surface sphérique de la terre, sur une carte plane à carreaux formés par des lignes droites.

Des droites parallèles également espacées I.I, II.II, III.III,.... (fig. 2, pl. V), représentent les méridiens *rectifiés* dans leur longueur naturelle. Alors, des droites parallèles 1.1, 2.2, 3.3,... représentent les cercles parallèles, non-seulement rectifiés, mais *allongés;* puisque 1.1 = 2.2 = 3.3, etc., quoique les parallèles se rapetissent à mesure qu'ils s'éloignent de l'équateur.

Admettons à présent, que les divisions 1.2, 2.3, 3.4,... s'allongent proportionnellement aux parallèles correspondants 1.1, 2.2, 3.3, etc. Si l'on suppose les carreaux très-petits, on pourra regarder chacun de ceux qu'on a tracés sur la sphère, comme un carreau plan; sa longueur et sa largeur seront proportionnelles à la longueur et à la largeur du carreau, allongé proportionnellement dans les deux sens, sur la carte plane.

Ainsi, dans la *carte* qu'on appelle *réduite*, les figures de toute espèce, tracées sur la sphère, seront rapportées sur des carreaux semblables; chacune des petites parties qui les composent sont par conséquent semblables, leurs lignes font les mêmes angles entr'elles, ainsi qu'avec les parallèles et les méridiens, etc. Telles sont les cartes appelées spécialement *cartes marines*.

*Application à la direction des routes, dans la navigation.* Si l'on imagine qu'on navigue toujours en suivant une route qui fasse le même angle avec le méridien, cette route sera représentée, sur la carte réduite, par *une ligne droite* menée du point de départ au point d'arrivée. Cette même ligne fera donc connaître l'*angle de route* que doit prendre le navigateur, pour arriver d'un point à un autre, en naviguant sur une mer sphérique, ou du moins sur une mer dont la surface soit une surface de révolution.

En supposant que la figure de la terre est sphérique, les géographes ont seulement voulu dire que la terre, malgré les inégalités de toute espèce que nous présente sa surface, s'écarte peu de la figure d'une sphère, comparativement à sa grandeur. En effet, la hauteur des plus hautes montagnes n'est pas égale *au millième* du diamètre de la sphère la plus approchée de la figure et de la grandeur de la terre.

Les simples aspérités de l'écorce d'une orange, sont plus saillantes par rapport au volume de cette orange, que les plus hautes montagnes par rapport au volume de la terre.

Pour mesurer ces inégalités avec une extrême

précision, l'on suppose qu'à partir d'un point déterminé, par exemple, au bord de la mer ou d'un lac, on trace la surface d'une sphère ayant même centre que la terre, et sur laquelle on marque des méridiens et des parallèles correspondants à ceux de la terre.

Pour fixer la position d'un point quelconque du globe, on indique la hauteur de ce point au-dessus de la sphère, et l'on cote le nombre de degrés de longitude et de latitude, qui font connaître le parallèle et le méridien qui passent par la perpendiculaire menée du point observé à la surface de la sphère.

Quand nous expliquerons l'équilibre des fluides, nous ferons voir comment, au moyen de l'instrument qu'on appelle *baromètre*, on peut mesurer les hauteurs des divers points du globe, et les rapporter à la surface d'une sphère, prise pour terme de comparaison. De telles mesures ne sont pas un pur objet de curiosité. Elles servent à l'ingénieur qui veut tracer des canaux et des routes, pour connaître les hauteurs des descentes et des montées qu'il faut franchir quand on veut aller d'un point à un autre. Elles servent à diviser le globe en régions, dont les hauteurs déterminent le climat, et beaucoup de propriétés physiques.

Indépendamment des inégalités sans nombre qui forment les ondulations plus ou moins étendues, plus ou moins marquées de la superficie du globe, la terre offre une déformation générale qui l'éloigne de la figure de la sphère. La terre est aplatie vers ses deux pôles, et par conséquent, gonflée vers l'équateur. Donc, en se tenant toujours à la surface du globe, quand on est au pôle on se trouve plus près du centre de la terre, qu'on ne l'est dans les régions moyennes, et à plus forte raison, qu'on ne l'est à l'équateur.

Il est essentiel pour l'industrie de connaître et d'apprécier l'aplatissement de la terre. Il rend les degrés de latitude plus longs vers le pôle, et plus courts vers l'équateur (1). Il influe sur la force de la pesanteur, à laquelle sont soumis tous les corps : cette force est plus grande au pôle qu'à l'équateur ; aussi, le même pendule, transporté du pôle vers l'équateur, bat de plus en plus lentement. Toutes choses égales d'ailleurs, la colonne d'air qui pèse sur le pôle est plus pesante que celle qui pèse sur l'équateur ; il en résulte des différences dans le jeu des machines hydrauliques et des machines à vapeur, etc.

Quand nous parlerons des machines et des forces motrices, vol. 2 et 3, nous ferons con-

---

(1) On peut se former une idée de cet effet, en examinant la figure 36 de la planche IV. On voit une courbe *aplatie* BDEFG. On peut regarder BG comme l'équateur et E comme le pôle. L'arc DF ayant un rayon DP plus grand que BO et que GQ, les degrés de l'arc DEF sont plus grands que ceux de BD et de FG.

naître suivant quelle loi varie la pesanteur des corps, le poids de l'atmosphère, et la vitesse du pendule, dans les différents points de la terre; nous montrerons quelles conséquences il en résulte pour beaucoup d'arts.

*Sphère céleste.* On fait usage de la sphère divisée en carreaux par des parallèles et des méridiens, pour marquer dans le ciel, comme sur la terre, la position des astres. On suppose : 1°. que le ciel est une sphère ayant même centre et même axe que la terre; 2°. que tous les astres sont situés sur la surface de cette sphère.

Une grande partie des astres, ce sont les étoiles, restant toujours à la même distance les uns des autres, sur la sphère céleste, leur position relative ne varie pas.

S'il y avait une étoile qui fût précisément placée dans la direction de l'axe, c'est-à-dire au pôle, elle seule resterait immobile, quand toutes les autres se mouvraient. Celle qu'on appelle étoile polaire est très-près de notre pôle, et pour cette raison décrit un très-petit cercle.

Tous les astres varient de position par rapport à nous. Les astronomes mesurent le nombre de degrés, en latitude et en longitude, qui marquent cette position à certaines heures du jour, et pour chaque jour. Quand ils ont marqué dans le ciel une suite de points isolés qui indiquent suffisamment la route suivie par l'astre, ils font passer par ces points, une courbe continue; c'est la route même que l'astre a suivie dans son mouvement apparent sur la surface de la sphère céleste.

En étudiant ces courbes tracées dans le ciel par le mouvement des astres, les astronomes ont reconnu qu'elles sont planes et susceptibles d'être tracées sur un cône droit circulaire ou surface conique de révolution : ce sont les sections coniques. Les planètes suivent des *ellipses* dans leurs cours; les comètes semblent suivre des *paraboles*, et le soleil occupe un *foyer* de ces lignes courbes. (Voyez XIII$^e$. Leçon.)

Ces applications de la géométrie au cours des astres ont tant d'importance, que, sans elles, on n'aurait pas découvert la grande loi de l'attraction, qui explique les forces et les mouvements de tout notre système planétaire, et qui donne à la science astronomique des modernes, une supériorité immense sur celle des anciens.

Ainsi, depuis le simple chaudronnier, qui fait un entonnoir suivant la forme d'un cône droit circulaire, et qui le coupe en biais, s'il veut l'adapter à quelque vase, dans une position oblique, jusqu'au géomètre qui calcule la marche des corps célestes, et la forme des cônes visuels ayant pour bases les courbes parcourues par le centre des astres, c'est la même géométrie, ce sont les mêmes surfaces, les mêmes sections, les mêmes courbes, qui servent aux usages les plus simples des métiers, comme aux applications les plus sublimes de la science.

Par ces rapprochements, j'ai surtout pour but de rendre faciles des notions qu'on s'effraie d'étudier; mais qu'on peut entendre aisément, lorsqu'on aperçoit leur analogie avec les conceptions qui nous semblent les plus vulgaires, parce qu'elles s'appliquent à d'humbles travaux, exécutés chaque jour avec nos mains ou sous nos yeux. J'ose dire que voilà la vraie philosophie de la géométrie, appliquée, soit aux sciences, soit aux arts et métiers.

Lorsqu'on observe avec attention le spectacle du ciel, durant une belle nuit, on s'aperçoit que les astres, dont la voûte céleste est parsemée, ne restent pas immobiles par rapport à nous. On les voit successivement se lever, comme le soleil, du côté de l'orient; monter vers le midi et descendre vers l'occident, pour disparaître jusqu'au lendemain.

Dans ce mouvement, chaque étoile décrit un cercle, et tous ces cercles ont le même axe; c'est l'axe même de la terre. Ainsi, le spectacle des cieux se présente à nous, comme si la voûte céleste était animée d'un mouvement de rotation autour de l'axe de la terre.

Durant une longue suite de siècles, des nations entières ont pensé que tous les astres tournaient de la sorte autour de notre globe qui, dans les croyances vulgaires, restait immobile au centre du monde.

La géométrie va nous montrer le secret, l'illusion de ce spectacle.

Nous sommes si loin des étoiles, que les rayons visuels, menés au même astre, des différents points de la terre, semblent tous parallèles. Donc le spectacle du ciel est le même, soit qu'on se place à la surface ou au centre de la terre : plaçons-nous au centre. Si le ciel fait régulièrement une révolution complète, en vingt-quatre heures, autour de l'axe du monde, la terre ne tourne pas. Si le soleil est immobile, il faut, au contraire, que la terre tourne autour de l'axe du monde. Dans ce mouvement, les seuls points du ciel qui sembleront fixes, seront les pôles du monde. La distance de chaque astre à ces pôles étant variable, chaque étoile, quoique paraissant monter ou descendre par rapport à l'horizon des divers points de la terre, sera toujours sur un rayon visuel faisant le même angle avec celui qu'on dirige vers le pôle, et qui représente l'axe du monde. Donc chaque étoile va nous sembler encore se mouvoir sur le même cône de rayons visuels; et toutes les étoiles, en s'avançant sur leurs cônes respectifs, ne cesseront pas de nous paraître rester à leurs distances respectives : le spectacle du ciel sera donc complètement le même qu'en supposant la terre fixe et le ciel mobile.

Ainsi, c'est par une propriété bien simple de la révolution des plans et des points autour d'un axe fixe, qu'on reconnaît l'identité des aspects du ciel : soit que, la terre restant fixe, la voûte céleste tourne autour de l'axe de la terre ; soit qu'au contraire, la voûte céleste restant immobile, la terre tourne sur elle-même. Lorsque vous connaîtrez les lois du mouvement circulaire, vous verrez ce qui décide l'opinion des géomètres en faveur de ce dernier système.

La sphère n'est pas la seule surface de révolution qu'on puisse engendrer, en faisant tourner un cercle autour d'une droite. Si l'on suppose que l'axe de la surface ne passe pas par le centre du cercle, on va former une surface du genre de celles qu'on appelle *annulaires*; parce que les anneaux, tels que ceux dont l'industrie fait usage, sont un cas particulier de ce genre de surfaces. Il est évident que tous les plans méridiens couperont l'anneau suivant des cercles égaux, fig. 12 ; tous les plans des parallèles couperont aussi la surface suivant des cercles.

Les bagues que les femmes et les hommes portent au doigt, sont le plus souvent des *surfaces annulaires*, qu'on appelle *anneaux*.

On emploie, dans les arts, des anneaux ou boucles ABC, fig. 13, qui sont passés dans l'œil EDH d'un piton EDHF, scellé dans un pavé ou dans une muraille, pour offrir un cercle fixe, sur lequel on peut attacher des cordages.

On emploie aussi l'anneau ou une portion de l'anneau, dans les décorations de l'*architecture*.

La *doucine* AA, le *quart de rond* QQ, fig. 14, dans les chapiteaux et les bases des colonnes, sont des *quarts* de la surface annulaire, engendrée par la révolution d'un cercle autour de l'axe de la colonne; le *boudin* BB est une *moitié* de la surface annulaire, formée par la révolution d'un cercle, autour de l'axe d'une colonne, ou d'un cintre.

L'architecte emploie également la surface annulaire pour construire des voûtes. Ainsi, dans le bel édifice de la halle au bled de Paris, on voit d'abord une grande voûte en demi-sphère ABC, fig. 15, autour de laquelle est une surface annulaire, ayant pour méridien les deux demi-cercles ADE, CFG.

Les vases ronds de forme antique, tels qu'on les voit représentés, fig. 16, se composent de parties cylindriques AB, CD, EF, GH, et de parties annulaires *mn*, *pq*, *rs*, *tu*, *xy*.

Lorsqu'un menuisier pousse des moulures autour d'une porte en plein cintre, les parties circulaires de son fer de rabot, décrivent des *surfaces annulaires*.

*La cloche* ABCDE, fig. 17, qui sert aux sonneries des manufactures, des églises et des simples habitations, est une surface de révolution qui se compose également de parties coniques et de parties annulaires.

Les *marins* emploient un anneau demi-circulaire, qu'ils appellent *cosse*. Un premier cordage enceint l'anneau, en se logeant dans sa concavité extérieure. Les deux bouts sont liés de manière que l'anneau ne puisse sortir. Un second cordage, passé dans l'anneau, s'y meut librement.

Les astronomes ont été long-temps sans pouvoir expliquer les apparences de Saturne, et de son *anneau* qui se présentait tour à tour sous les divers aspects I, II, III, de la figure 11. Quand ils eurent acquis des connaissances géométriques plus étendues, ils reconnurent aisément que l'*anneau*, variable dans ses aspects, I, II, III, qui tantôt paraît entourer et tantôt traverser le globe de Saturne, est, en effet, constant de forme et de grandeur. La méthode simple et facile des projections, a suffi pour tout expliquer.

Une surface annulaire dont les arts font le plus grand usage, est *la roue*. Les roues employées dans les caisses de poulies, sont des cylindres fort-plats pour leur largeur, et creusés sur leur contour suivant une surface annulaire, ayant un arc de cercle pour génératrice.

Les jantes des roues de voiture $m, m, m, ...$,

fig. 18, forment également une surface annulaire de révolution. Ces roues ont, au centre, une partie pleine, c'est le *moyeu* ABCD. Des *rais* ou rayons, également espacés, unissent cette première surface de révolution, avec l'anneau que forment les jantes. Les jantes, composées de parties égales, sont recouvertes par des plates-bandes en fer qui croisent les abouts des jantes sur lesquelles elles sont clouées.

Il y a des roues pour lesquelles tous les rais sont dans un même plan $rRRr$; alors les plates-bandes en fer sont partout perpendiculaires à ce plan et forment un cylindre.

Il y a d'autres roues, pour lesquelles les rais $Ss$, $Ss$, sont dirigés comme autant d'arêtes d'un cône droit circulaire; les plates-bandes, partout perpendiculaires à la direction de ces rais, forment elles-mêmes une surface conique. Telles sont les roues coniques.

Quand nous examinerons les propriétés méchaniques des roues, nous comparerons les avantages et les inconvénients respectifs de ces deux espèces de surfaces de révolution, pour le transport des fardeaux sur des routes.

L'une des surfaces de révolution les plus remarquables par la simplicité de leur structure, est celle des *tonneaux*. Les tonneaux sont composés de planches minces, appelées *douves*, et jointes par leurs côtés étroits; de sorte qu'en les pliant de force, et les tenant ainsi pliées, avec des cercles parallèles AB, *ab*, *cd*, CD, fig. 19, on produit la surface de révolution qui a les cercles mêmes pour parallèles, et les joints des douves pour méridiens.

Pour fermer ces surfaces de révolution, on compose un plan circulaire avec d'autres planches minces appelées fonds. Ce plan circulaire est taillé sur ses bords, en biseau conique, afin d'entrer dans une rainure circulaire appelée *jable*, qu'on creuse sur la face intérieure des douves.

Pour travailler les douves après les avoir réduites à l'épaisseur convenable, le tonnelier les rétrécit par les deux bouts, en passant leur face mince sur un grand rabot fixe, appelé *colombe*. Il opère ce rétrécissement sans autre guide que la vue; ce qui produit souvent des irrégularités choquantes, dans la configuration des tonneaux.

On s'est occupé d'employer des moyens géométriques pour travailler les douves suivant une forme parfaitement régulière. Supposons qu'on plie chaque douve entre trois ou un plus grand nombre de points fixes A, B, C, fig. 20; et que, O*o* représentant l'axe du tonneau dont ABC est la douve, on ait un rabot dont le fer soit placé dans un plan méridien, c'est-à-dire, passe par l'axe. Supposons que ce fer puisse, tantôt tourner autour de cet axe, tantôt aller et venir dans son plan méridien. Le rabot étant approché convenablement de la douve ABC, on travaillera la petite face : 1°. en dessus, suivant la forme qui convient au méridien ou profil du tonneau; 2°. en renversant cette douve, le dessus dessous.

Les douves ainsi préparées, seront propres à former une surface de révolution très-exacte.

On avait établi, d'après ce principe, une grande fabrique de tonneaux, à Glasgow, en Écosse : elle n'existe plus. La France en possède une qui paraît bien réussir.

Quand toutes les douves sont assemblées, on en scie les deux bouts, suivant un plan perpendiculaire à l'axe ; puis on creuse la rainure appelée *jable*, avec un rabot semblable *au trusquin* du menuisier, ayant un côté plat qui pose sur la circonférence présentée par le bout des douves; tandis que le fer étroit et saillant du rabot est sur une tige verticale, à une distance suffisante en dessous du côté plat, pour creuser le jable. On taille les fonds mis côte à côte, suivant un cercle dont le rayon égale celui du jable. Cela fait, on desserre les douves vers un bout, assez pour qu'on puisse introduire les fonds dans le jable. Ensuite, on resserre le tonneau, en remplaçant les cercles provisoires employés pour le construire, par des cercles définitifs, en bois ou en fer.

Les tonneaux sont, de tous les systèmes de pièces d'assemblage en bois, le plus avantageux pour contenir des liquides, sans en rien laisser perdre, lorsque la nature du bois est saine, et que les tonneaux sont fabriqués avec exactitude.

Dans l'arrangement des objets qui composent le chargement d'un navire, il entre un grand nombre de barriques occupant plusieurs rangs, AB, CD, EF, fig. 21, appelés *premier, deuxième, troisième plans d'arrimage*. Il est essentiel de connaître à l'avance la hauteur de ces plans, pour voir quel espace les tonneaux de vin, d'eau, d'esprits, etc., occuperont dans la cale du navire; et, par conséquent, quel espace restera pour les autres objets dont se compose la cargaison (1).

Quoique la combinaison de la fig. 21 fasse gagner 27 centièmes du rayon des barriques, on perd encore un grand espace. Cette perte est évitée par l'emploi des caisses en fer, de forme cubique, pour contenir l'eau des navires: eau qui, d'ailleurs, se conserve mieux dans ces caisses.

Dans les arsenaux de terre et de mer, on

---

(1) Observons que les barriques $m$, $n$, $p$, supposées égales, se touchent toutes trois ; donc les trois centres de ces barriques sont éloignés les uns des autres, d'une quantité égale au grand diamètre de chaque barrique. Soit, dans le triangle $mnp$, la droite $nh$, menée du sommet $n$, perpendiculairement à $mp$; en faisant $mh = hp = 1$, on a $mn = 2$; puis, en vertu de la propriété du quarré de l'hypothénuse, on a $nh^2 = mn^2 - mh^2 = 4 - 1 = 3$.

Cela fait voir que $nh$ égale à peu près 1,73. Mais les centres $m$, $p$, sont à une distance de terre égale au rayon des barriques $=1$. Donc la hauteur du centre $n$, au dessus de terre, est de 2,73.

Si la barrique $n$ était posée directement sur la barrique $p$, la hauteur du centre de $n$, au-dessus du sol, serait trois fois le rayon; donc l'emboitement de chaque rangée de tonneaux fait gagner à peu près 27 centièmes du rayon.

forme avec les boulets, les obus, les bombes et les grenades du même diamètre ou calibre, des piles régulières, par plans horizontaux, fig. 22. La base des piles est ordinairement un rectangle, et leur figure est celle d'un prisme triangulaire à pans coupés symétriques. (1).

---

(1) Pour déterminer le nombre de boulets que contient une pile en prisme tronqué symétrique, semblable à celle de la fig. 22, on comptera d'abord le nombre de boulets d'une des faces triangulaires ABC, qui, pour $r$ rangées de boulets sera
$$1 + 2, + 3 + \ldots + r.$$
On multipliera ce nombre total par la somme des boulets compris dans les trois rangées extrêmes $Aa + Bb + Cc$, qui représentent les arêtes du prisme tronquée symétrique ABC$abc$.

Soit $n$ le nombre de boulets de $Aa$; chacune des rangées $Bc, Cc$, comptera $r-1$ boulets de plus que $Aa$. Ainsi $Aa + Bb + Cc = 3n + 2r - 2$.

Donc enfin le nombre total des boulets de la pile est $(1 + 2 + 3 \ldots + r) + (3n + 2r - 2)$. Produit bien facile à calculer.

Quand il n'y a qu'un boulet dans la rangée $Aa$, le prisme devient une *pyramide quadrangulaire*, dont le nombre de boulets est
$$(1 + 2 + 3 + \ldots + r) \frac{1}{3}(3 + 2r - 2)$$
ou
$$(1 + 2 + 3 \ldots + r)\frac{1}{3}(2r + 1).$$
Quand la *pile est triangulaire*, $Aa = 1$, $Bb = 1$, $Cc = r$; donc $Aa + Bb + Cc = r + 2$.

On a donc pour nombre de boulets d'une pile triangulaire, ayant $r$ rangées de boulets,
$$(1 + 2 + 3 \ldots + r) + \frac{1}{3}(r + 2)$$

## DOUZIÈME LEÇON.

*Surfaces spirales.*

vant d'expliquer les propriétés des surfaces
ales et leurs applications aux arts, il faut exa-
er les courbes qui dirigent la construction de
eilles surfaces.

yant tracé le rectangle OH$ka$, fig. 1, divis-
-le par bandes d'égale largeur, au moyen
lignes droites parallèles A$b$, B$c$, C$d$, etc. Me-
s toutes les obliques A$a$, B$b$, C$c$, D$d$,......,
seront évidemment parallèles entr'elles, puis-
lles interceptent d'égales portions d'autres
illèles, AB = $ab$, BC = $bc$, CD = $cd$, etc.
aintenant, supposons qu'on plie le rectangle
ant la forme d'un cylindre quelconque, ayant
pour une de ses arêtes. Fermons tout-à-
e cylindre, de manière que $ak$ vienne s'ap-
er exactement contre OH. Alors, le point
mbera sur O, $b$ sur A, $c$ sur B, $d$ sur C, etc.
arêtes étant toutes parallèles à OH et à $ak$,
it représentées, sur le rectangle OH$ka$, par
lroites PQ, RS, TU, etc., parallèles aux côtés
$ak$. Mais, sur le rectangle, toutes ces droi-
arallèles coupent sous un même angle les

obliques A*a*, B*b*, C*c*,..., puisque ces obliques sont des parallèles. Enfin, lorsqu'on plie le rectangle sur le cylindre, fig. 3, chacun des angles formés par les obliques, A*a*, B*b*, C*c*...., fig. 1, et par les arêtes PQ, RS, TU, ne change pas. Donc, la propriété des obliques A*a*, B*b*, etc., sera, qu'en se rejoignant sur le cylindre, aux points A et *b*, B et *c*, C et *d*, etc., de la fig. 1, elles formeront une courbe qui fera partout le même angle avec les arêtes du cylindre. Cette courbe unique est ce qu'on appelle une *hélice* ou *spirale cylindrique*.

Lorsqu'on plie le rectangle de manière à former un cylindre dont la base est un *cercle*, on obtient l'hélice le plus fréquemment employée dans les arts.

Supposons, maintenant, que deux points s'avancent en même temps, à partir de H; l'un suivant le côté H*k* du rectangle, fig. 1; l'autre suivant l'oblique H*h*. Supposons que les deux points passent en même temps : 1°. sur PQ; 2°. sur RS; 3°. sur TU... D'après la propriété des lignes proportionnelles, on aura :

HQ : Q*q* :: HS : S*s* :: HU : U*u*, etc.

Donc le point qui suit la direction oblique H*h*, s'éloigne de la base H*k*, de quantités Q*q*, S*s*, U*u*..., proportionnelles à la distance de l'arête OH, aux arêtes PQ, RS, TU....

Donc, si l'on fait tourner autour du cylindre une de ses arêtes, HO, tandis qu'un point s'avance le long de cette arête, de manière que les espaces parcourus par le point et par l'arête, soient proportionnels, le point dont il s'agit va décrire une *hélice* ou *spirale*, telle qu'elle est représentée dans la figure 3. Ainsi....

*La spirale est produite par un point qui, tournant autour d'un axe, avance dans le sens parallèle à cet axe, proportionnellement à la quantité dont il tourne autour du même axe.*

Par conséquent, le *tourneur* peut décrire une spirale sur un cylindre, avec un outil tranchant qui s'avance parallèlement à l'axe, proportionnellement à la quantité dont ce cylindre tourne autour de l'axe.

Par conséquent, aussi, à chaque tour du cylindre, l'outil du tourneur, pour décrire la spirale, doit s'avancer d'une même longueur; cette longueur, partout la même, est le *pas* de l'hélice, ou de la spirale. Donc, *la distance des différents tours d'hélice ou de spirale, mesurée sur chaque arête, est constante; c'est le pas de la spirale.*

Supposons qu'on tire, fig. 2, par impression ou autrement, une épreuve de la fig. 1, c'est-à-dire, qu'on exécute une seconde figure *symétrique* à la première, et qu'on la plie sur un cylindre, fig. 4, égal à celui de la fig. 3; on forme une spirale dirigée *en sens contraire* de la spirale, fig. 3.

La spirale de la figure 3 est dite *tournée à droite*; celle de la fig. 4, est dite *tournée à gauche*.

Quand les cylindres, fig. 3 et 4, sont égaux, et que le pas de vis est le même, la spirale tournée à droite, est symétrique par rapport à la spirale tournée à gauche.

*Figure spirale de la vis.* Au lieu de faire tourner un seul point autour d'un axe, nous pouvons faire tourner une figure plane quelconque, un triangle, fig. 5, un quarré, fig. 6, etc. Alors nous engendrerons des surfaces qui pourront être en creux ou en relief, sur des cylindres qui peuvent également être en relief ou en creux. On appelle *filets* les creux ou les reliefs en spirale, formés autour du cylindre par le triangle ou le quarré, en relief ou en creux, qui s'avance le long de l'hélice, en conservant toujours sa figure génératrice dans une même position par rapport au contour de cette hélice, et à la direction de l'axe du cylindre.

On appelle *vis* le cylindre ABCD, fig. 5 et 6, qui porte le filet sur sa surface convexe; on appelle *écrou* le cylindre creux ayant un filet en spirale taillé dans sa surface concave.

Supposons, maintenant, qu'on ait deux cylindres d'un même diamètre, sur le contour desquels on ait tracé la même spirale dont on fasse ensuite la directrice d'un filet, l'un en relief et l'autre en creux; ce qui produit une vis et un écrou de même filet et de même pas. Je dis qu'on peut introduire la vis dans l'écrou, en la faisant, à la fois, avancer et tourner, sans qu'elle laisse nulle part de vide, entr'elle et l'écrou, et sans qu'elle soit nulle part obligée de diminuer sa grosseur.

Supposons, en effet, que l'on commence à engager le bout du filet en relief de la vis, dans le bout du filet en creux de l'écrou; les deux cylindres de la vis et de l'écrou étant ajustés de manière que leurs axes soient en ligne droite. Cela posé, l'un des cylindres restant fixe, faisons tourner l'autre, de manière que chaque point de son filet avance parallèlement à l'axe, proportionnellement à la quantité dont il tourne, et dans le rapport même indiqué par la courbure de l'hélice qui sert de directrice aux filets : le profil de la surface des filets en relief va décrire la surface même du filet en creux. Donc le filet en relief se logera tout entier, sans vide et sans compression, dans le filet en creux. Tel est le jeu de la vis dans son écrou. On a construit géométriquement, et avec le plus grand soin, les vis triangulaires et quarrées, afin que les élèves puissent imiter en grand les projections des figures 5 et 6. Ce sera l'un des meilleurs exercices géométriques qu'on ait à leur proposer.

De même qu'il y a deux espèces de spirales, les unes tournées à droite et les autres tournées à gauche; de même il y a deux espèces de vis et d'écrous, les uns tournés à droite et les autres à gauche. Il est évident qu'une vis tournée à droite ne saurait emboiter dans un écrou tourné à gauche, et qu'une vis tournée à gauche ne saurait emboiter dans un écrou tourné à droite.

Les vis sont d'un usage perpétuel dans les

arts. Elles servent tantôt à changer en mouvement circulaire, un mouvement qui se fait suivant une ligne droite; et tantôt à produire le changement inverse. *Voyez* 2e. vol. MACHINES.

Remarquons, fig. 1, que le pas OA=AB..., d'une vis, peut être fort petit par rapport à la longueur H$k$ du contour du cylindre; de plus, le triangle H$kh$ offre une échelle composée de parties Q$q$, S$s$, U$u$..., qui sont entr'elles :: 1 : 2 : 3 :... C'est une *échelle* semblable à celle qu'on a formée, Ve. leçon, fig. 5. Si le contour de la base présente des divisions égales HQ, QS, SU..., une erreur assez sensible sur ces longueurs peut donc être beaucoup moins considérable sur les hauteurs, Q$q$, S$s$, U$u$.....

*Application.* L'industrie s'est emparée de cette propriété géométrique, pour *diviser* avec beaucoup d'exactitude les lignes droites *en parties égales*, par le moyen de la vis.

Proposons-nous de diviser la règle AB, fig. 7, en parties égales, avec une grande exactitude. Supposons que le pas de la vis MN, dont l'axe est parallèle à AB, soit le 10e. de la circonférence du cylindre sur lequel est taillée cette vis, et que cette base ait pour rayon le 10e. de celui d'un plateau circulaire PQ, dont la circonférence est divisée en parties égales. Supposons enfin que l'erreur des divisions de PQ, puisse aller jusqu'à *un millimètre*; ce qui serait inexcusable dans les opérations un peu précises. La circonférence de PQ est *cent* fois plus grande que le pas de la vis, et chaque tour de PQ ne fait avancer ou reculer que d'*un pas*, le stylet XY entraîné par cette vis. Donc l'erreur sur l'espace que parcourt le stylet ne peut être que le centième de l'erreur des divisions du cercle PQ. Quand, sur PQ, l'erreur ne dépasse pas un millimètre, elle ne peut donc dépasser un *centième* de millimètre sur AB, c'est-à-dire, une longueur très-inférieure à celle que nous pouvons apprécier avec l'attention la plus délicate de notre vue.

Faisons tourner le cercle PQ, de manière qu'un indicateur fixe, Z, corresponde successivement aux divisions assez rapprochées, 1, 2, 3..., de ce cercle; nous diviserons la droite AB en parties très-petites, dont les inégalités seront inappréciables à nos sens.

*Les machines à tailler les vis* sont proportionnées d'après les rapports qu'il faut établir entre les divisions longitudinales AB, et les divisions d'un cercle PQ. Il faut expliquer ces machines, en les offrant à la vue des élèves.

Les vis diffèrent beaucoup suivant la figure des filets; tantôt la section de ce filet, perpendiculairement à la spirale directrice, est un triangle équilatéral, et tantôt un quarré: ce qui produit les vis *à filet triangulaire*, fig. 5, et les vis *à filet quarré*, fig. 6.

On emploie les vis pour approcher ou pour éloigner des règles et des cylindres parallèles, sans changer leur parallélisme. Concevons, en effet, deux vis égales, une à chaque bout d'une paire de cylindres établis de manière qu'en tournant ces vis, elles forcent les axes des cylindres à s'approcher ou à s'éloigner l'un de l'autre. Lorsque l'on tournera les deux vis d'une même quantité, l'on approchera ou l'on éloignera également les cylindres; mais l'espace parcouru par un indicateur fixé à chaque vis peut aisément être 100, 200, 300 fois plus grand que le pas de vis. Alors un espace parcouru par l'indicateur n'en produira qu'un 100, 200, 300 fois moindre, pour écarter ou rapprocher les cylindres. On saura donc régler leur distance avec une extrême précision; ce qui, dans beaucoup d'opérations, est d'une grande importance pour l'industrie.

On peut faire beaucoup d'autres applications du même genre, pour mesurer ou parcourir des longueurs avec une exactitude qui dépasse considérablement la limite où nous pourrions atteindre par le simple usage de nos sens. La fabrication des instruments d'optique et d'astronomie, en offre de nombreux exemples, dans l'emploi qu'on y fait des *vis de rappel*.

S'agit-il de mettre bien de niveau un instrument porté par trois ou par quatre pieds? On fixe, sous chacun de ces pieds, une *vis de rappel*, que l'on tourne ou détourne peu à peu, selon qu'il faut abaisser ou relever l'instrument, du côté d'un de ces pieds. On approche ainsi de la vraie position, par degrés insensibles; ce qui permet de s'arrêter précisément au point nécessaire. Il y a des vis de rappel, dans les instruments à réflexion, pour placer les miroirs à leur vraie position; il y en a pour rapprocher ou disjoindre certaines parties d'autres instruments, etc.

La nature nous présente une foule de spirales dans les végétaux; les plantes rampantes s'élèvent autour d'un cylindre vertical, tel qu'un tronc d'arbre ou d'arbuste ou un simple échalas, en décrivant une spirale. D'autres fois, la plante pousse de longs rameaux qu'elle suspend à des points d'attache, par des filaments qui se plient en spirale. Plusieurs vaisseaux intérieurs des plantes et des arbres, sont pareillement contournés en spirale. Plusieurs végétaux ont leurs branches, ou leurs feuilles, ou leurs fruits, implantés, suivant une direction spirale, sur la tige qui les supporte.

*Applications.* Les arts ont imité ces formes spirales de la végétation, soit pour attacher des corps, soit pour les pénétrer.

Lorsque les chirurgiens doivent entourer de bandelettes, des membres dont la figure approche de celle des cylindres, tels que les doigts, les jambes, les bras; ils les enveloppent en donnant à ces bandelettes une direction spirale, pour couvrir graduellement un espace beaucoup plus large que la bandelette, qui peut ensuite être aisément tenue par la plus simple attache.

Nous parlerons en détail des vrilles, des tarières, des tire-bouchons, des tire-bourres, etc., quand nous expliquerons les propriétés méchaniques de la vis et du coin. 2$^e$ vol., MACHINES.

*Colonnes torses*. On voit des troncs d'arbre autour desquels une branche de lierre étant pliée en spirale, a produit une compression telle, que le tronc ne peut plus grossir qu'entre les tours de cette spirale, et prend la forme d'une vis à filet arrondi. Voilà le modèle des colonnes torses, fig. 8; colonnes qui, n'ayant ni la simplicité, ni la force des colonnes ordinaires, ne peuvent plaire qu'à des imaginations bizarres.

Un ornement plus gracieux et plus digne des beaux-arts, est celui des guirlandes de fleurs qu'on plie en spirale autour de colonnes régulières, ou bien autour des robes légères des jeunes filles parées pour les fêtes et la danse. Revenons aux applications utiles.

*Serpenteau d'alambic*. C'est un instrument, fig. 9, qui ressemble, par sa forme, au tire-bouchon, mais qui est creux au lieu d'être plein. Il est engendré par le mouvement d'un cercle dont le centre parcourt une hélice à laquelle son plan reste toujours perpendiculaire. Lorsqu'un fluide vaporisé par la distillation passe dans le serpenteau, qui se trouve plongé dans un tonneau plein d'eau froide, la vapeur se condense; elle arrive au bas du serpenteau, réduite en liquide sensiblement refroidi. C'est ainsi que l'on condense les eaux-de-vie et d'autres esprits produits par la distillation.

Le nattier et le tresseur de chapeaux de paille fabriquent des cylindres, fig. 10, avec des tresses étroites et plates lesquelles ayant partout même épaisseur, représentent les bandes A$a$bB, B$b$cC, etc., fig. 1. Pliées suivant le contour d'un cylindre et cousues côte à côte, ces bandes en reproduisent exactement la surface. On peut, en employant un procédé analogue, fabriquer de même un plan, un cône, une sphère, en étendant un peu l'un des bords de la tresse, ou bien en resserrant un peu le bord opposé.

Plus la tresse est étroite et moins il est nécessaire d'étendre ou de resserrer un des côtés, plus la surface que l'on parvient à fabriquer approche de la forme rigoureuse qu'on a conçue. La perfection des beaux chapeaux de paille de Florence consiste dans la parfaite égalité d'ampleur et de force des tresses, dans leur peu de largeur, dans la finesse des pailles et dans l'aspect régulier du tissu.

Les machinistes font beaucoup d'usage de ressorts en spirale, dont nous expliquerons les effets, en traitant de l'élasticité. Tels sont plusieurs ressorts des voitures.

Il y a des personnes dont les cheveux bouclent naturellement en spirale; il y en a qui font ainsi boucler leurs cheveux, en les contournant sur un cylindre chaud, de petit diamètre, ou simplement en les pliant en spirale dans une enveloppe de papier appelée papillotte, et les pressant entre des pinces de fer, assez chaudes. La chaleur dissipe l'humidité qui imprégnait les cheveux et tendait à les relâcher, à les faire tomber en ligne droite; la compression leur donne une courbure en spirale, qu'ils conservent ensuite plus ou moins long-temps, suivant la nature des cheveux et l'état de l'atmosphère.

L'art du coëffeur et du peintre qui veulent composer un bel ensemble de chevelure, est de grouper les spirales ainsi formées par masses ou boucles de cheveux, qui se combinent de manière à présenter un tout en harmonie avec le genre de parure et la physionomie de la personne qu'ils parent ainsi. On peut citer comme des modèles plusieurs coëffures grecques et romaines, où ces combinaisons de formes spirales sont conçues de la manière la plus heureuse.

Il faut, maintenant, nous occuper d'un genre de spirales beaucoup plus important que la plupart des exemples cités jusqu'ici : nous voulons parler *des fils et des cordages*.

On forme, pour les tissus et les cordages, des fils plus ou moins minces, avec du chanvre, du lin, du *phormium tenax*, avec l'écorce de quelques arbres, etc.; on prend aussi la bourre végétale appelée coton, la laine, le poil des animaux, etc.

Avant de former des fils, il faut, par le peignage ou le cardage, rendre parallèles les filaments de la matière première, et les diviser en parties très-minces, aussi égales que possible, dans leur grosseur et leur longueur.

*Filage du chanvre et du lin.* Pour ce filage, on s'est servi d'abord du fuseau. A mesure que le fil est tordu, on l'enroule sur le fuseau, puis on fait un faux nœud, facile à détacher, vers la pointe du fuseau. La fileuse fait tourner vivement, entre les doigts de sa main droite, la pointe du fuseau; ce qui communique une torsion suffisante à la partie du fil qui n'est pas enroulée sur le fuseau; partie que la fileuse allonge, en tirant, avec la main gauche, les filaments parallèles de la quenouille. Ces filaments prennent une forme spirale.

Le filage au fuseau est le plus lent de tous. On a d'abord remplacé le fuseau par un rouet très-simple, fig. 11, qu'une main ou le pied de la fileuse met en mouvement. Au fur et à mesure qu'il est tordu, le fil s'enroule sur la bobine, qui n'est qu'un fuseau méchanique. La torsion est donnée par le rouet même. Ainsi la fileuse n'a plus qu'à tirer de la quenouille, les divers filaments, pour les ranger dans une position propre à former un fil qui partout ait la même grosseur.

On enroule le fil sur la bobine du rouet de la fileuse, au moyen d'ailettes, fig. 12, armées de crochets. Ces ailettes sont fixées sur un essieu *mn*, qui passe au travers de la bobine ou cylindre en bois *rs*, sur lequel le fil doit s'enrouler. On fait aller le cylindre de manière à ce qu'il achève un tour plus vite que les ailettes; par là, le fil qui doit s'enrouler sur le cylindre est tiré par ce cylindre et s'enroule graduellement.

Supposons, pour fixer les idées, que le cylindre fasse cinq révolutions complètes quand les ailettes en font quatre. Il faut, par conséquent, que le fil se soit enroulé d'un tour complet, quand le cylindre a fait cinq tours, et les ailettes 4. On donne ces différents mouvements de rotation au moyen de la grande roue du rouet OAB, fig. 11; *mn*, *pq*, étant deux autres petites roues dont les diamètres soient entr'eux : : 4 : 5. Au moyen de cordes tendues A*mn*B, A*pq*B, sur la gorge des petites roues et de la grande, il est évident que les deux cordes parcourant le même espace sur la gorge de AB, quand cette gorge tourne, il faut que le rouet *mn* fasse cinq tours, lorsque *pq* en fera quatre. C'est le rapport même que nous avions besoin d'établir.

L'avantage du rouet sur le fuseau est très-grand; il a fallu des siècles avant que les peuples imaginassent cette machine, qui devait être bien surpassée par les inventions modernes.

*Filage de la laine et du coton.* Les cardes forment d'abord de larges nappes ayant partout la même largeur et la même *minceur*; ensuite on les étire, afin d'en former d'étroits rubans. Un léger degré de torsion les convertit en boudins. On prend ces boudins, on les tord, on les étire peu à peu, à côté les uns des autres, soit à la main, soit avec une machine. On les fait tourner sur eux-mêmes, à mesure qu'on avance, pour les tordre également, c'est-à-dire, en leur donnant une torsion qui doit être partout la même, ainsi que le volume des filaments tordus; afin que le fil soit partout également gros. Chaque filament, dans cette torsion constante, forme *une spirale* ayant pour axe, l'axe même du cylindre que figure le fil.

Le rouet qui sert à filer le coton, se compose d'une grande roue OAB, fig. 13, d'une broche munie d'une petite roue CD, et d'une corde sans fin ABCD. La broche reçoit le fil, comme le ferait le fuseau de la fileuse; ce fil se prolongeant en boudin dans la partie non tordue. L'ouvrière saisit ce boudin, à la distance convenable de la broche. De l'autre main, elle fait tourner la grande roue AOB, tandis que la première main, tenant toujours le boudin, l'allonge en s'éloignant de la broche: le mouvement de rotation se communiquant de la bobine au boudin, le tord pour en faire un fil dont les éléments sont courbés en spirale. La torsion de ces spirales dépend : 1°. de la vitesse avec laquelle tourne AOB ; 2°. de la lenteur avec laquelle on allonge le ruban de la carde. Quand une portion du boudin est transformée en fil qui a la grosseur et la torsion convenables, l'ouvrière détourne un peu le rouet pour défaire la spirale que ce fil formait sur le bout de la broche ; puis, plaçant ce fil dans une direction perpendiculaire à l'axe de la bobine, elle tourne le rouet en sens contraire du premier mouvement. Alors le fil, au lieu de se tordre, s'enroule sur la bobine ; il y forme une suite de spirales. On voit qu'ici l'on exécute, par méchanique, les mêmes opérations qu'avec le simple fuseau de la fileuse.

On a conçu l'idée de remplacer, par un moyen méchanique, les doigts de la fileuse, et c'est là la partie la plus originale, la plus remarquable des nouvelles machines propres à filer. On fait passer les nappes légères sorties des cardes, entre des paires de cylindres ou laminoirs parallèles, combinées de manière que la 1$^{re}$. paire tourne moins vite que la 2$^e$., et celle-ci moins vite que la 3$^e$. Il faut donc que les nappes s'allongent entre ces trois paires de cylindres et, par conséquent, se rétrécissent. En passant dans un second système composé, comme le premier, de trois paires de cylindres, on donne aux rubans de coton ou de laine, un nouveau degré de torsion; puis on les enroule sur des bobines.

Cela fait, on place un certain nombre de bobines sur des axes verticaux et rangés en ordre sur un métier. Ce métier remplit toutes les fonctions de la fileuse; il étire le fil, le tord et l'enroule sur le fuseau. L'étirage se produit encore ici par trois paires de cylindres ayant des vitesses différentes; de là, chaque fil se rend sur une bobine armée d'une ailette, comme le rouet ordinaire. Tel est le métier appelé *continu*, parce que le filage s'y fait sans discontinuer les mêmes genres de mouvement.

Dans le métier appelé *Mull-Jenny*, cité deuxième leçon, p. 31, l'étirage s'opère non-seulement par la différence de vitesse des laminoirs, mais en faisant alternativement s'approcher et s'éloigner, des cylindres laminoirs, toutes les bobines sur lesquelles le fil doit s'enrouler. Quand les bobines s'éloignent, les fils sont étirés; quand elles s'approchent, les fils s'enroulent sur les bobines. La torsion des fils s'opère quand les bobines arrivent au terme de leur course.

Un métier à filer en gros, porte 108 bobines; un métier à filer en fin, porte 216 bobines conduites par un fileur et surveillées par deux rattacheurs; il file, terme moyen, quarante kilogrammes de fil, n°. 30, en onze heures de travail.

Ainsi, trois personnes suffisent pour un nombre de fils qui exigerait 216 fileuses au fuseau ou au rouet, et chaque fil est produit beaucoup plus vîte que par les doigts de la fileuse. Voilà l'immense avantage des moyens d'opération fournis par la géométrie, pour former, avec des filaments végétaux contournés *en spirale*, des fils cylindriques ayant exactement le même diamètre.

On fera ces explications aux élèves, en leur montrant des rouets, et s'il se peut des métiers à filer.

*La soie*, telle que le ver la produit, est pliée en spirale sur une surface de révolution qu'on appelle *cocon*. La première opération consiste à développer le fil de ce cocon, et à l'enrouler sur une bobine; ensuite on lui donne un premier degré de torsion en le faisant passer sur une deuxième bobine. Les fils, ainsi préparés, sont tordus dans un premier sens, de manière que tous les points qui, sur leur surface cylindrique, étaient en ligne droite avant la torsion, forment maintenant une spirale. On unit ces fils 2 à 2, 3 à 3 et même 4 à 4, en leur donnant une deuxième torsion, *à rebours* de la première. Cette seconde torsion défait en partie la première, et plie les fils en spirale les uns à côté des autres; dans cet état, la soie prend le nom *d'organsin*.

L'opération que je viens de vous décrire est

semblable à celle qu'il faut employer pour fabriquer des cordages avec du chanvre.

Par l'effet des deux torsions, les parties de chaque fil tendent à se redresser dans un sens; les fils mêmes pliés en spirale, tendent à se redresser en sens contraire. L'équilibre qui s'établit entre les deux torsions, empêche les divers fils de se dérouler indéfiniment, dès qu'on ne les comprime plus par quelque effort étranger. Je ne puis à cet égard, vous offrir maintenant de plus amples détails qui appartiennent à la science des forces et sortent des bornes de la simple géométrie.

Avec le chanvre, on fabrique d'abord des fils tordus isolément, tordus seuls dans un sens, et tordus plusieurs ensemble dans le sens opposé, pour former des cordages simples appelés *torons*. On tord ensemble, on *commet*, 2, 3, 4 torons, dans un sens opposé au deuxième, c'est-à-dire, dans le sens même de la torsion des premiers fils, pour former des cordages qu'on appelle *aussières*. On tord dans le second sens ces aussières prises 3 à 3 ou 4 à 4, pour former des *grelins*. On tord ces grelins 3 à 3 ou 4 à 4, pour former des *archigrelins*.

Les câbles des vaisseaux sont tordus ou *commis* en grelins, les haubans et les manœuvres courantes des navires sont *commis* en aussières.

Depuis quelques années, les Anglais ont imaginé des moyens ingénieux pour opérer les diverses torsions des fils et des cordages avec des machines. La régularité géométrique de tous les mouvements employés dans ces machines a produit les plus heureux résultats ; de sorte qu'avec un tiers et même moins de matière, suivant la grosseur et la nature des cordages, une exécution plus parfaite permet d'obtenir aujourd'hui la même force. C'est un des plus beaux exemples qu'on puisse citer de l'avantage qu'on trouve à substituer des moyens scientifiques, aux-à-peu près des opérations purement manuelles.

Nous engageons les propriétaires d'ateliers de corderie, à faire une étude sérieuse de ces moyens nouveaux, qui ont le double avantage d'économiser beaucoup les frais de matière et de main-d'œuvre, et de procurer des produits plus parfaits à tous égards. Voyez II<sup>e</sup> volume, Machines.

Il nous reste à parler d'un genre de surfaces gauches fréquemment employé dans l'architecture civile et navale, ainsi que dans la structure des machines : il s'agit des surfaces spirales engendrées par le mouvement d'une ligne droite, ou d'un arc de cercle.

*Surfaces spirales des escaliers*. Parmi les diverses surfaces gauches que nous avons examinées, ( dixième leçon ) celles que présentent les escaliers tournants, sont des *surfaces spirales*.

La surface spirale de l'escalier en tour ronde, est formée par le mouvement d'une ligne droite horizontale, appuyée d'un bout sur l'axe même de la tour qui sert de cage à l'escalier, et de l'autre bout sur une spirale tracée suivant le contour intérieur de la tour.

Si l'on donne la même hauteur à toutes les marches de l'escalier, il est évident qu'elles auront aussi la même largeur, à des distances égales du centre. Par conséquent si ABC, fig. 14, est le cercle qui représente la base du cylindre formant la cage de l'escalier, tout autre cercle, tracé, du même centre que le premier, sera divisé en parties égales, par la projection horizontale des marches.

*Surface spirale de la vis d'Archimède.* La surface spirale de l'escalier en tour ronde n'est autre chose que la vis d'Archimède, ainsi nommée parce que ce grand géomètre en fut l'inventeur. Nous expliquerons avec soin l'application qu'on a faite de cette vis pour élever les eaux, quand nous décrirons les machines hydrauliques (III$^e$. vol.).

Ayant eu l'occasion de faire construire des vis d'Archimède, en bois, voici de quels moyens je me suis servi.

J'ai d'abord divisé le contour ABCD, fig. 19, en autant de parties égales que je voulais employer de morceaux de bois pour former un tour complet de la spirale.

J'ai fait équarrir des prismes dont la base ODC, fût le secteur qui représente une des divisions égales ainsi formées sur la face cylindrique ayant DC pour projection horizontale; j'ai mené une ligne droite, inclinée suivant la direction de l'hélice que la surface spirale trace sur le cylindre ABCD.

J'ai divisé en parties égales D$d$, $dd'$.., C$c$, $cc'$...., les rayons OD, OC; puis, avec une scie tenue toujours à égale distance des deux points C, D, j'ai fait scier le morceau de bois équarri, de manière : 1°. que, sur la base supérieure de ce morceau de bois, le trait de scie aboutît en D, quand, sur la base inférieure, le même trait aboutissait en C; 2°. que, sur la base supérieure, un trait aboutît en $d$, en $d'$.... quand, sur la base inférieure, le même trait aboutissait en $c$, en $c'$.... Chacun des traits de scie est le côté d'un polygone représentant le contour d'une courbe spirale placée sur la surface spirale à produire.

Avec un rabot très-mince et à fer circulaire, tenu toujours dans une situation horizontale, et ne s'arrêtant qu'au trait de scie, en CD, et à la verticale, en O, on a successivement enlevé tout le bois superflu, pour arriver à la surface spirale supérieure de la vis d'Archimède.

Cela fait, au moyen d'une équerre, on a partout mis les faces de joint en OD et OC, d'équerre avec cette face supérieure. Enfin, menant sur les faces de joint et sur le contour CD, des lignes droites égales, en contre-bas de celles qui limitent la face supérieure de la vis, on a pu travailler la face inférieure, par les moyens qui viennent d'être décrits pour la face supérieure.

Remarquons, ici, qu'une règle ployée sans effort sur le contour cylindrique ABCD, de manière à passer par les deux points C, D, indique par son contour un arc parfait de spirale ou d'hélice; ce qui peut procurer une grande exactitude au moyen d'approximation que nous venons d'indiquer, en donnant beaucoup de traits de scie horizontaux qui s'arrêtent à l'axe O d'une part, de l'autre à l'hélice tracée par le moyen de la règle pliante.

Il n'est pas indifférent de remarquer que les joints, travaillés d'équerre avec la surface spirale, sont eux-mêmes des éléments de surface spirale du même genre; les dernières surfaces traçant, sur les cylindres à base circulaire, des hélices qui partout coupent à angle droit les hélices tracées par les premières surfaces.

Si l'on veut que le dessus des pièces dont se compose la rampe spirale, ait la figure d'un *escalier*, il faut laisser à la face supérieure OCD sa figure plane horizontale, et à la face droite extérieure OD sa figure plane verticale : en se contentant de travailler, par les moyens que nous avons indiqués, les surfaces de joint et la surface inférieure de l'escalier : X$^e$ leçon.

Souvent, au lieu de construire un escalier tournant dont les marches vont jusqu'au noyau plein O, comme dans la fig. 14, on arrête les marches au cercle $a'b'c'$, fig. 15, qui représente horizontalement un rebord en bois ou en pierre, très-peu saillant au-dessus et au-dessous de chaque marche. Tels sont les escaliers *en vis à jour*.

On admire plusieurs escaliers de ce genre travaillés avec beaucoup de précision, dans les plus beaux cafés de Paris. Ces escaliers, que rien ne semble soutenir, surprennent agréablement la vue, par leur hardiesse et leur légèreté.

Il y a des escaliers à jour, fig. 16, dont la cage n'est pas circulaire.

Quelle que soit la base ABCD$_h$, fig. 16, du cylindre qui représente cette cage, on trace toujours sur le contour de la cage, une hélice ou spirale qui s'avance dans le sens du contour ABCD$_h$, proportionnellement à la quantité dont elle s'élève verticalement. Ensuite, de chaque point de cette courbe, on mène une horizontale A$a$, B$b$, C$c$,... perpendiculaire au cylindre ayant ABCD*h* pour base. On fait A*a*, égale B*b*, égale C*c*.., et l'on trace *abcd* qui est aussi une spirale : c'est le contour intérieur de la vis à jour que forme l'escalier. L'exécution de chaque partie de surface spirale ou d'escalier ne présente pas plus de difficultés que pour les fig. 14 et 15.

Lorsqu'on veut donner à l'escalier beaucoup de solidité, souvent, au lieu d'engendrer la surface inférieure par le moyen d'une droite horizontale appuyée à la fois sur l'axe de la cage et sur une spirale tracée le long de la cage, on la termine par un arc de cercle, fig. 17, ayant cette horizontale pour diamètre, et placée dans un plan vertical. On forme de la sorte une surface spirale présentant partout une section constante.

On a besoin, dans quelques arts, de tailler des surfaces spirales en échelons sur un cône. Les horlogers combinent avec le cylindre ou barillet qui contient le ressort des montres, un cône ainsi taillé en escalier spiral, fig. 18. Une chaîne très-fine, artistement exécutée, s'enroule d'un bout sur le cylindre, en forme d'hélice, et de l'autre bout sur l'escalier conique. Le rapport variable du diamètre du cylindre et du diamètre du cône, à différentes hauteurs, compense la diminution de force du ressort, à mesure qu'il se détend ; en conséquence, il transmet son action avec une énergie constante. C'est ce qu'on entendra mieux quand nous aurons expliqué les principes des MACHINES. II$^e$ volume.

# TREIZIÈME LEÇON.

*Intersection des surfaces.*

Quand deux surfaces se coupent, la suite des points qui leur sont communs, est ce qu'on appelle leur *intersection :* c'est une ligne, droite ou courbe, suivant la forme et la position des deux surfaces.

Les corps que terminent des portions de surfaces distinctes par leur figure et leur direction, présentent, aux limites de ces surfaces, des lignes saillantes ou rentrantes, qui sont les *intersections* de ces surfaces. Ainsi, dans le prisme et dans la pyramide, les arêtes rectilignes qui séparent les différentes faces, sont les intersections des surfaces que représentent ces faces.

Lorsqu'un corps en traverse un autre, ou s'y trouve implanté, la surface du premier est en partie cachée dans le deuxième, la partie cachée est séparée de la partie découverte, par une ligne, laquelle n'est autre chose que l'*intersection* de la surface du premier corps avec la surface du deuxième.

Ainsi, dans la figure 1, les deux prismes

ABCD*abcd*, MNPQ*m'n'p'q'*, dont le deuxième traverse le premier, ont pour intersection le contour *mnpq* qui sépare, dans le deuxième, la partie visible et la partie cachée.

Pour déterminer la projection horizontale et la projection verticale des intersections de surfaces, la géométrie descriptive fournit des méthodes faciles, et dont il vous sera très-utile de faire une étude suivie, en dessinant vous-mêmes l'intersection d'un grand nombre de surfaces. Nous nous contenterons d'indiquer, à cet égard, la marche générale de la science.

L'*intersection des plans* sera notre première étude.

Pour représenter l'intersection de deux plans de projection, l'un vertical et l'autre horizontal, on divise le papier en deux parties, par une horizontale AB, fig. 2. La partie du papier qui est au-dessus de cette ligne, représente le plan vertical de projection ; la partie inférieure représente le plan horizontal de projection. Ce dernier est, d'ordinaire, le plan même du terrain. Alors l'*intersection* AB, des deux plans, est ce qu'on appelle vulgairement *la ligne de terre*.

Afin que la représentation fût parfaite, il faudrait plier d'équerre, le papier : AB marquant la direction du pli, la partie inférieure du papier restant horizontale, et la partie supérieure devenant verticale. C'est du moins ce qu'il faut faire par la pensée; c'est ce que fait naturellement notre imagination, quand on représente, sur les deux plans, des objets dont la position nous est connue. Ainsi, voyons-nous *au-dessous* de la ligne de terre le plan d'un édifice, et *au-dessus* l'élévation de cet édifice, avec ses portes, ses fenêtres, etc.? Quand même le papier sur lequel on a dessiné le plan et l'élévation serait posé sur une table horizontale, nous redresserions par la pensée l'élévation de l'édifice, et nous la verrions verticale. Quand même, au contraire, on dresserait le dessin verticalement, comme pour le clouer contre un mur, le plan ne semblerait pas moins horizontal, s'il représentait des objets tels qu'un parterre, un jardin, etc. Il faut que les élèves voient aussi dans sa vraie situation, la projection horizontale ou verticale, des volumes, des surfaces et des simples lignes représentées au-dessus ou au-dessous de la *ligne de terre.*

Pour indiquer la position d'un point qui se trouve hors des deux plans de projection, on mène, de ce point, deux lignes droites, l'une perpendiculaire au plan vertical, l'autre au plan horizontal : on marque la position du pied de ces perpendiculaires sur les deux plans de projection.

Afin d'abréger beaucoup, et de faciliter l'intelligence de ce moyen de représentation, P étant le point à projeter, situé dans l'espace, je désignerai par $P_v$, fig. 2, sa projection verticale, et par $P_h$ sa projection horizontale. Ainsi, les simples lettres $v$ et $h$, mises au bas d'une ou plusieurs lettres, indiqueront la projection verticale ou la projection horizontale de points, de lignes, de surfaces, de volumes, indiqués dans l'espace par ces dernières lettres.

Par le point P, fig. 2 et 2 bis, situé dans l'espace, faisons passer un plan perpendiculaire à la ligne de terre AB, il sera, par cela même, perpendiculaire aux deux plans de projection; donc il contiendra les perpendiculaires abaissées du point P, l'une sur le plan vertical, l'autre sur le plan horizontal de projection. En construisant un rectangle, fig. 2 bis, ayant pour côtés ces deux perpendiculaires $PP_v$, $PP_h$, intersections du plan qui les contient avec le plan vertical et le plan horizontal, on aura $MP_v = PP_h$, $MP_h = PP_v$. Enfin, si l'on fait tourner le plan horizontal de projection, pour le ramener sur le papier qui contient le plan vertical, dans ce mouvement, $MP_v$ et $MP_h$ ne cesseront pas d'être perpendiculaires à l'intersection AMB des deux plans de projection. Ainsi, *pour que deux points* $P_v$, $P_h$, *fig. 2, soient respectivement la projection verticale et la projection horizontale d'un même point* P, *il faut que la droite* $P_v P_h$, *soit perpendiculaire à la ligne de terre* AB.

La partie $MP_v$ de cette perpendiculaire, est la distance du point P au plan horizontal, et la partie MP$_h$ est la distance du point P au plan vertical.

*Projections de la ligne droite.* Quand une suite de points forment une ligne droite PQ, toutes les perpendiculaires abaissées de ces points sur un plan, forment un troisième plan qui coupe en ligne droite chacun des deux autres. Si donc on a seulement les projections P$_v$, P$_h$; Q$_v$, Q$_h$, fig. 3, des deux extrémités d'une droite PQ, en joignant par une ligne droite les points P$_v$ et Q$_v$, P$_h$ et Q$_h$, on a deux projections de la ligne droite PQ. C'est *l'intersection des plans*, qui procure ces projections.

Pour représenter un plan d'après la méthode des projections, il faut un autre moyen. Voici celui qu'on emploie.

Le plan qu'on veut représenter, coupe chaque plan de projection suivant une ligne droite; il coupe à la fois ces deux plans en un point M, fig. 4, situé sur la ligne de terre. On appelle *traces* d'un plan PMQ, ses *intersections* PM, MQ, avec les deux plans de projection.

La position d'un plan est complètement déterminée par celle de deux lignes droites qu'il contient; donc *les deux traces d'un plan suffisent pour en faire connaître la position.*

Supposons, maintenant, qu'on demande de trouver la projection verticale $p_v$, fig. 4, d'un point $p$ placé sur le plan PMQ, quand on connaît la projection horizontale $p_h$ de ce point. D'abord les deux projections $p_v$, $p_h$, du point $p$, sont nécessairement sur une perpendiculaire à la ligne de terre : menons-la. Par le point $p$, traçons sur le plan PMQ, une horizontale ; elle sera parallèle à la trace horizontale PM ; donc sa projection $p_h m_h$ sera parallèle à PM. Mais le point $m_h$, qui est sur la ligne de terre AMB, ne peut appartenir qu'à un point $m_v$ placé sur le plan vertical de projection. Donc la perpendiculaire $m_h m_v$, à AB, contient le point $m_v$, dont $m_h$ est la projection horizontale. Ce point d'ailleurs est aussi sur la trace MQ ; donc il est en $m_v$. Menant ensuite $m_v p_v$, parallèle à AMB, cette ligne représente, sur le plan vertical, la projection de $mp$ ; donc la projection verticale du point $p$ se trouve à la fois sur $m_v p_v$ et sur $p_h p_v$ : donc elle est au point $p_v$, *intersection de ces deux lignes droites*. Par conséquent, $p_v$ est la projection verticale du point ayant $p_h$ pour projection horizontale.

Supposons que les traces MP et MQ, SR et ST, fig. 5, de deux plans, soient données, et qu'on demande l'*intersection de ces deux plans* : 1°. le point $D_v$ étant sur les deux traces verticales, appartient à cette intersection, et comme il est dans le plan vertical de projection, il se projette en $D_h$, sur la ligne de terre AB ; 2°. le point $E_h$ étant sur les deux traces horizontales, appartient à l'intersection des deux plans ; et, comme il est sur le plan horizontal, sa projection verticale $E_v$ est sur la ligne de terre. Voilà donc deux points de la ligne droite suivant laquelle se coupent les deux plans, savoir: premier point, $D_v$, $D_h$, deuxième point, $E_v$, $E_h$. Par conséquent, la ligne droite à laquelle appartiennent ces deux points, a pour projections les deux lignes droites $D'E_v$, $D_h E_h$: c'est l'*intersection* cherchée.

*Projections d'un polygone.* Un polygone quelconque ABCDE, fig. 6, terminé par des lignes droites, a pour projections deux polygones d'un même nombre de côtés $A_v B_v C_v D_v E_v$, $A_h B_h C_h D_h E_h$, dont les sommets correspondants sont sur les mêmes verticales $A_v A_h$, $B_v B_h$, etc.

L'intersection de deux plans étant toujours une ligne droite, dont les projections sont aussi des lignes droites, il s'ensuit qu'un corps terminé par des faces planes, l'est aussi par des arêtes rectilignes, qui sont les *intersections* de ces faces. On représente ce corps en dessinant sur le papier, les lignes droites qui sont les projections de chaque arête. Les sommets qui terminent chaque arête, sont placés sur la même verticale, dans les deux plans de projection.

Ainsi, dans la fig. 7, une pyramide SABC est représentée, horizontalement et verticalement, par les projections de ses arêtes, et les sommets correspondants sont projetés en $S_v$ et $S_h$; $A_v$ et $A_h$; $B_v$ et $B_h$; $C_v$ et $C_h$, sur des droites $S_v S_h$,

$A_vA_h$, $B_vB_h$ et $C_vC_h$, perpendiculaires à la ligne de terre MN.

Par des *intersections* de plans et de lignes droites, la géométrie descriptive enseigne à déterminer : la longueur d'une ligne droite dont on connaît les deux projections, et la superficie d'une figure plane donnée par les deux projections de son contour; l'angle formé par deux droites dont on connaît les projections; l'angle formé par deux plans, dont on connaît les traces horizontales et verticales; la plus courte distance de deux lignes droites, données par leurs projections; l'angle qu'une droite, donnée par ses projections, fait avec un plan donné par ses traces, etc. C'est dans un cours de dessin linéaire, qu'il faut enseigner aux élèves la solution de ces problèmes.

Avec ces solutions, les artistes pourront faire une foule d'applications aux arts les plus importants : à l'architecture, à la coupe des pierres, à la charpente civile, à la construction des vaisseaux, des machines, des métiers, etc.

Non-seulement ils dessineront des plans horizontaux et des projections verticales d'édifices, de navires, de machines, etc.; mais ils pourront aisément faire, de ces objets, une *coupe* par un plan quelconque. Le plan de cette coupe, en rencontrant des lignes droites données par leurs projections horizontales et verticales, produira des points et des angles qu'ils sauront déterminer. Les divers plans, donnés par leurs *traces*, auront une ligne droite pour *intersection* avec le plan de la coupe; les élèves détermineront ces lignes droites, et produiront la représentation fidèle et complète de toutes les parties d'édifice, qui ne sont pas curvilignes.

Le charpentier, par exemple, représentera rigoureusement toutes les parties de la charpente d'un plancher et d'un toit plan. Avec des sections et des coupes, il aura les formes et les dimensions de chaque pièce de bois, poutre, solive, chevron, faîtière, etc. Ces diverses pièces sont terminées par des faces planes et par des arêtes rectilignes; il tracera les projections de ces arêtes. Ces diverses pièces aboutissent l'une contre l'autre, et les lignes qui marquent le lieu des aboutissements sont l'*intersection* des faces planes des pièces de bois en contact; il déterminera ces intersections par les simples méthodes que nous avons indiquées. Enfin, toutes les pièces de charpente ne sont pas à angle droit sur toutes leurs faces; il mesurera les angles faits par les diverses faces d'une même pièce, et par les faces adjacentes de diverses pièces contiguës. Il trouvera, de même, la direction, la longueur et la largeur de chaque face des diverses pièces.

En suivant cette méthode, sans s'en douter,

un bon charpentier pratique, au moyen des projections et des coupes, parvient à déterminer rigoureusement toutes les parties rectilignes de la charpente d'un édifice.

Vous voyez, par là, qu'un charpentier exercé, qui dessine avec intelligence et précision toutes ses pièces et leurs assemblages, possède, en réalité, des connaissances de géométrie fort étendues. Peu importe qu'il ne donne pas aux lignes, aux surfaces, aux solides, les noms adoptés par les professeurs et consacrés par les livres; il suffit que le fond des choses soit le même. La science n'en a ni moins d'utilité ni moins de prix, pour être enseignée dans la langue vulgaire, et sans appareil didactique.

Les observations que je présente, au sujet des connaissances du charpentier, je puis également les appliquer aux connaissances du tailleur de pierre. *Le tailleur de pierre* est obligé de préparer chacune des pierres principales dont se compose un édifice construit avec soin, suivant une forme telle que ces pierres, mises à côté les unes des autres, ou posées les unes sur les autres, dans un ordre déterminé par des conditions de durée et de solidité, reproduisent exactement les formes données par l'architecte, dans ses plans et ses élévations. En partant des projections horizontales et verticales, le tailleur de pierre divise les murs par une suite de *plans coupants*.

Alors, la forme des pierres de taille se trouve déterminée : 1°. par les faces extérieure et intérieure des murs ; 2°. par les plans coupants qu'on appelle *plans de joint*, parce que c'est suivant ces plans que les pierres immédiatement consécutives se *joignent*.

Les pierres de taille des murs verticaux ordinaires sont très-faciles à tracer, puisque ce sont des parallélipipèdes dont toutes les faces contiguës sont d'équerre, et toutes les arêtes opposées parallèles. Mais, quand les murs ont un talus, quand ils forment ensemble des angles qui ne sont pas droits, il faut tailler les pierres suivant des figures plus compliquées; il faut déterminer les angles que font les faces inclinées avec les faces horizontales, les angles des arêtes qui suivent la direction d'un mur avec les arêtes qui suivent la direction du mur contigu, etc. Souvent le dessus des portes et des fenêtres, quoique plan, est formé de plusieurs pierres mises à côté les unes des autres et plus larges en haut qu'en bas, pour qu'elles ne tombent pas par l'effet de leur pesanteur. Il faut encore ici déterminer les angles des arêtes et des faces de ces pierres, et leurs dimensions, etc. On résoudra tous ces problèmes par le moyen des *intersections*.

On apprend aux élèves, architectes, entrepreneurs de bâtiments, appareilleurs, etc., à tailler en plâtre, sur des dimensions proportionnelles, des modèles de voûtes, de portes, de fenêtres, d'escaliers, etc., en donnant à chaque pierre sa figure convenable, et en déterminant géométriquement les joints et les arêtes de chaque pierre. On ne saurait trop recommander un pareil exercice. Il serait à désirer qu'en l'enseignant, on disposât les traits à couper, suivant l'ordre des surfaces planes, cylindriques, coniques, développables, gauches, de révolution, etc., que nous avons adopté dans notre cours. Il faudrait aussi qu'on enseignât à tailler des modèles de charpente, de menuiserie etc., comme ceux de la coupe des pierres. Ce moyen rendrait l'instruction plus fructueuse et plus rapide.

*Intersection des lignes droites et des plans, avec des surfaces courbes.* Nous rangerons ces surfaces dans l'ordre même suivant lequel nous les avons examinées. Nous étudierons successivement les intersections de la ligne droite et du plan, avec les surfaces cylindriques, coniques, développables, gauches, de révolution, etc.

*Projections du cylindre.* Pour les obtenir on décrit, sur un des plans de projection, par exemple sur le plan horizontal, *la trace*, l'intersection de ce cylindre avec ce plan. Remarquons, ensuite, que toutes les arêtes du cylindre étant parallèles, leurs projections sont nécessairement parallèles. Dès qu'on aura déterminé, fig. 9, la direction $C_h c_h$, $C_v c_v$ des deux projections d'une arête, on aura par conséquent la direction des projections de toutes les autres arêtes. Ordinairement on se contente de marquer, en projection horizontale, ainsi qu'en projection verticale, les arêtes extrêmes $A_v a_v$ et $E_v e_v$ ; $B_h b_h$, $D_h d_h$.

*Intersection du cylindre avec un plan.* Nous savons comment on détermine l'intersection d'une droite avec un plan, lorsqu'on connait les traces du plan et les projections de la droite. Si l'on effectue cette opération pour les diverses arêtes du cylindre, chaque arête va donner un point d'intersection, qu'on projettera horizontalement et verticalement. L'ensemble de ces points forme une courbe horizontale et une courbe verticale; ce sont les deux projections de *l'intersection* cherchée.

Dans les opérations des arts, il est très-ordinaire de tracer les intersections sur les surfaces mêmes, en les présentant l'une contre l'autre. Supposons, par exemple, fig. 10, que le cylindre soit un tuyau de poêle, ayant déjà reçu sa forme cylindrique, et que le plan soit une feuille de tôle qui doit être traversée par le tuyau. On posera le tuyau dans la direction même qu'il doit avoir; mais en le retirant assez pour qu'il ne heurte pas le plan qu'il doit traverser. Cela fait, tenons une règle toujours posée contre le cylindre, suivant la direction même des arêtes de cette surface.

Avançons ou retirons la règle jusqu'à ce que, d'un bout, elle touche la feuille de tôle. Enfin, pour chaque position de cette règle, marquons son aboutissement sur la feuille; l'ensemble des points ainsi déterminés sera la courbe d'intersection des deux surfaces.

Supposons qu'on marque sur la règle une longueur constante et convenable, à partir du bout qui touche toujours la feuille de tôle, et qu'à toucher ce point, l'on en marque un nouveau sur le cylindre ou tuyau; la suite des nouveaux points ainsi marqués, va former une courbe; c'est *l'intersection du cylindre avec un plan*. Transportons parallèlement ou la feuille de tôle ou le cylindre. En vertu de l'égalité des parallèles comprises entre parallèles, les deux courbes qu'on vient de tracer, l'une sur le plan, l'autre sur le cylindre, s'appliqueront exactement l'une contre l'autre et se confondront. Ces deux courbes tracées, on taillera suivant leur contour, soit le cylindre, soit la feuille plane, ou les deux surfaces à la fois : d'après les besoins pour lesquels ces surfaces sont destinées.

Cette méthode a cela d'avantageux qu'elle est exacte, quelle que soit la figure du cylindre, et quand même la feuille de tôle, au lieu d'être plane, aurait une figure courbe quelconque.

*Application à la construction des vaisseaux.* Les charpentiers emploient cette méthode pour tracer, sur place, la courbe d'intersection de la surface de la proue et de la surface des ponts, avec celle des mâts, et pour percer les *étambrais*.

*Application des intersections de cylindres aux ombres portées.* Lorsqu'une surface terminée à vives arêtes, intercepte les rayons de la lumière du soleil, si l'on mène, par chaque point du contour de cette surface, une parallèle aux rayons solaires, toutes ces parallèles forment un cylindre qui sépare, au delà de la surface, la partie dans l'ombre et la partie éclairée. Si, derrière le cylindre, se trouve un corps tout entier compris dans cette ombre, le soleil est totalement caché, *éclipsé* par la surface qui porte ombre. Si le corps n'est qu'en partie dans l'ombre, et qu'on détermine l'*intersection* de la surface de ce corps avec le cylindre, la courbe ainsi déterminée, *séparera*, sur le corps, la partie dans l'ombre et la partie éclairée. Ainsi, l'on obtient une *ligne séparation d'ombre et de lumière*, sur le corps opaque, au moyen de la courbe d'*intersection* de la surface de ce corps avec le cylindre qui marque, dans l'espace, la limite des rayons solaires interceptés par la surface opaque.

Prenons une règle, et tenons-la toujours parallèle aux rayons solaires. Appuyons cette règle, d'un côté contre la surface qui porte ombre, de l'autre sur le corps en partie éclairé. Chaque position de la règle va marquer un point sur ce corps, et l'ensemble des points ainsi marqués sera la ligne séparation d'ombre et de lumière.

Il est nécessaire que les dessinateurs, les peintres et les graveurs se forment une idée exacte des cylindres qui projettent les ombres des corps. Il leur serait très-utile de déterminer rigoureusement, avec les méthodes des projections et des *intersections* de surfaces, la figure des ombres portées par beaucoup de corps, ayant une position et des formes variées, sur d'autres corps également variés dans leurs formes et leur position. Ils acquerraient de la sorte une expérience certaine des effets de la lumière solaire, relatifs à la figure des ombres; et cette connaissance les empêcherait de tomber souvent en des fautes grossières qu'un peu de géométrie, appliquée à leur art, leur ferait éviter.

L'exactitude des ombres portées est surtout nécessaire dans les dessins d'architecture, où tous les objets représentés, les murs, les colonnes, les voûtes, etc., ont des formes géométriques rigoureuses. Il est donc nécessaire que l'architecte qui veut ombrer ses plans, et juger ainsi des effets d'ombre et de lumière que ses constructions doivent produire, s'habitue à déterminer toutes les ombres portées, avec la plus scrupuleuse exactitude.

Dans les plans d'architecture et dans le dessin

des machines, on suppose que les rayons solaires sont inclinés à 45°, en descendant de gauche à droite. Quand on dessine les objets au trait, sans lavis, on marque en traits plus gros les contours qui tiennent à des faces placées dans l'ombre, et en traits plus fins les contours qui ne séparent que des faces éclairées. Cette simple indication suffit pour donner l'intelligence des reliefs et des creux qu'on pourrait sans cela confondre à la vue des simples dessins au trait.

Ainsi, fig. 11, par la seule inspection des côtés ombrés et des côtés éclairés, je distingue sur-le-champ, dans ABCD, un cadre en relief, et dans *abcd*, un cadre en creux. Il importe que les élèves qui dessineront des édifices et des machines, s'habituent à marquer avec intelligence les traits fins et les traits forts; puisqu'en les confondant, on ferait prendre pour relief ce qui est creux, et ce qui est creux pour ce qui est relief.

*Application à la perspective.* Lorsqu'on doit mettre en perspective un dessin d'architecture *ombré*, il faut déterminer le point de concours de tous les rayons parallèles, d'après la méthode générale des points de concours, exposée dans la neuvième leçon. Dès qu'on aura la perspective d'un point quelconque (1), si l'on joint, sur

---

(1) D'ordinaire, on suppose vertical le plan PMQ, fig. 8, du tableau. D'après cela, $X_v S_v$, $X_h S_h$, étant les deux projections d'une

le tableau, ce point avec le point de concours des rayons solaires, on aura la perspective du rayon qui passe par le point donné, ou, si le point est *opaque*, la perspective de l'ombre portée par ce point. Une courbe quelconque, mise en perspective, aura pour ombres portées, une suite de lignes droites, qui toutes aboutiront au point de concours : comme les arêtes d'un cône.

*Intersections du cône et du plan.* Ces intersections, appelées spécialement SECTIONS CONIQUES, quand il s'agit d'un cône circulaire, oblique ou droit, sont de la plus haute importance pour la science et pour les arts. Leur seule étude constitue, comme celle des triangles, une branche séparée et considérable de la géométrie; c'est, pour ainsi dire, un intermédiaire pour passer de la géométrie élémentaire à la haute géométrie.

Je ne puis ici que vous indiquer, en bien peu de mots, les formes essentielles des sections coniques et leurs principales applications.

On détermine les projections horizontales et verticales de l'intersection du cône avec un plan, comme on a fait pour le cylindre : en détermi-

---

ligne droite, et $x_h$, l'intersection de $X_h S_h$ avec la trace horizontale du plan, il suffit de mener la verticale $x_h x_v$; a $x_v$ sera la hauteur du point sur une verticale élevée à partir de $x$ sur le tableau. Cette méthode suffit pour déterminer l'intersection de tout rayon mené du point de vue, et par conséquent la perspective de tous les points d'une figure donnée.

nant la projection horizontale et verticale de l'intersection de ce plan avec chaque arête du cône. La courbe qui, sur chaque plan de projection, passe par les points déterminés ainsi, est la projection cherchée.

Prenons le cône le plus simple et le plus régulier : le cône droit circulaire, fig. 12. Toutes les sections de ce cône, par des plans parallèles à la base, sont des *cercles* comme la base : nous avons expliqué les propriétés du cercle et de sa circonférence. (III<sup>e</sup>. leçon.)

I. L'ELLIPSE. Si l'on coupe le cône par un plan PQ, fig. 12, oblique à l'axe, et que ce plan rencontre toutes les arêtes, *la section conique* ainsi produite est une ellipse : courbe *fermée* de toutes parts. Voici les principales propriétés de l'ellipse.

Elle a un *centre* O, fig. 13, et deux axes AB, CD, qui s'y croisent à angle droit. Toute ligne SOT menée par le centre O, et terminée au contour de l'ellipse, est divisée par le centre, en deux parties égales; c'est un *diamètre* qui divise l'ellipse en deux parties, dont l'une peut exactement couvrir l'autre, en renversant bout pour bout ce diamètre.

Chacun des deux axes divise l'ellipse en deux parties symétriques. Ainsi, toute perpendiculaire MPN à l'un des axes AB, est divisée par cet axe, en deux parties égales PM, PN. Par conséquent, si nous faisons tourner la demi-ellipse ACB, sur

AB comme charnière, tous les points du contour ACB vont s'appliquer immédiatement sur les points du contour ADB.

Si le centre de l'ellipse est aussi celui d'un cercle ayant l'axe AB pour diamètre, en prolongeant OD et PN, jusqu'en $d$ et $n$, sur le cercle, on aura toujours la proportion.... OD : O$d$ : : PN : P$n$, pour toutes les droites PN$n$ parallèles à l'axe COD. Ainsi, l'ellipse peut être considérée, dans un sens, comme un cercle *aplati* proportionnellement dans toutes ses parties.

Au contraire, si l'on trace le cercle C$b$D, fig. 13 bis, sur le petit axe CD comme diamètre, on aura la proportion suivante, pour toute ligne droite F$g$G perpendiculaire à l'axe CD, terminée en $g$ au cercle, et en G à l'ellipse..... O$b$ : OB : : F$g$ : FG.

Ainsi, l'ellipse peut être considérée, dans un sens, comme un cercle *allongé* proportionnellement dans toutes ses parties.

Un cercle étant tracé sur un plan incliné, représenté par la droite AB, fig. 14, on demande sa projection sur un plan horizontal.

Soit $ab$ la projection du diamètre AB le plus incliné de tous, $o$ étant la projection du centre O, si l'on mène $cod$ perpendiculaire à $ab$, et qu'on fasse $oc$=OC= le rayon du cercle, la courbe $acbd$ sera la projection de ce cercle ; ce sera une *ellipse*. En effet, menons la perpendiculaire quelconque MN, au diamètre AB du cercle tracé sur le plan AB : l'horizontale MN sera dans le plan du cercle, et par conséquent égale à sa projection $mn$. Ainsi, les perpendiculaires *mn* seront simplement plus rapprochées du grand axe *cod*, que les perpendiculaires MN ne le sont du rayon CO, dans le rapport de OM à *om*. Donc la projection du cercle n'est autre chose que ce cercle aplati proportionnellement dans toutes ses parties : c'est une *ellipse*. Ainsi.....

*Toutes les fois qu'on projette un cercle sur un plan qui ne lui est pas parallèle, la projection est une ellipse, et le grand axe de cette ellipse égale le diamètre du cercle.*

Je ne puis m'étendre sur une foule de propriétés de l'ellipse; mais il en est une sur laquelle je dois appeler votre attention, à cause de ses applications aussi nombreuses qu'importantes.

Si l'on marque deux points fixes F et *f*, fig 15, par deux piquets ou jalons, auxquels on attache un cordeau plus long que la distance F et *f*; puis, qu'avec un traçoir, on tienne tendu ce cordeau, en s'avançant tantôt du côté de F et tantôt du côté de *f*, on va décrire une ligne courbe : cette courbe est l'ellipse. On l'appelle *ellipse du jardinier*, parce que le jardinier trace ainsi les ellipses des parterres.

Une propriété très-remarquable de l'ellipse, c'est qu'en chacun de ses points C, les deux portions rectilignes du cordeau, FC et *f*C, font en C le même angle avec la courbe ou sa tangente *t*CT (1).

---

(1) Pour le démontrer, sur FC prolongée prenons C*g*=C*f*, et traçons *fg*. Menons la droite TC*t* perpendiculaire à *fg*. Les obli-

*Application à l'optique.* L'expérience a fait connaître qu'un rayon de lumière FC, qui vient frapper une courbe ou surface ACB, prend une autre direction C*f*, ou, comme on dit, *se réfléchit* suivant C*f*, de manière que les deux rayons FC et C*f* font le même angle avec la courbe ou la surface. Donc, si l'ellipse réfléchit la lumière, comme le fait un miroir plan, tout rayon lumineux FC, émané du point F, doit, en se réfléchissant, prendre la direction C*f* qui passe par *f*.

On appelle *foyers* les deux points F et *f*. Ainsi, *tous les rayons de lumière émanés d'un foyer, et réfléchis par le contour de l'ellipse, passent par l'autre foyer.*

*Application à l'acoustique.* Le son, comme la lumière, se propage en ligne droite; il se réfléchit de même en ligne droite, sous un angle de réflexion égal à l'angle d'incidence. Par conséquent, si le contour de l'ellipse est construit de manière à réfléchir le son, tous les sons émanés du foyer F, se réfléchiront en passant par l'autre foyer *f*, qui sera un *écho* de F.

---

ques C*f* et C*g* étant égales, l'angle *f*C*t*=*g*CT=FC*t*. De plus pour un point quelconque *t* de CT*t*, la somme des distances F*t*+*ft*=F*t*+*tg* ligne brisée, est plus grande que la ligne droite FC*g*=FC+*f*C. Donc le point *t* est hors de l'ellipse. Ainsi la droite TC*t* ne peut toucher l'ellipse qu'en C; c'est une *tangente*. Donc la tangente à l'ellipse, en C, fait le même angle avec les deux rayons vecteurs. Le même genre de démonstration s'applique à la propriété des tangentes de la parabole, p. 322, ligne 5, et de l'hyperbole, p. 324, lig. 6.

On a construit en ellipse, fig. 15, des salles où l'expérience a justifié la théorie. Si l'on parle à voix basse au foyer F, de manière qu'on ne soit pas entendu à peu de distance, en O, par exemple, l'effet de l'écho rend néanmoins les paroles prononcées à voix basse en F, très-distinctement intelligibles à l'autre foyer $f$.

Citerai-je une application déplorable de cette propriété qu'ont les échos? Des hommes cruels ont construit des prisons, où les malheureux détenus, enchaînés vers un foyer F, ne pouvaient proférer la moindre parole, sans qu'on les entendît à l'autre foyer d'une voûte elliptique, séparé de F par une cloison qui empêchait le prisonnier d'apercevoir le geôlier chargé de l'espionner.

Les planètes parcourent autour du soleil des courbes qui sont *des ellipses* ayant le centre du soleil pour un de leurs foyers. Il a fallu trente siècles d'études en astronomie ainsi qu'en géométrie, pour découvrir cette vérité d'expérience qui a préparé les plus grands et les plus beaux progrès de l'astronomie moderne.

Si l'on fait tourner l'ellipse autour du grand axe AF$f$B, qui passe par les deux foyers, on va former une surface de révolution, jouissant de cette propriété : tout rayon lumineux ou sonore FC, émané du foyer F, se réfléchit en suivant une ligne droite qui passe par le second foyer $f$.

De même qu'avec le cercle allongé ou aplati

proportionnellement dans tous ses points, on construit toutes les ellipses, de même avec l'ellipsoïde de révolution décrit, en faisant tourner une ellipse sur un de ses axes, on peut exécuter toutes les surfaces *ellipsoïdes* allongées ou aplaties. Il nous suffit d'indiquer ce moyen, sans entrer dans de plus grands détails.

Il existe une manière de tracer l'ellipse par un mouvement continu, que les artistes emploient quelquefois. AOB, COD, fig. 16, étant les deux axes, si l'on tire une droite $MN = OA$, sur le prolongement de laquelle on prenne $PN = OC$, le point M restant toujours sur le petit axe, prolongé s'il le faut, et le point N sur le grand axe, en faisant avancer ou reculer cette ligne droite, dans toutes les positions possibles, son extrémité P tracera l'ellipse ABCD.

On a construit des instruments d'après ce principe, pour tracer l'ellipse par un mouvement continu : ce sont de véritables *compas elliptiques*.

J'ai fait voir dans un mémoire (*Journal de l'École Polytechnique*, t. 13), comment ce genre de description par un mouvement continu, peut s'appliquer au tracé d'une surface ellipsoïde quelconque, au moyen d'une ligne droite dont trois points déterminés restent toujours sur trois plans fixes ; tandis qu'un quatrième, qu'on fait avancer ou reculer dans tous les sens, décrit une surface ellipsoïde. Cette méthode peut trouver son application dans les tracés et les travaux qu'exige la construction des voûtes elliptiques.

II. La parabole, fig. 17, est tracée sur le cône, ABO*ba*, par un plan QR parallèle à l'une des arêtes du cône. C'est une courbe *mnp* fermée d'un côté, ouverte de l'autre, et s'étendant à l'infini, en écartant de plus en plus ses deux branches *nm*, *np*.

La parabole, MNP, fig. 18, n'a qu'un *axe* NL, par rapport auquel ses deux branches NM, NP, sont symétriques; elle possède un *foyer* F.

Prolongeons l'axe d'une quantité NG=NF distance du foyer au sommet de la parabole, et menons par le point G, la droite XY perpendiculaire à l'axe. Si nous prolongeons le rayon réfléchi IK jusqu'en H, sur XY, le point I de la parabole est également éloigné du foyer et de XY; ainsi FI=HI. On prend une équerre avec un cordeau qu'on attache en F, le long de XY; on dirige un second cordeau le long de l'équerre. Si, de plus, on tient en I les deux cordeaux, de manière que FI=IH, et qu'on laisse filer également ces deux cordeaux, à mesure que l'équerre s'éloigne de l'axe, le point I décrit la *parabole*.

En supposant que l'ellipse s'allonge de plus en plus, ses deux foyers s'éloignent l'un de l'autre. Si l'on se tient à l'un des foyers, la portion d'ellipse qui s'étend autour de ce foyer ressemble de plus en plus à la parabole, et l'on finit par la confondre avec cette dernière courbe.

Les comètes décrivent des courbes qui semblent être des paraboles, et dont le soleil occupe le foyer : ce sont des ellipses fort allongées.

Dans l'allongement de l'ellipse, les rayons vecteurs menés du foyer qui s'éloigne, vers l'autre foyer, approchent de plus en plus d'être parallèles, et le deviennent quand on suppose que les deux foyers sont infiniment loin l'un de l'autre. Alors l'ellipse est rigoureusement une parabole, et les rayons, émanés du foyer où l'on se trouve, sont réfléchis par cette courbe, de manière à ne rencontrer l'axe qu'à l'infini, où est supposé l'autre foyer. Donc, dans la parabole, les rayons partis du foyer sont réfléchis par la courbe, parallèlement à l'axe.

On fait usage de la parabole, pour recevoir la lumière émanée d'un foyer, et la réfléchir en faisceau de rayons parallèles à l'axe, au lieu de s'éparpiller vers tous les points de l'espace.

*Application aux phares.* Sur les bords de la mer, à l'entrée des ports, à l'embouchure des fleuves, au-dessus des abords dangereux, ou dans leur voisinage, on élève des feux ou lumières qu'il importe de faire apercevoir le plus loin possible. Tels sont les feux des phares. On les place au foyer de surfaces de cuivre argenté, auxquelles on donne la figure d'une parabole qui tourne sur son axe, fig. 18. C'est le *paraboloïde de révolution*. D'après cette définition, tous les rayons réfléchis par la surface qu'on appelle *réflecteur paraboloïde*, forment un faisceau de rayons parallèles ayant pour base le cercle parallèle ABCD, qui forme aussi la base de la surface ABCDN du réflecteur.

Tantôt le paraboloïde est mis dans une position fixe; dans ce cas l'on ne peut voir le phare, la nuit, à une grande distance, qu'au moment où l'on traverse l'axe du paraboloïde. Tantôt le paraboloïde tourne autour d'un axe vertical; alors il promène graduellement sur tous les points de l'horizon, la lumière qu'il réfléchit, et les navigateurs apprennent, par les absences et les retours réguliers de la lumière, que ce n'est pas un feu placé au hasard. La durée des intervalles de lumière et d'obscurité présente des différences qui font distinguer les phares d'une même côte.

III. HYPERBOLE. C'est la section $mnp$, $m'n'p'$, fig. 19, faite, dans le cône, par un plan qui coupe les deux nappes AOB, $aOb$. Elle présente deux parties séparées, dont chacune a deux branches, comme la parabole; mais avec cette différence que les branches de l'hyperbole se redressent beaucoup plus rapidement; de sorte que, dans l'hyperbole la plus fermée, ayant même axe et même sommet que la parabole, les deux branches de l'hyperbole finissent toujours par sortir d'entre les branches de la parabole.

L'hyperbole ABC, *abc*, fig. 20, a deux axes; elle a deux foyers F, *f*, comme l'ellipse; mais, au lieu que la *somme* des rayons vecteurs soit *constante*, c'est *leur différence* qui l'est. Les deux rayons FM, *f*M, font aussi le même angle avec la courbe; mais la courbe, au lieu d'embrasser les deux rayons vecteurs, comme fait l'ellipse, passe entre les deux, etc. Enfin, il existe deux lignes droites XO*x*, ZO*z*, qui font le même angle avec le grand axe FO*f*, et qui, sans pouvoir jamais rencontrer les deux branches de l'hyperbole, s'en approchent d'autant plus qu'on s'éloigne davantage du centre O par lequel elles passent. On les appelle les *asymptotes* de la courbe.

*Intersection du cône avec des surfaces courbes.* Pour la déterminer, il suffit de faire passer, par le sommet du cône, une suite de plans. Ils couperont le cône suivant des arêtes rectilignes; ils couperont les surfaces courbes suivant d'autres lignes dont les intersections avec ces arêtes seront les points mêmes de la courbe cherchée.

*Applications à l'optique.* Ainsi que nous l'avons expliqué, neuvième leçon, les objets nous apparaissent, au moyen de rayons lumineux, envoyés, de chacun de leurs points, au centre de notre œil. Chaque ligne qui projette ces rayons lumineux, devient la base d'un cône; et, si l'on trace l'*intersection* de ce cône avec la surface prise pour tableau, l'on obtient la perspective de la ligne éclairée.

Le plus ordinairement, les tableaux sont des surfaces planes, ainsi que nous l'avons supposé dans la neuvième leçon. Mais ils sont parfois des cylindres ou des hémisphères.

*Panoramas.* On a conçu l'idée de former des tableaux cylindriques, en plaçant le point de vue sur l'axe même du cylindre. Par ce moyen, l'on a pu représenter, sur le contour du cylindre, tous les objets de la nature qui se déploient circulairement jusqu'à l'horizon, autour d'un point donné. Tels sont les *panoramas*, dont le nom signifie *vue universelle*; parce qu'ils font voir, en effet, *tous* les objets qu'on peut découvrir d'un seul point. Ainsi, le tracé des panoramas n'est autre chose que l'*intersection* de la surface cylindrique formant le tableau, avec une ou plusieurs surfaces coniques ayant leur sommet au point de vue, et pour base toutes les lignes de la nature, que l'artiste se propose de représenter.

Afin de simplifier les travaux d'exécution de ce genre de perspective, on divise l'horizon en un assez grand nombre de parties : en vingt, par exemple. On dessine, sur des feuilles planes ordinaires, la vue perspective des objets compris dans ce vingtième de l'horizon; puis, on peint côte à côte, sur une toile représentant le développement de la surface du cylindre formant tableau, les vingt bandes verticales et parallèles; enfin, on tend la toile contre le mur cylindrique de la rotonde qui doit contenir le panorama.

La vérité de ce genre de peinture, quand il est bien exécuté, frappe le spectateur, au point de produire quelquefois toutes les illusions de la nature même. Aucun autre moyen de représentation ne fait mieux connaître l'aspect général d'un site, autour d'un point donné; avantage que ne saurait avoir un plan en relief, ni la perspective plane d'une partie de l'horizon.

*Miroirs magiques.* Auprès des panoramas, l'analogie des conceptions géométriques nous fera placer un jeu de physique assez remarquable. Il a pour objet de tracer sur un plan, des figures telles que, réfléchies par des miroirs cylindriques ou coniques, elles viennent se peindre dans l'œil du spectateur, de manière à représenter des objets réguliers et des formes naturelles. Pour tracer ces objets sur le plan, il faut concevoir : 1°. toutes les arêtes des cônes qui mettent chaque objet en perspective sur le miroir; 2°. des rayons réfléchis, en considérant ces arêtes comme des rayons incidents. Chaque rayon réfléchi, par son intersection avec le plan, donne un point; et l'ensemble des points, ainsi déterminés, est la figure même qu'on voulait dessiner. Le plaisir que procure un tel spectacle, naît de la surprise qu'on éprouve en voyant les formes les plus irrégulières, les plus bizarres et souvent les plus hideuses, transformées par la réflexion de la lumière, et devenant tout à coup des formes régulières, élégantes, et qui satisfont à nos idées de convenance et de beauté.

*Perspectives peintes sur des coupoles.* Dans les grands édifices, tels que les temples et les palais, les voûtes et les coupoles sont souvent ornées de perspectives dont le tracé se forme par *l'intersection des surfaces coniques* avec les surfaces de ces voûtes et de ces coupoles. Il est alors très-important que l'artiste fasse une étude approfondie de ces perspectives; afin que des tracés qui, vus de près, peuvent différer beaucoup des formes et des positions de la nature, considérés du point de vue, apparaissent sous les formes et dans les positions qui leur sont propres.

*Ombres coniques.* Lorsqu'un point lumineux, un flambeau, une bougie, un faisceau de lumière qui passe par une petite ouverture, éclairent des objets opaques, ils projettent l'ombre de ces objets de manière que, dans l'espace, c'est une surface conique qui sépare l'ombre d'avec la lumière.

Si l'on veut tracer l'ombre qu'un corps éclairé par un seul point porte sur un autre, il faut déterminer l'*intersection de cette surface conique*, donnée par le corps qui porte ombre, avec le corps sur lequel l'ombre est portée.

A ce sujet, comme à celui des ombres portées par des rayons parallèles, nous ferons sentir aux jeunes peintres tout l'avantage qu'ils trouveront à déterminer à l'avance, par des méthodes géométriques, beaucoup d'ombres portées de ce genre, pour s'habituer aux formes qui en résultent et pour bien juger des effets de lumière quant à la figure des ombres; ce qui ajoutera beaucoup à la vérité de leurs productions.

En suivant une méthode analogue à celle que nous venons d'indiquer, on trouvera : 1°. les intersections des surfaces développables ou gauches, avec d'autres surfaces qui déterminent les points où ces dernières sont rencontrées par chacune des droites qui sont *les arêtes* des premières; 2°. les intersections des surfaces de révolution avec les autres surfaces, en cherchant les points où ces dernières sont coupées par les *cercles parallèles* tracés sur les premières, etc. *Dans toutes ces opérations, le grand talent de l'artiste sera de bien choisir ses plans de projection; afin d'avoir pour les projections des lignes génératrices de chaque surface, des courbes simples et faciles à tracer.*

# 1. GÉOMÉTRIE.    ARTS ET MÉTIERS et BH8

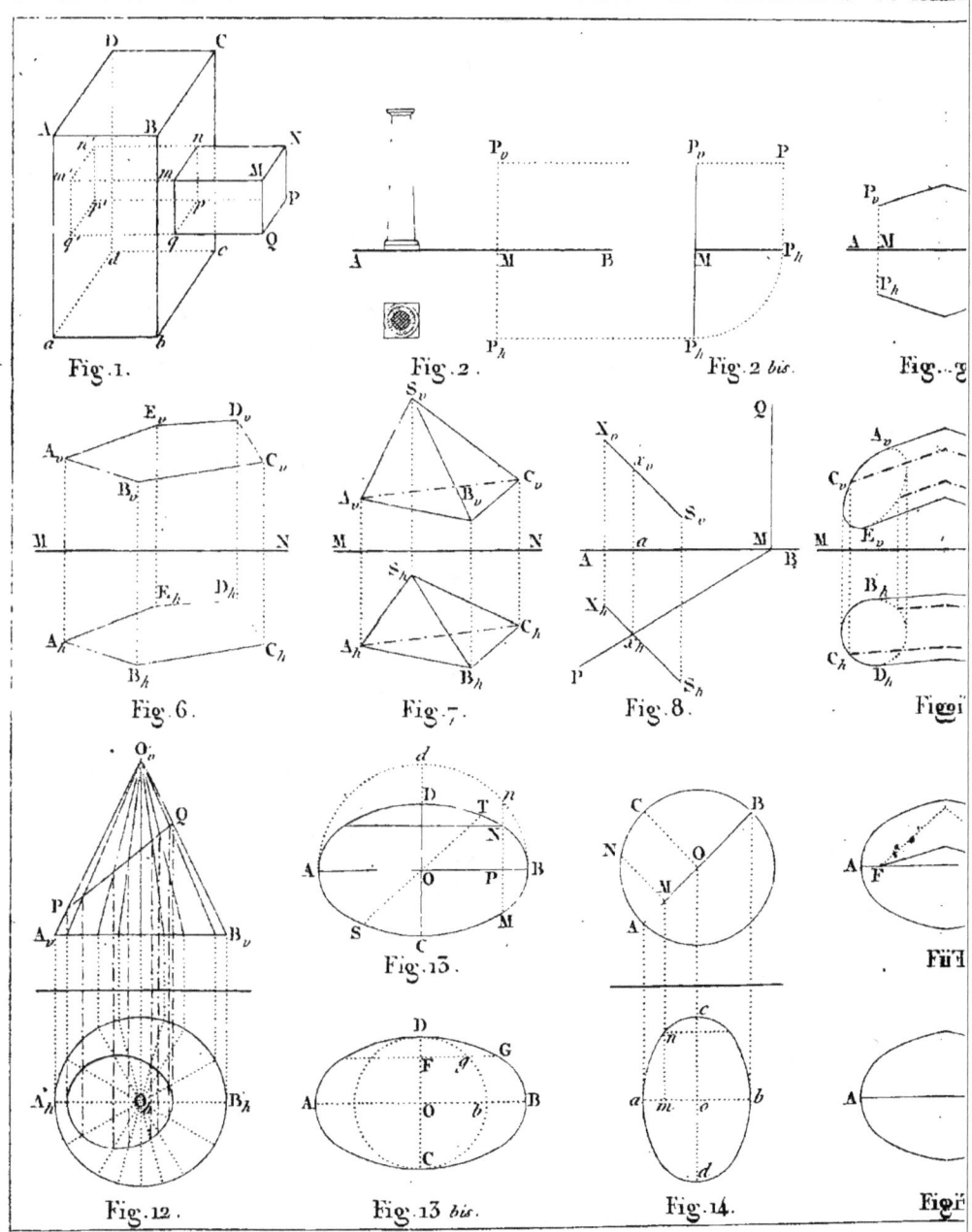

Dessiné par Charles Dupin.

XIII.ème LEÇON.

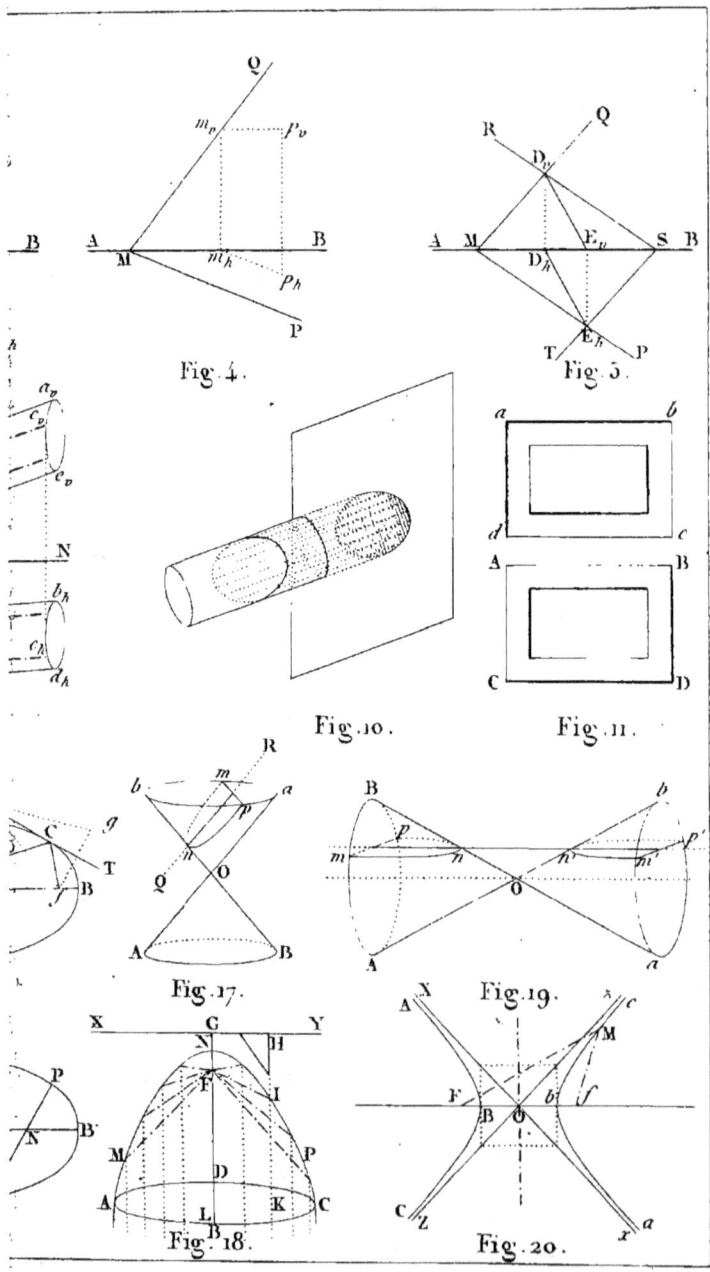

Gravé par Adam.

# QUATORZIÈME LEÇON.

*Des tangentes et des plans tangents aux courbes et aux surfaces.*

---

Souvent, pour faciliter nos conceptions et nos démonstrations, nous remplaçons une courbe ABCDEFGH, fig. 1, par un polygone rectiligne dont les côtés très-petits AB, BC, CD, DE,... se rapprochent beaucoup de l'élément de courbe compris entre ces différents points.

Si, par deux points A, B, supposés marqués sur la courbe aussi près l'un de l'autre qu'il nous soit possible de le faire, nous menons la ligne droite XABY, elle se confondra, pour ainsi dire, avec la courbe, dans le court espace qui sépare les deux points A et B; elle marquera la direction de cette petite partie de la courbe ABCDEFGH. Alors nous dirons que la droite XABY est *tangente* à la courbe, dans le très-petit élément AB.

Remarquons bien que cette manière de trouver les tangentes d'une courbe n'est *qu'approximative*. Essayons, par un exemple simple, de nous former une idée rigoureuse des véritables tangentes.

Dans le cercle ABC, fig. 2, menons le rayon OA; puis, par l'extrémité A, la perpendiculaire XAY, à ce rayon. Nous avons démontré (III°. leçon) que tout point de XAY, autre que A, se trouve en dehors du cercle. La droite XAY, qui touche le cercle en un seul point, est celle que nous avons nommée la *tangente* du cercle.

On ne peut, par le point A, faire passer, ni à droite ni à gauche, une ligne droite, entre la tangente et le cercle XAY. En effet, menons par le point A, la ligne quelconque AZ; puis ON, perpendiculaire à AZ. Cette perpendiculaire ON sera nécessairement plus petite que l'oblique OA. Donc AZ passera dans le cercle, et par conséquent ne passera point, à partir de A, entre le cercle et la tangente XAY.

C'est parce qu'une très-petite portion du cercle, à partir de la tangente, suit la direction même de cette tangente, qu'on peut regarder un point extrêmement près de A, pris sur le cercle, comme placé sur la tangente; ce qui suffit pour indiquer sa direction, et d'une manière d'autant moins inexacte, que le second point *approche plus* du premier.

Le rayon OA, perpendiculaire à la tangente XAY, est aussi perpendiculaire à l'élément de courbe qui, à partir de A, suit la direction même de la tangente. On appelle *normale* cette perpendiculaire à la tangente. Ainsi *le rayon du cercle est normal à la circonférence.*

Les arts font un perpétuel usage des propriétés dont jouissent les tangentes et les normales, pour donner une forme déterminée aux contours des lignes et des surfaces.

Voyons d'abord comment on trace des polygones réguliers, avec les tangentes du cercle.

Soit un polygone régulier quelconque, *abcdef....*, fig. 3. O étant le centre de ce polygone, on a $Oa=Ob=Oc=Od....$, de même que $ab=bc=cd....$ Donc les triangles $aOb$, $bOc$, $cOd$,.... sont égaux. Donc les perpendiculaires OA, OB, OC,..., abaissées de O sur $ab$, $bc$, $cd$,..., sont égales entr'elles. Donc un cercle décrit, du point O comme centre, avec le rayon $OA=OB=OC=OD=....$, a pour *tangentes* tous les côtés du polygone régulier *abcde....*

On dit que le polygone *abcde....* est circonscrit au cercle ABCD.... Ainsi, *tout polygone régulier peut être circonscrit à un cercle.*

Il est facile de voir : 1°. que la circonférence du cercle est plus grande que le contour de tout polygone inscrit, ABCD, et plus petite que le contour de tout polygone circonscrit *abcd*; 2°. que la surface du cercle est plus grande que celle de tout polygone inscrit, et plus petite que celle de tout polygone circonscrit.

C'est en multipliant beaucoup les côtés des polygones inscrits et des polygones circonscrits au cercle ayant l'unité pour rayon, qu'on a pu calculer deux contours, différant l'un de l'autre moins qu'une longueur mesurable donnée avec nos instruments, et tels cependant qu'un des contours fût plus grand, l'autre plus petit que la circonférence du cercle.

On a de même trouvé des polygones réguliers; l'un dont la surface fût plus grande, l'autre plus petite que celle du cercle, et différant entr'elles moins que toute grandeur donnée d'avance. C'est ainsi qu'on exprime, par des nombres d'une grande approximation, la circonférence et la surface d'un cercle ayant l'unité pour rayon.

On peut employer la même méthode pour déterminer le contour et la surface d'un espace terminé par toute autre espèce de courbes.

Cette méthode remarquable est appelée par les géomètres *méthode des limites*. Elle donne la démonstration *rigoureuse* d'un grand nombre d'évaluations et de principes mathématiques, *que nous avons présentés comme des à peu près qui ne diffèrent pas sensiblement de la vérité.*

Veut-on tailler une surface telle qu'une feuille de tôle, de carton, etc., suivant le contour d'un cercle ABCD, fig. 5 ? On commence par tracer avec des *tangentes* un polygone circonscrit au cercle; puis, au moyen d'un rabot, d'une lime, d'un ciseau, ou de tout autre instrument rectiligne, on abat les angles $a, b, c, d...$. Alors, on forme un polygone ayant deux fois plus de côtés, et différant beaucoup moins de la circonférence du cercle. En continuant d'abattre ainsi les angles, on forme un polygone dont les côtés sont si nombreux et si petits, que les sommets et les angles deviennent imperceptibles; alors le cercle semble parfaitement exécuté.

Dans la construction des portes, des fenêtres et des voûtes en plein cintre ou en tiers point, les pieds droits AM, CN, fig. 4 et 5, sont verticaux et perpendiculaires au rayon horizontal AO=OC, fig. 4, et AC, fig. 5. Par conséquent, ces pieds droits sont *tangents* au cintre, en A et en C.

Dans la voûte surbaissée ABCD, fig. 6, formée en anse de panier, il y a trois arcs de cercle AB, BC, CD, dont les centres $m$, O, $n$, sont ainsi disposés:

1°. O, $m$ et le point B de raccordement des arcs AB et BC, sont en ligne droite; 2°. O, $n$ et le point C de raccordement des arcs BC et CD, sont en ligne droite. Donc, si XBY est perpendiculaire à O$m$B, et si ZCT est perpendiculaire à O$n$C, ces deux lignes seront à la fois tangentes, la première aux arcs AB et BC, en B; la deuxième aux arcs BC et CD, en C. Comme les arcs de cercle ainsi tracés ont la même tangente, ils ne présentent aucun angle, aucun coude, aucun jarret, au point de leur raccordement.

Toutes les fois qu'on veut remplacer une courbe continue, par des arcs de cercle qui s'en approchent le plus possible et qui reproduisent sa continuité, il faut que les arcs de cercle se raccordent, de manière qu'ils aient la même tangente, à leur point de raccordement. C'est ce qu'on verra mieux dans la leçon suivante.

*Plans tangents des surfaces.* Parallèlement à un plan donné, faisons, dans la surface AGB,... fig. 7, une suite de sections planes AB, CD, EF;.... elles diminueront de plus en plus, à mesure que l'on s'approchera des limites de la surface, et l'on finira par arriver à un point G qui, seul, sera sur un plan MN parallèle à toutes les sections.

Traçons sur la surface, diverses courbes AGB, $aGb$,.... passant par le point G; menons, en ce point, des tangentes à ces courbes. Comme aucune droite ne peut passer entre les tangentes et les courbes, il faudra que ces tangentes soient placées sur le plan MN.

Ainsi, tout plan tangent, en G, à la surface AGB, contient *toutes* les droites tangentes, en G, aux diverses courbes tracées, par ce point, sur cette même surface. Il faut excepter pourtant les *points singuliers*, tels que le sommet du cône, etc. Mais ces points sont toujours des exceptions sur les surfaces.

Prenons la sphère pour exemple du cas général. Les sections parallèles AB, CD, EF, fig. 8, sont des cercles dont les centres $o, o', o''$, sont placés sur une ligne droite $oo'o''$... G, perpendiculaire au plan de tous les cercles et passant par le centre même de la sphère. Si, par l'extrémité G de cette droite, on mène un plan MN parallèle à celui des sections, et par conséquent perpendiculaire à $o$G, il sera tangent à la sphère.

En effet, tout autre point de ce plan sera plus loin que G, du centre de la sphère ; par conséquent, il sera nécessairement hors de la sphère : donc ce plan ne touchera qu'en G la sphère. Tout plan mené par $go$G, coupera la sphère suivant un cercle dont $go$G sera diamètre, et dont la tangente en G sera perpendiculaire à $go$G. Or, toutes les perpendiculaires en G, à une droite $go$G, sont dans le plan perpendiculaire à cette droite et passant par G ; donc, enfin, le plan tangent MN contient toutes les tangentes des cercles méridiens ayant $go$G pour diamètre. On démontrerait, avec non moins de facilité, que tout petit cercle tracé sur la sphère, par le point G, a sa tangente en G, placée sur le plan MN.

Pour les surfaces comme pour les lignes, on appelle *normale* la ligne $go$G, fig. 8, perpendiculaire en G au plan tangent.

Appliquons ces premières notions aux diverses familles de surfaces, que nous avons examinées dans les leçons précédentes.

*Plan tangent au cylindre.* Soit le cylindre AB C *abc*, fig. 9, terminé par deux bases situées dans des plans parallèles, et ayant toutes leurs lignes correspondantes parallèles. Si B*b* est une arête, les tangentes MBN et *mbn* des deux courbes, en B et $b$, seront parallèles; il en sera de même de toute autre tangente $m'b'n'$ à la courbe $a'b'c'$ parallèle aux bases, $b'$ étant sur l'arête B$b$. La suite des tangentes parallèles MBN, $m'b'n'$,... *mbn*, qui passent par l'arête B$b'b$, laquelle est une ligne droite, forme un plan. Ce plan est tangent au cylindre, dans toute l'étendue de l'arête.

*Formation des plans par des cylindres tangents.* Le *boulanger* qui fait rouler sa billette parallèlement à elle-même, forme avec la pâte un plan qui tour à tour est *tangent*, suivant chaque arête, à la surface cylindrique de la billette.

*Le jardinier* arrive au même résultat pour des allées et des tapis de gazon, sur lesquels il roule un cylindre. Au fur et à mesure que le terrain s'aplanit, il devient *tangent* au cylindre, dans toute l'étendue des diverses arêtes de cette surface.

*Le carrossier* suspend les voitures, avec une soupente en cuir, de chaque côté, fig. 11. Cette soupente suit le contour inférieur et cylindrique de la caisse de la voiture, et se prolonge de manière que sa face supérieure présente un plan tangent à la caisse de la voiture. Lorsque la caisse se balance de l'avant à l'arrière, elle avance ou recule sur ce plan tangent qui, étant le même des deux côtés, évite le balancement transversal; c'est le plus désagréable et le plus brusque dans les voitures non suspendues.

*Construction d'un cylindre par des plans tangents.* Nous allons rappeler ici la méthode que nous avons donnée dans la leçon qui traite des cylindres, pour tailler un corps solide, de manière que sa surface soit cylindrique. On tracera les bases sur les deux bouts de la pièce de bois, de pierre, etc., qu'on veut tailler en cylindre; puis, deux polygones circonscrits à ces bases, et de plus ayant leurs côtés correspondants égaux et parallèles. Ensuite, avec la scie, le rabot, ou tout autre instrument propre à tailler des surfaces planes, on fera passer des plans par les côtés parallèles de ces polygones. On obtiendra de la sorte un prisme polygonal, circonscrit au cylindre; parce que ses diverses faces seront partout *tangentes* à la surface du cylindre. Si, maintenant, avec la scie, le rabot, etc., l'on abat les arêtes du prisme, pour former de nouveaux plans tangents au cylindre : plus on multipliera ces plans, et plus les prismes qu'on formera différeront peu du cylindre.

*Plans tangents au cône.* Qu'on mène une arête SABC, sur le cône, fig. 12; toutes les tangentes en A,B,C,... aux sections parallèles A$a$, B$b$, C$c$,... sont parallèles entr'elles. L'ensemble de ces tangentes forme le plan PQMN tangent au cône, dans toute l'étendue de l'arête SABC.

*Application.* Cette propriété du cône permet, en traçant un polygone circonscrit à la base, de faire une pyramide dont les faces soient tangentes au cône, dans toute leur longueur. En abattant successivement avec la scie, le rabot, etc., les arêtes de cette pyramide, par de nouveaux plans tangents, on multiplie de plus en plus le nombre des arêtes. Alors on exécute une surface qui représente le cône, avec le degré de précision dont on a besoin. Voyez X°. leçon.

*Plans tangents aux surfaces développables.* La propriété qu'a le même plan tangent, de toucher le cylindre et le cône dans toute l'étendue d'une arête, appartient également aux autres espèces de surfaces développables. On peut considérer ces surfaces comme formées de petites facettes coniques extrêmement étroites ayant, comme celles du cône, un même plan tangent pour toute la longueur de chaque arête.

On peut faire passer une surface développable par deux courbes données, en circonscrivant à ces courbes, des polygones tels qu'un même plan passe à la fois par un côté de chaque polygone; ce plan sera tangent à la surface développable. En abattant les arêtes formées par la rencontre de ces plans, on multipliera les côtés des polygones circonscrits aux deux courbes, et les facettes planes, tangentes à la surface développable qu'on veut produire.

*Cylindres tangents l'un à l'autre, suivant une arête.* En posant à côté l'un de l'autre deux cylindres droits circulaires ABCD, BCEF, fig. 10, de manière à ce que leurs axes soient parallèles, et **distants** d'une quantité égale à la somme des rayons des bases, les deux cylindres se toucheront dans toute l'étendue de cette arête BC. Ainsi, dans toute l'étendue de cette arête, les deux surfaces auront un même plan tangent. Imaginons, à présent, qu'on ait, devant et derrière les deux cylindres, une table horizontale dont le dessus soit dans la direction même de ce plan. Si l'on pose une feuille métallique sur une des deux tables et qu'on l'oblige à passer entre les deux cylindres, éloignés également l'un de l'autre, on aplatira la feuille métallique de telle manière que les deux faces parallèles, deviendront *des plans tangents*, celle de dessus au cylindre supérieur, celle de dessous au cylindre inférieur. Ainsi, le laminage des feuilles métalliques, au moyen des cylindres, est fondé sur la propriété des plans tangents aux surfaces cylindriques.

*Cônes et cylindres tangents suivant une arête.* Quand un cylindre ABCD et un cône ADE, fig. 13, ont une même arête AD, et en D même tangente MQ, le plan mené par MQ et par l'arête AD est, à la fois, tangent au cône et au cylindre, dans toute l'étendue de AD. Donc le cylindre même et le cône sont tangents l'un à l'autre, dans toute l'étendue de AD.

Les forgerons, les ferblantiers, les chaudronniers, font usage de cette propriété pour courber, suivant une forme cylindrique, des feuilles de tôle, de fer-blanc, etc. Ils placent la feuille de manière que la direction des arêtes du cylindre soit aussi celle d'une arête de la pointe conique d'une *bigorne d'enclume*, représentée par ADE. Ensuite, avec un marteau dont le bout est creusé en cylindre, ils courbent également la feuille dans toute la longueur de la droite suivant laquelle le cône touche la feuille à courber. Ils sont sûrs, ainsi, de former une surface cylindrique. Ils formeraient de même une surface conique, ou généralement une surface développable, en augmentant ou diminuant graduellement la courbure de la feuille métallique, suivant que le marteau frappe sur l'arête de contact AD, plus près ou plus loin du sommet A.

*Cylindres tangents et enveloppes d'autres surfaces.* Si l'on suppose qu'une ligne droite constamment parallèle à sa direction primitive, s'avance en restant toujours *tangente* à une surface donnée, elle va former un cylindre, lequel sera tangent à la surface proposée, dans toute la suite des points de contact des arêtes du cylindre et de cette surface.

*Cylindres enveloppant la sphère.* Supposons, par exemple, qu'on ait une sphère *abcd*, fig. 14, et qu'une ligne droite toujours tangente à la sphère, se meuve parallèlement à un axe mené par le centre de la sphère; on formera de la sorte un cylindre droit circulaire qui touchera la sphère dans toute l'étendue d'un grand cercle *amcn*. On pourra faire avancer ou reculer la sphère dans ce cylindre, sans qu'elle cesse de le toucher suivant un cercle parallèle à *amcn*, et perpendiculaire à l'axe du cylindre.

*Applications.* Les arts font un fréquent usage de la propriété que nous venons d'expliquer. Toutes les fois que l'on doit diriger une sphère suivant un axe rectiligne XOY, on l'oblige à se mouvoir dans un cylindre qui l'enveloppe et la touche de toutes parts.

Tel est le principe sur lequel est établie la forme des armes à feu : fusils, pistolets, canons, obusiers et mortiers. Leur surface intérieure a la forme d'un cylindre droit circulaire, et les balles, boulets, bombes, obus, auxquels on veut donner une direction précise, sont des sphères qu'on oblige à suivre la direction même de l'axe de ces cylindres.

*Calibres des sphères.* Pour s'assurer : 1°. que les boulets ne sont pas d'un trop grand diamètre, ce qui ne leur permettrait pas d'entrer dans la bouche à feu qui leur est destinée; 2°. qu'ils ne sont pas trop petits, ce qui ôterait toute la justesse du tir, on a *des lunettes*, fig. 15, qui ne sont autre chose que des cylindres droits circulaires dont les arêtes sont fort courtes. Le canonnier tient d'une main la poignée AB*ab*; de l'autre, il présente le boulet en divers sens, pour voir s'il peut passer dans la lunette, et s'il passe sans laisser trop de vide entr'elle et lui. C'est ce qu'on appelle *calibrer* les boulets.

*Applications aux ombres.* La nature nous offre, à chaque instant, des exemples de surfaces cylindriques formées de lignes droites parallèles entr'elles, et tangentes à la même surface. Lorsqu'un corps terminé par une surface courbe est éclairé par le soleil, si ce corps est opaque, il fait ombre derrière lui ; les rayons qui séparent cette ombre et la partie éclairée par le soleil, sont nécessairement les rayons qui *touchent* le corps sans être interceptés par lui. Ces rayons parallèles sont donc des *tangentes* à la surface du corps. Donc, *l'ensemble des points qui limitent, dans l'espace, l'ombre portée par un corps, forme un cylindre dont toutes les arêtes sont tangentes à ce corps.* L'ensemble des points de contact de la surface du corps avec le cylindre qui limite l'ombre portée par ce corps, forme une courbe; c'est la ligne de séparation d'ombre et de lumière, sur la surface du corps éclairé.

Lorsqu'on veut, sur un plan, déterminer avec exactitude les ombres portées par un corps, il faut construire les cylindres ainsi formés par des tangentes à la surface de ce corps, parallèles à la direction supposée des rayons solaires. Puis déterminer l'*intersection* de cette surface cylindrique avec la surface des corps, sur lesquels l'ombre est portée. C'est une étude importante pour l'architecte et le dessinateur.

Si l'on fait avancer ou reculer parallèlement à lui-même, le corps éclairé, dans la direction donnée par les rayons solaires, chacun de ses points va décrire une ligne droite parallèle à ces rayons; donc, tous les points du corps qui sont sur le cylindre limite de l'ombre portée sur le corps, vont suivre la route de ces rayons qui ne cesseront pas d'être tangents à la surface du corps; le même cylindre restera toujours la limite de l'ombre portée par le corps. Ce cylindre qui entoure constamment le corps, dans toutes les positions de celui-ci, est ce qu'on appelle par rapport à ce corps, *une surface enveloppe*.

Ainsi, le cylindre droit est la surface enveloppe de la sphère, qui se meut en ligne droite et qui conserve toujours le même rayon. L'âme du canon, du mortier, etc., est la surface enveloppe de l'espace parcouru par le boulet.

On peut percer dans un corps, une surface cylindrique, enveloppe d'une sphère de rayon constant, le centre de cette sphère se mouvant en ligne droite. C'est ce qui a lieu, lorsqu'on tire une balle dans un corps mou et non fragile.

Réciproquement, on peut fabriquer une sphère, en faisant tourner un cylindre autour d'une ligne droite perpendiculaire à son axe et passant par cet axe. Dans chaque position du cylindre, il touchera la sphère suivant un cercle méridien, et l'ensemble de ces méridiens formera la sphère même. En supposant ces méridiens tracés très-près les uns des autres, on pourra substituer aux cylindres tangents, des côtes cylindriques comprises entre deux méridiens consécutifs. Alors on retombera sur la méthode d'approximation que nous avons donnée, XI$^e$. leçon.

Enfin, les mêmes moyens pourront servir pour construire : 1°. des surfaces de figure quelconque, avec d'autres surfaces qu'elles touchent de toutes parts, et qu'on fera mouvoir suivant une direction parallèle aux arêtes du cylindre; 2°. pour construire une surface quelconque, au moyen d'un système de cylindres qui la touchent par chacune de leurs arêtes.

*Application à la menuiserie.* Lorsque le menuisier doit pousser des moulures suivant un contour curviligne, il prend un rabot dont le fer représente le profil ou section transversale de ces moulures, et dont le bois est taillé suivant une surface cylindrique ayant ce profil pour base. Ensuite, il fait agir son rabot, en le tenant toujours tangent au contour que doit suivre la moulure. Dans ce mouvement, la surface cylindrique du rabot devient successivement tangente à la moulure fabriquée, dans toute l'étendue du profil donné par le fer du rabot, et la moulure est la surface enveloppe du cylindre que présente le bois même du rabot.

Les surfaces coniques vont nous offrir des considérations et des résultats analogues.

Supposons que d'un point donné S, fig. 16, l'on mène à la sphère O toutes les tangentes possibles SA, SB, SC...; on va former un cône droit circulaire, tangent à cette sphère, dans toute l'étendue d'un cercle ABCD, servant de base au cône. En effet, si l'on faisait tourner le grand cercle ABE, autour de l'axe SO, mené par S et par le centre O de la sphère : 1°. le cercle engendrerait la sphère : 2°. SA, SB, tangentes à ce grand cercle, engendreraient le cône.

Supposons que le centre O se meuve sur l'axe SO, en augmentant ou diminuant le rayon de la sphère, proportionnellement à sa distance au point S. En vertu de la propriété des figures semblables, la sphère ne cessera pas d'avoir pour tangentes toutes les arêtes SA, SB, SC..., du cône SABCD. Donc ce cône est l'enveloppe de l'espace parcouru par la sphère dont le centre se meut en ligne droite, et dont le rayon augmente ou diminue proportionnellement à la distance du centre à un point fixe de cette droite.

En substituant à la sphère une autre surface courbe quelconque, nous pourrions également, de chaque point pris hors de cette surface, faire partir toutes les lignes droites, arêtes d'un cône qui la touchât en chacune de ses arêtes. Si le point pris pour sommet du cône est un point lumineux, le cône ainsi formé marquera, derrière le corps, la limite de l'ombre portée par ce corps. Si l'on veut tracer rigoureusement la limite de l'ombre portée par ce même corps, sur une surface quelconque, il faudra déterminer l'*intersection* de cette surface avec le cône limite de l'ombre portée par le corps éclairé.

*Explication des éclipses*. C'est en appliquant cette méthode à l'astronomie, qu'on a déterminé la forme et la grandeur des éclipses. Imaginons que la lune doive passer presqu'en ligne droite entre la terre et le soleil. En regardant comme deux sphères, la lune et le soleil, nous pouvons concevoir un cône droit circulaire, qui sera l'enveloppe de ces deux astres, et qui marquera dans le ciel la limite de l'ombre portée par la lune. Tant que la terre restera tout entière hors de ce cône d'ombre, le soleil ne sera point éclipsé; mais, quand une partie de la terre entrera dans ce cône, cette partie sera privée de la lumière du soleil; pour elle, le soleil sera éclipsé par la lune; il y aura comme on dit *éclipse de soleil*. Si, pour chaque instant que doit durer l'éclipse, on détermine la position respective des trois astres et l'intersection de la surface de la terre avec le cône enveloppe du soleil et de la lune, cette intersection marquera sur la terre un certain espace. Pour les seuls lieux situés dans cet espace, il y aura éclipse totale au moment dont il s'agit. Enfin, si l'on trace toutes les intersections données dans les divers momens de la durée d'une même éclipse, les points qui seront en dehors de ces diverses intersections ne seront pas totalement éclipsés, et les autres le seront plus ou moins long-temps. La géométrie détermine, ainsi, toutes les circonstances d'une éclipse de soleil. Elle détermine avec une égale facilité les circonstances d'une éclipse de lune.

Si l'on conçoit un cône droit circulaire, qui enveloppe à la fois la surface de la terre et la surface du soleil, quand la lune entre dans le cône de l'ombre portée par la terre, il y a éclipse de lune. Si la lune entre totalement dans le cône, il y a *éclipse totale* de la lune; *l'éclipse est partielle* quand la lune n'y pénètre qu'en partie. Dans ce dernier cas, on connaîtra, pour un instant donné, la figure et la grandeur de l'éclipse, en déterminant les intersections des cônes enveloppes du soleil et de la terre, avec la surface de la lune.

Lorsque nous regardons un corps quelconque et que nous menons à ce corps, comme nous venons de faire par rapport au soleil, des rayons visuels qui lui soient tangents, ils déterminent, sur ce corps, la limite des points visibles pour nous : c'est ce qu'on appelle le *contour apparent* du corps que nous considérons.

Dans la peinture, nous dessinons, sur la surface du tableau, les contours apparents d'un corps ; c'est l'intersection de cette surface avec celle d'un cône dont toutes les arêtes sont *tangentes* à ce corps, et dont le sommet est au centre de notre œil. La connaissance des cônes enveloppes des corps, est donc indispensable pour mettre d'une manière rigoureuse, en perspective, les corps qui ne sont pas terminés uniquement par des lignes droites.

Quand une sphère lumineuse *oab*, fig. 19, éclaire une sphère opaque OAB, on peut concevoir d'abord un cône S*a*AB*b* qui enveloppe à la fois les deux sphères, et qui marque, sur la sphère OAB, la séparation absolue de l'ombre et de la lumière. On peut concevoir, ensuite, un second cône *mn*TMN, situé entre les deux sphères. L'espace IMN compris dans ce cône sur la sphère éclairée, voit en entier la sphère lumineuse. Mais, de chaque point de l'espace AMNB, on ne voit qu'une portion de la sphère éclairée ; il y a donc ombre partielle : c'est ce qu'on appelle *la pénombre*. Lorsqu'on veut ombrer les corps avec une précision rigoureuse, il faut marquer avec soin les ombres et les pénombres. On y parvient par des méthodes analogues à celles que je viens d'indiquer.

Si les deux surfaces *aob*, AOB, n'avaient aucune analogie, un même cône ne pourrait pas les envelopper à la fois tangentiellement toutes deux. Ce serait alors *une surface développable*, qu'on pourrait construire, en supposant qu'un plan restât tangent à la fois aux deux surfaces, et présentât successivement toutes les positions compatibles avec cette condition. Dans chaque position, joignons par une ligne droite, les deux points où le plan est tangent avec deux surfaces. L'ensemble de ces lignes droites va former une surface développable qui séparera l'ombre et la lumière des ombres et des pénombres, selon qu'elle sera en dehors du corps lumineux et du corps éclairé, ou qu'elle passera entre les deux corps. Je regrette que les limites de ce cours et les considérations élémentaires auxquelles je dois le borner, ne me permettent que d'indiquer ces belles propriétés des surfaces développables.

Lorsqu'on fortifie une place, il faut qu'au dehors de la place, à portée de canon, il ne soit pas possible d'envoyer directement des projectiles sur le terre-plain des ouvrages où doivent se tenir les défenseurs. On conçoit *une surface développable*, à la fois tangente à la crête des fortifications, et aux sommités du terrain qui entoure la place, à portée de canon. Il faut que cette surface développable ne coupe nulle part le terrain où les défenseurs se placeront, ni même une surface élevée au-dessus du terrain, à la hauteur de la taille ordinaire de l'homme. Quand cette condition est remplie, l'intérieur de la place est ce qu'on appelle *défilé*. Les méthodes géométriques, employées pour arriver à ce résultat, sont appelées *méthodes de défilement*.

Les arts font un fréquent usage des cônes enveloppes, pour donner aux corps des formes déterminées. Le sabotier emploie une lame rectiligne et tranchante, tenue d'un bout par un point fixe, et de l'autre bout ayant une poignée qu'il saisit de la main droite. Avec la main gauche, il présente dans une position fixe, le morceau de bois qu'il veut travailler, et qu'il taille avec l'instrument. Cette taille produit à chaque fois une surface conique tangente au sabot, dans toute l'étendue d'une certaine courbe. L'ensemble des courbes taillées ainsi, finit par produire la surface même du sabot : c'est la surface enveloppe de tous les cônes tracés par l'outil.

Lorsque le tourneur veut façonner un corps, suivant la figure d'une surface de révolution, il prend d'abord un outil fort étroit, pour faire des entailles qui vont presque jusqu'au contour de cette surface. Ensuite, il prend un ciseau plan et large, qu'il tient dans une direction tangente au contour que doit avoir la surface. Dans chacune de ses positions, le ciseau plan taille un cône. L'ensemble des cônes formés, en faisant dévier à chaque fois fort-peu la position et la direction de l'instrument, présente une suite de ceintures coniques partout tangentes à la surface de révolution, laquelle est partout enveloppée et finalement produite par ces cônes.

Les cercles des tonneaux et des mâts d'assemblage sont des cônes tangents aux surfaces de révolution des mâts et des tonneaux.

Parmi les divers modes de tracé des surfaces, il en est qui assurent plus ou moins de continuité, dans tel ou tel sens; ce qui les rend plus ou moins avantageux, suivant les besoins que les produits de l'industrie ont à satisfaire.

Examinons, maintenant, les surfaces enveloppes qu'on peut former par la flexion de certaines lignes auxquelles on attache les surfaces enveloppées.

Supposons qu'un fil inextensible représente l'axe d'un cylindre ou d'un cône circulaires, ou de toute autre surface de révolution. Supposons qu'on attache à ce fil le centre de chaque sphère enveloppée tangentiellement par le cylindre ou par le cône ou par toute autre surface de révolution. Plions ensuite le fil, suivant une courbe quelconque. La surface enveloppe de toutes les sphères sera, non plus un cylindre, un cône, ou toute autre surface de révolution, mais une surface toujours composée d'une suite de cerclés, chacun desquels sera commun à l'une des sphères et à la surface enveloppe.

Quand on plie l'axe du cylindre, la surface enveloppe est formée d'une suite de cercles tous égaux au grand cercle des sphères égales qui, primitivement étaient enveloppées par le cylindre. Tous ces cercles ont leur plan perpendiculaire à la courbe formée par l'axe plié; et leur centre est sur cet axe.

Le serpentin de l'alambic est une surface enveloppe de ce genre, formée : $1^o$. en pliant l'axe du cylindre suivant le contour d'une spirale cylindrique; $2^o$. en prenant l'enveloppe de toutes les sphères égales, ayant leur centre sur cet axe.

Dans l'escalier tournant, à voûte circulaire, cette voûte est pareillement l'enveloppe de sphères égales ayant leur centre sur le contour d'une spirale dont le pas est égal à celui de l'escalier.

Chaque tour d'un cordage à trois torons simples est pareillement l'enveloppe de l'espace que pourrait parcourir une sphère dont le centre suivrait la spirale tracée au milieu du toron.

Il y a des chenilles et d'autres reptiles qui sont formés de courts anneaux cylindriques dont les articulations peuvent s'allonger ou se contracter selon leur volonté. Quand ces animaux se plient et se replient, leur peau présente une surface qui varie de forme, mais qui ne

## QUATORZIÈME LEÇON

cesse pas de présenter la figure des surfaces dont nous indiquons maintenant la construction.

Quand on plie, suivant un cercle, l'axe du cylindre droit circulaire, on le transforme de nouveau en surface de révolution; c'est la surface annulaire, que nous avons examinée dans la XI<sup>e</sup>. leçon, et dont nous avons donné les projections et la génération.

Les surfaces enveloppes d'une sphère constante de rayon, ont la propriété qu'en chacune de leurs parties, si on les coupe par un plan perpendiculaire à la courbe lieu des centres des sphères : 1°. le plan est partout perpendiculaire à l'enveloppe ; 2°. la section est d'une grandeur constante, puisque c'est le grand cercle de sphères égales (1).

Lorsqu'on a besoin de faire passer un volume d'eau par un canal à sections circulaires, il faut que ce canal ait partout la même section, si l'on veut que l'eau se meuve partout avec la même vîtesse, et qu'elle n'éprouve d'engorgement nulle part. Il faut donc, alors, que la surface du canal

---

(1) On peut, sans erreur appréciable par nos sens, supposer que la courbe sur laquelle se trouvent les centres des sphères, est un polygone dont les côtés sont extrêmement petits. Alors l'enveloppe se compose d'une suite de zones ou bandes cylindriques qui touchent suivant des cercles, les sphères enveloppées. L'ensemble des cercles de contact forme la surface enveloppée, quel que soit le nombre des côtés du polygone, et lors même que ce polygone devient une courbe continue.

T. I. — Géom. 45

soit l'enveloppe d'une sphère de rayon constant.

Il faut, de même, que toute autre espèce de canaux destinés à la circulation des eaux, ait pour section une courbe ou un polygone dont la superficie soit constante. On s'impose aussi, pour plus de régularité et de facilité dans l'exécution, de conserver la même figure à la section; excepté dans les endroits où des difficultés extraordinaires ne le permettent pas.

En traitant des centres de gravité, dans le tome second (MACHINES), nous donnerons un moyen facile de déterminer le volume des corps et des espaces terminés par les *surfaces-canaux*, que nous venons de définir. Nous offrirons à cet égard une méthode aussi simple qu'aisée, très-rigoureuse, et qui présente une foule d'applications dans les arts.

Le forgeron, le plombier, le verrier, le faïencier, le chaudronnier, exécutent beaucoup de produits d'industrie ayant la forme des surfaces-canaux. Ils exécutent d'abord des prismes ou des cylindres, pleins ou creux, auxquels ils donnent une certaine flexion. Tout leur art consiste à ne pas faire perdre aux corps qu'ils plient ainsi, la forme constante que doivent conserver les sections transversales.

Les boucles, les anneaux, les colliers de fer, de cuivre, etc., les tirebouchons, les ressorts en spirale, les tuyaux contournés en ligne courbe, les syphons, les verres de baromètre, les veines du corps humain, sont autant d'exemple des surfaces que nous considérons.

Nous avons dit, en parlant de l'intersection des surfaces, qu'on peut représenter les surfaces à double courbure, par des espèces d'anneaux ou tambours cylindriques ou coniques, comme le tronc des colonnes; l'inconvénient de ce mode pour les surfaces-canaux, c'est qu'il n'y a pas continuité dans le sens longitudinal, et que les sections dans le sens transversal ne sont pas constantes.

Il y a des villes où les ferblantiers et les chaudronniers travaillent les feuilles métalliques avec un art particulier; ils savent leur donner une double courbure, et leur conserver une section régulière et constante dans toutes les parties. A cet égard, on doit citer particulièrement les artisans de la ville de Lyon; ils l'emportent de beaucoup sur ceux mêmes de Paris.

L'ingénieur des ponts et chaussées donne, pour le tracé des parties courbes de ses canaux, des méthodes géométriques spéciales, lesquelles ont pour objet d'assurer la forme constante de la section, et la position de son plan partout perpendiculaire à la surface du canal.

Au lieu de supposer qu'une surface de grandeur constante parcourt un certain espace dont on cherche l'enveloppe, supposons que la surface mobile change de grandeur, mais sans changer de forme.

Le cas le plus simple et que nous avons examiné déjà, fig. 16, est celui de la sphère qui varie de rayon, tandis que son centre parcourt une ligne droite. Nous savons que l'enveloppe est une surface de révolution. Chaque sphère est touchée, enveloppée, suivant un cercle, par cette surface de révolution; c'est un cercle parallèle, et l'ensemble de ces parallèles forme la surface même de révolution.

Supposons, à présent, qu'à l'axe de la surface de révolution soient attachés les centres de ces sphères. Plions cet axe suivant une courbe quelconque. L'enveloppe nouvelle de toutes les sphères variera de grosseur avec les sphères mêmes; mais elle touchera, elle enveloppera toujours chaque sphère suivant un cercle.

La nature nous présente un grand nombre de surfaces de ce genre.

Le serpent, lorsqu'il se tient droit, a la figure d'une surface de révolution, très-approchée de celle d'un cône allongé. Il se plie, et se replie de mille manières; la surface de sa peau change à chaque instant de figure, mais elle forme toujours l'enveloppe d'une suite de sphères qu'on pourrait imaginer enveloppées tangentiellement par la surface de sa peau.

La figure du serpent, plié en forme sinueuse,

est imitée par les arts, dans l'instrument de musique qui porte le nom de *serpent*, fig. 17, la trompette, fig. 18, le cor de chasse, fig. 21, les tirebouchons, les vrilles, etc.

Si l'on suppose que le serpent se contourne en spirale, ayant au centre sa queue, fig. 20, il forme une surface analogue à celle d'un très-grand nombre de coquillages.

Les cornes des animaux ont presque toutes, à leur extrémité, la forme d'une surface du genre de celles que nous considérons, fig. 22.

Les arts ont imité cette figure des cornes d'animaux, dans la construction d'un grand nombre d'instruments de musique. Le cornet des troupes légères est une surface de ce genre. Le cornet acoustique est aussi de cette forme.

Pour exécuter des instruments à vent dont les sons réunissent la justesse à la beauté, la surface courbe qu'on leur donne doit avoir beaucoup de continuité; il importe, par conséquent, de choisir pour les fabriquer, des moyens qui conservent cette continuité dans le sens longitudinal suivant lequel l'air est poussé dans l'instrument, et dans le sens transversal où la section doit partout rester circulaire.

Les moyens variés que nous avons donnés pour construire diverses espèces de surfaces, serviront à juger des méthodes employées par les fabricants d'instruments à vent, et souvent à les remplacer par des méthodes plus exactes.

*Polissage, fourbissage*, etc. Il ne suffit pas, dans les arts, d'avoir obtenu, par des méthodes ingénieuses, une exactitude de formes plus ou moins satisfaisante. Ne fût-ce que pour le plaisir de la vue, il faut procurer, aux surfaces ainsi produites, une continuité, un poli dont la régularité, l'éclat, le brillant, semblent donner un nouveau prix aux produits de l'industrie. De là, les opérations finales d'une foule d'arts, pour polir, lustrer, fourbir, frotter, etc. L'on effectue ces opérations par des mouvements où le corps polissant décrit des surfaces *tangentes* au corps à polir; de sorte que ce dernier est l'*enveloppe* définitive des espaces parcourus par le premier.

S'agit-il de fourbir le canon d'un fusil? Un morceau de bois plan et bien poli est posé tangentiellement au tronc de cône que présente le dehors de l'arme, et promené suivant la direction d'une première arête du cône : l'espace ainsi parcouru est le plan tangent au cône. En répétant la même opération pour toutes les arêtes du cône, on a ce cône même comme enveloppe de tous les plans tangents; et l'arme est fourbie.

Pour fourbir la sphère, on pourrait la faire avancer et reculer dans un cylindre, en la présentant tour à tour sous différents sens. On pourrait la poser sur un tour dont l'axe passerait par le centre de la sphère; puis, la faire tourner sous un polissoir plan qu'on fixerait successivement en diverses positions tangentes à cette surface. On polirait ainsi la sphère, au moyen des cônes dont elle est l'enveloppe.

On polit les glaces, en les frottant avec des surfaces dont le plan tangent, dans toutes leurs positions, est le plan même qu'on veut obtenir pour face polie. Il faut en dire autant des verres, plans ou sphériques, employés par les opticiens, dans la fabrication de leurs instruments.

Quand le charpentier de vaisseaux avec son herminette polit, *pare*, la muraille du navire, à chaque coup de cet instrument, il enlève du bois superflu, suivant la figure d'une surface de révolution tangente à la surface *parée*, c'est-à-dire, polie, du navire. Cette surface du navire est, en définitive, l'enveloppe des surfaces de révolution données par le travail de l'herminette.

L'exposition que je viens de faire, beaucoup trop succincte à mon gré, suffira, cependant, pour montrer aux artistes combien l'étude des formes géométriques qui distinguent les lignes et les surfaces, est féconde en applications immédiates, variées, importantes à la plupart des arts. C'est pour n'avoir pas réfléchi sur la figure des produits de la nature et de l'industrie, que nous n'apercevons pas dans cette figure, les formes géométriques, les propriétés qui en dérivent, et les moyens de tracé, d'exécution, que nous offrent ces propriétés caractéristiques.

Dès que l'attention des artistes sera suffisamment excitée sur cette utilité qu'a pour lui l'examen de la forme des corps, il en fera l'objet d'une étude constante et presqu'involontaire. Il verra les produits d'industrie comme un naturaliste voit la nature : avec cet œil attentif et perspicace, qui reconnaît, dans chaque objet nouveau, des analogies avec les familles, les genres qui lui sont familiers, et des différences qui lui servent à caractériser les espèces, les variétés, les individualités. Cette étude ne sera pas un pur objet de curiosité ; elle aura, pour la perfection des méthodes de l'industrie, des conséquences très-importantes, et que nous osons prédire.

Mais on n'arrivera, dans les arts, à des perfectionnements positifs et d'une grande étendue, qu'en pratiquant avec constance les méthodes rigoureuses du dessin géométrique. Que les artistes étudient avec soin les moyens de tracé que leur offre la géométrie descriptive ; elle leur offrira, en même temps, la démonstration des utiles propriétés dont je n'ai pu présenter ici que le simple énoncé. Rappelons, rappelons sans cesse que l'industrie française restera dans l'enfance, si le dessin linéaire et la géométrie descriptive ne deviennent pas, dans nos ateliers et dans nos manufactures, des connaissances universellement répandues et pratiquées.

# I. GÉOMÉTRIE.

## ARTS ET MÉTIERS et EI

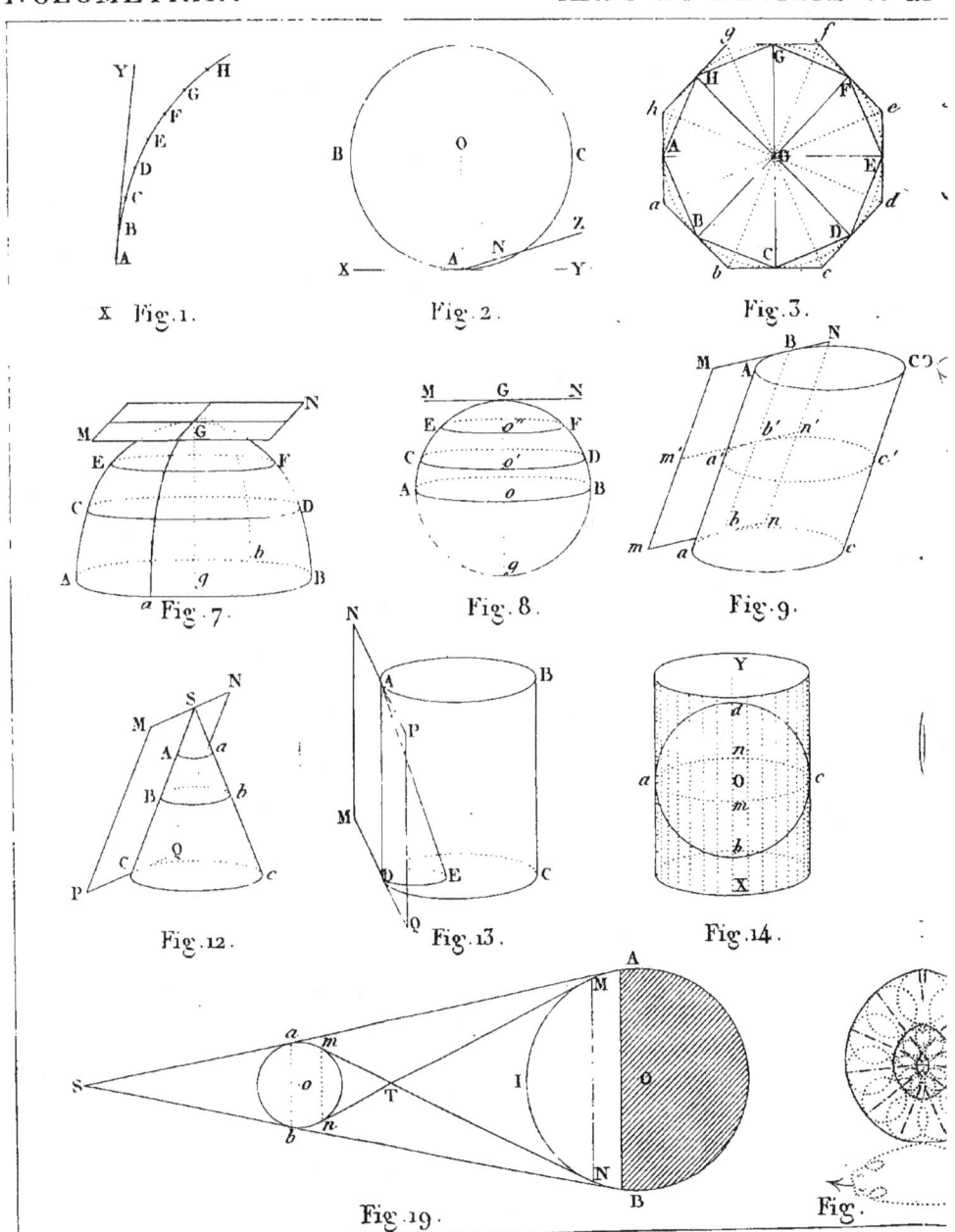

Dessiné par Charles Dupin.

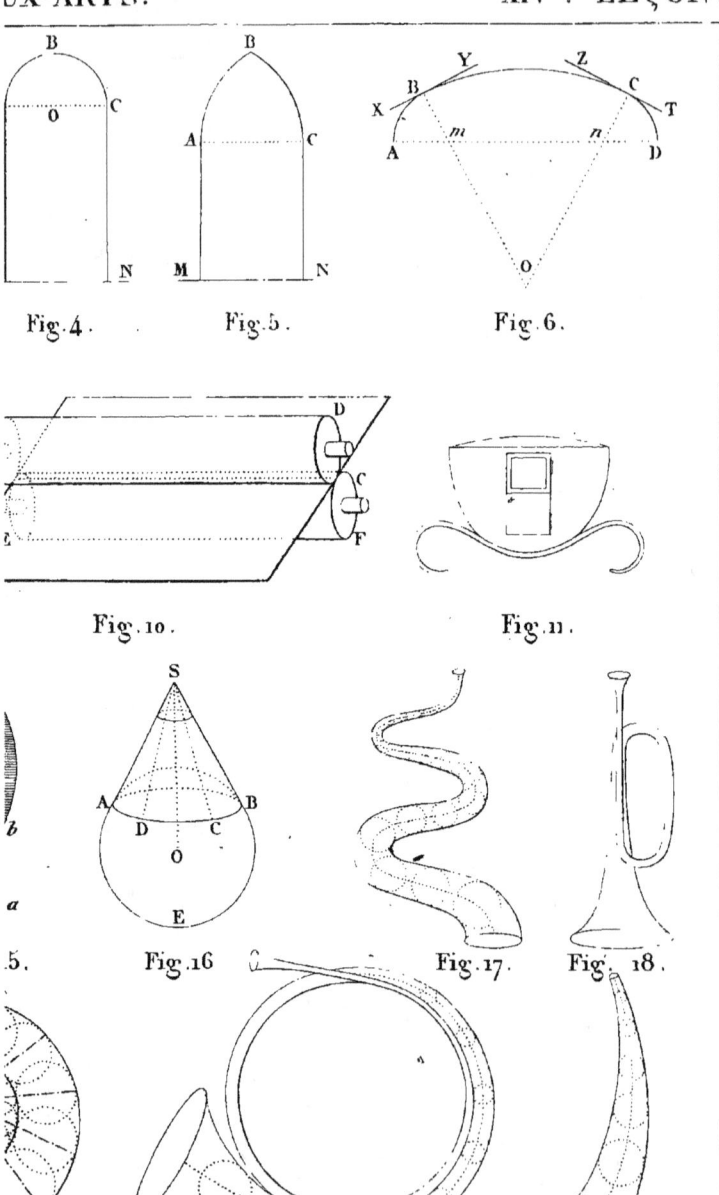

Gravé par Adam

# QUINZIÈME LEÇON.

*Courbure des lignes et des surfaces.*

---

Supposons qu'on chemine sur une courbe, en regardant toujours dans le sens de la tangente à cette courbe, pour le point où l'on se trouve. Il ne suffira pas d'avancer devant soi, il faudra tourner à chaque instant vers la partie rentrante de la ligne qu'on suit. *La courbure de cette ligne est proportionnelle à la quantité dont on tourne ainsi, divisée par chaque petit espace qu'on parcourt.*

Si l'on chemine sur le cercle, pour parcourir des arcs égaux, il faudra se tourner de quantités égales ; *la courbure d'un cercle est donc la même dans toutes ses parties.*

Si l'on chemine successivement sur deux cercles inégaux, fig. 1, ayant R et $r$ pour rayons, alors $3,14\ldots \times 2R$ sera la circonférence du grand, et $3,14\ldots \times 2r$ sera la circonférence du petit cercle. Mais, quand on parcourt un cercle entier, et qu'on chemine toujours sur la circonférence, on tourne de 360°; donc les courbures C et $c$ de deux cercles seront entr'elles comme

$$\frac{360°}{3,14\ldots \times 2R} : \frac{360°}{3,14\ldots \times 2r} \text{ ou } :: \frac{1}{R} : \frac{1}{r}.$$

Ainsi, fig. 1, le contour du petit cercle est plus courbé que le contour du grand, dans le rapport inverse du petit au grand rayon. Donc la *courbure des cercles est en raison inverse de la grandeur de leurs rayons*. Voilà pourquoi, quand le rayon est très-grand, la courbure du cercle paraît presque nulle.

*Application à la courbure de la terre.* Le rayon de la terre ayant plus de six millions de mètres, son grand cercle est *un million de fois moins courbé* qu'un cercle ayant six mètres de rayon, et huit millions de fois moins courbé qu'un cercle tel qu'une roue de cabriolet. Aussi sa courbure nous paraît insensible pour de petites distances, et ne commence à devenir appréciable qu'en mer, ou dans les plus vastes plaines.

La connaissance de la courbure de la terre sert à mesurer, par approximation, la hauteur des montagnes et des côtes, quand on connaît la distance de ces lieux au point où l'on se trouve.

Soit AB le rayon de la terre, et CD, fig. 2, la montagne dont le sommet D commence à disparaître aux yeux du voyageur qui vient de D et arrive en B. Si l'on connaît la distance BC, en menant le rayon ACD, on peut sur-le-champ mesurer CD. Lorsque l'angle BAC est très-petit, l'arc BC approche beaucoup d'égaler la perpendiculaire abaissée du point B sur AD. On a donc, à très-peu de chose près,

$$AB : BC :: BC : CD;$$

c'est-à-dire, le rayon de la terre est à la distance BC de la ... le voyageur, comme cette distance, est à la hauteur CD de la montagne. Par conséquent, $CD = \frac{BC^2}{AB}$.

Les marins, par une méthode inverse, quand ils connaissent la hauteur CD de la mâture ou de toute autre partie d'un vaisseau, en concluent la distance BC, où ils se trouvent de ce navire; ce qui, durant la guerre, est souvent de la plus grande importance.

Nous venons de voir que le rayon des cercles donne une mesure de leur courbure; nous allons voir qu'il sert également à mesurer la courbure de toutes les lignes courbes.

C'est une des conceptions les plus heureuses de la géométrie, que ce moyen de donner par des lignes droites la mesure de la courbure des lignes courbes. Une conception pareille simplifie extrêmement les opérations relatives à cette courbure.

Soit la courbe quelconque AA'A''Z, fig. 3, dont nous voulions connaître la courbure. Nous prendrons trois à trois ses points extrêmement rapprochés; par trois points consécutifs A, A', A'', nous décrirons un cercle ABC, lequel aura même courbure que la courbe AZ, dans le très-petit arc AA'A''. Nous pourrons faire la même chose pour tout autre point; et déterminer ainsi quels cercles ont même courbure que la courbe, en ses différents points, et quels sont les rayons de ces cercles.

Le cercle ABC lequel, en un point A, présente la même courbure que la courbe quelconque AZ, est appelé le *cercle osculateur* de cette courbe; le rayon AO de ce cercle est le *rayon de courbure*; enfin, le centre du cercle est le *centre de courbure*.

Le rayon étant perpendiculaire au contour du cercle en A, et le contour du cercle, en A, A' et A'', étant le même pour le cercle et la courbe, il en résulte que le rayon de courbure est perpendiculaire ou *normal* à la courbe, dont il mesure la courbure,

Supposons que, des différents points A, A', A'', fig. 4, très-voisins les uns des autres, on ait mené les perpendiculaires ou normales à la courbe AZ, et qu'on ait pris : la longueur AO du rayon de courbure en A; la longueur AO' du rayon de courbure en A'; la longueur AO'' du rayon de courbure en A'', etc. Les points A, A', étant sur l'arc de cercle dont O est le centre, on a $OA = OA'$; par la même raison, $O'OA = O'A''$, $O''O'A' = O''A'''$,....

Attachons au point A l'extrémité d'un fil inextensible; tendons ce fil, suivant AO, et suivant le contour donné par les points O, O', O''...., qui sont les centres de courbure de AZ. Faisons, ensuite, avancer le point A, en tenant toujours le fil tendu, sans qu'il puisse glisser le long de OO'O''....; la partie AO du fil va décrire un petit arc de cercle AA', qui sera tout entier sur la courbe AZ, puisque son centre est le centre de courbure O de AZ, à partir du point A.

Arrivé en A', le fil sera tendu en ligne droite depuis A' jusqu'en O'. Quand le point A avancera pour passer de A' en A'', le fil tendu en ligne droite depuis O', décrira un arc de cercle A'A'' dont O' sera le centre. De même, le point A, passant de A'' en A''', va décrire un arc A''A''', dont le centre est en O'', etc.

Ainsi, quand on connaît une suite de points très-rapprochés O, O', O'',.... qui sont les centres de courbure d'une ligne AZ, on peut, avec un fil flexible, mais inextensible, tracer très-facilement la courbe AZ. Ce moyen sera d'autant plus près d'une exactitude rigoureuse, que les centres O, O', O''....., seront à de moindres distances. Il sera parfaitement exact si ces points se succèdent sans intervalle, et forment une courbe continue.

Lors même qu'on n'emploie que comme méthode approchée le moyen que nous venons d'indiquer, on représente la courbe AZ avec bien plus d'exactitude et de continuité, qu'en substituant à cette courbe un polygone formé par les cordes ou par les tangentes de cette courbe. Avec le tracé nouveau, tous les arcs de cercle substitués à la courbe AZ, se raccordent longitudinalement; il n'y a plus d'angles comme aux sommets des polygones, ni de côtés droits qui remplacent des parties courbes.

Il faudra donc employer le nouveau moyen de produire la forme approchée des courbes qu'on ne peut pas exactement exécuter, toutes les fois que la continuité de la courbure sera d'une grande importance.

Nous avons vu que le fil AOO'O''...se redressait, tandis que le point A, extrémité de ce fil, décrivait la courbe AZ. Si nous examinons la courbe OPQ...X, que parcourt le point marqué primitivement sur ce fil, nous verrons que XO$^m$ égale la longueur totale de la portion de fil primitivement pliée suivant OO'O''....O$^m$.

On appelle *développante* la courbe OPQX qui sert à développer la courbe OO'O''...O$^m$, laquelle est *développée* de manière que sa longueur est partout égale au rayon de courbure OO', PO'', QO''',... XO$^m$, de la courbe OPQX.

Les arts font un grand usage des développantes et particulièrement de la *développante du cercle*, fig. 5. Le méchanicien l'emploie pour tailler convenablement ses *cames*.

Supposons qu'un pilon AB, fig. 6. 7. 8, soit assujetti dans une coulisse, de manière à ne pouvoir que monter et descendre suivant une ligne verticale déterminée; c'est cette montée et cette descente qu'il faut produire.

Pour cela, l'on pose un arbre cylindrique horizontal C, qui vient toucher tangentiellement un mentonnet saillant DE, dont le dessous est en ligne droite avec le centre de l'arbre, quand le pilon est descendu à son point le plus bas, fig 6.

Sur le contour de l'arbre, on fixe un arc OPQR de la développante du contour OO'O''O''' du cercle qui sert de base à l'arbre.

Quand cet arbre tourne, le point O' arrive d'abord à la position qu'occupait O; alors la tangente O'P du cercle devient verticale, fig. 7. Il faut donc que le mentonnet ED, entraînant avec lui le pilon, ait monté d'une hauteur $=$ O'P. L'arbre tournant toujours, O'' arrive à la position primitive de O ; alors le mentonnet et le pilon se trouvent élevés de OQ. Enfin, l'arbre tournant toujours, O''' arrive à la position primitive de O, fig. 8, O'''R devient verticale; le mentonnet ne trouvant plus rien qui le retienne, cesse de s'opposer à la chute du pilon, qui tombe librement par l'effet de son poids, et reste en repos jusqu'à ce que la came, ayant achevé son tour avec l'arbre, revienne de nouveau soulever le pilon.

Ce mouvement a le grand avantage de s'exécuter sans secousse, et, comme vous le verrez dans la méchanique, sans aucune force perdue.

Dans la XIII<sup>e</sup>. leçon, nous avons examiné la courbe importante qu'on appelle *ellipse*. Cette courbe ABC, fig. 9, étant symétrique par rapport à ses axes, sa développée, DEF est pareillement symétrique par rapport aux mêmes axes. La plus grande courbure de l'ellipse est à l'extrémité de son grand axe; la plus petite est à l'extrémité de son petit axe.

Si l'on avait à construire une grande ellipse, fig. 9, avec beaucoup de continuité, on pourrait tracer la développée DEF, et décrire la courbe ABC, par le moyen d'un fil et d'un cordeau plié tantôt sur DE, tantôt sur EF.

Il importe de remarquer que, même quand on prendrait pour DEF un polygone, c'est-à-dire, une suite de lignes formant des angles, la courbe ABC ne présenterait pourtant aucune partie rectiligne, ni aucun angle; elle aurait donc deux éléments de continuité qui manquent à DEF. La courbe dont ABC sera la développante, aurait encore plus de continuité ; puisque ses rayons de courbure augmenteraient ou diminueraient par degrés insensibles, lors même que les rayons de courbure de ABC, se succèderaient sans continuité, comme dans la construction de la courbe dite *anse de panier*. Voyez IV<sup>e</sup>. leçon, fig. 36.

A présent, vous concevez différents genres de continuité dont il est essentiel de bien classer la gradation dans votre esprit.

1°. On peut représenter une courbe, fig. 10, par une suite de points isolés, mais fort rapprochés les uns des autres. Telles sont, dans un dessin, les lignes ponctuées; telles sont les directions marquées par des rangées d'arbres plantés à des distances plus ou moins grandes, suivant des lignes droites ou courbes, que l'œil imagine aisément, lorsque ces courbes ont quelque continuité. Cependant, ici, la continuité n'est qu'indiquée par des points, comme elle l'est par des nombres dans les devis qui font connaître, pour chaque courbe, la position d'un certain nombre de points. Les devis de la carène des vaisseaux en offrent l'exemple.

2°. L'on peut représenter une courbe par une suite de lignes droites qui en sont les cordes, $AA'$, $A'A''$, $A''A'''$,..... fig. 11, ou les tangentes $AA'A''$..... fig. 12. Par ce second mode, il y a continuité dans la succession des points; mais non dans les directions; puisqu'à chaque sommet $A'$, $A''$, $A'''$,..... du polygone, on change subitement de direction.

3°. On peut substituer à la courbe une suite d'arcs de cercles $AA'$, $A'A''$, $A''A'''$,..... fig. 4, ayant à peu près même rayon de courbure que la ligne qu'ils représentent : alors il y a continuité dans la succession des points et dans leur direction. Si les arcs sont très-petits, il y a continuité dans la direction et dans la courbure de la courbe. C'est ainsi que les architectes, comme nous l'avons dit, tracent le profil des voûtes surbaissées; c'est ainsi que les ingénieurs des ponts et chaussées tracent les arches non circulaires de leurs ponts.

Les arts, suivant l'importance de leurs opérations et le degré d'exactitude qui doit en assurer le succès, ont besoin d'employer ces divers degrés de continuité, dans leurs constructions et dans leurs mouvements. C'est aux chefs d'ateliers et de manufactures à juger, suivant les cas, quel mode réunit le mieux les avantages de facilité, de simplicité et d'exactitude suffisante.

Les constructeurs de vaisseaux font usage d'un moyen méchanique qu'il est bon de vous expliquer, lorsqu'ils veulent donner une grande continuité de direction et de courbure aux lignes, à l'aide desquelles ils déterminent et construisent la forme de la carène des vaisseaux. Ils marquent les points isolés par où doit passer la courbe. Ensuite ils plantent des clous des deux côtés de ces points et à telle distance qu'une règle mince puisse être pliée et posée entre ces paires de clous. Enfin, il faut qu'avec un crayon, la courbe tracée le long de la règle pliée, passe par tous les points A, A', A''....., fig. 13. On a besoin d'une grande habitude, lorsqu'on fait cette opération, pour que la courbure de la ligne soit produite, d'un bout à l'autre, par des dégradations insensibles, et présente le degré de continuité qui contribue à diminuer la résistance que l'eau éprouve à glisser le long de la carène, quand le navire est en mouvement. Les constructeurs de navire trouveront, à cet égard, un grand avantage dans l'étude des formes géométriques. Cette étude formera promptement et sûrement leur coup d'œil.

Le moyen qui convient aux plus grands tracés ne peut plus être employé pour de petits dessins exécutés sur des feuilles de papier. Alors on substitue, aux grandes règles de bois, de petites règles en baleine; les unes, partout également épaisses, servent à tracer des courbes dont la courbure ne varie que d'une faible quantité; d'autres, amincies graduellement vers une seule extrémité, ou vers les deux extrémités, servent à tracer des parties de courbe où la courbure diminue de même graduellement d'un bout à l'autre. On plie ces baleines de manière à ce que leur contour passe par les points indiqués, sur le plan, comme appartenants à la courbe qu'on veut tracer et qu'on trace avec un crayon qui s'appuie contre cette courbe. Des plombs P, P', P'',.... fig. 14, couverts de papier ou d'étoffe, et taillés en triangle, pour plus de facilité, remplacent sur le papier les clous des tracés en grand, pareils aux tracés des constructeurs, dans les salles de gabarits.

Pour faire passer des courbes par des points donnés, les dessinateurs emploient souvent un instrument qu'ils appellent *pistolet*, à cause de sa forme ABCDE, fig. 15. Comme il offre des courbures extrêmement variées, on peut, dans la plupart des cas, poser cet instrument de manière à tracer par degrés une figure qui ne présente aucun angle, et dont les courbures se succèdent sans ressauts brusques.

Jusqu'ici, nous n'avons parlé que de la courbure des lignes tracées dans un plan : telles sont les *lignes* qu'on appelle *à simple courbure*.

Mais il y a des lignes qu'on ne peut pas tracer sur un plan, parce qu'elles ont deux courbures au lieu d'une; telles sont les spirales tracées sur des cylindres, des cônes, etc.

Pour les lignes à double courbure, comme pour les lignes à simple courbure, on peut toujours prendre trois à trois les points immédiatement consécutifs dont elles se composent, et par les trois points faire passer un cercle. Ce sera le cercle osculateur de la courbe, dans l'étendue du petit élément compris entre les trois points. On appelle *plan osculateur* de la courbe, le plan même du cercle osculateur. Aucun autre ne pourrait, à partir de l'élément que l'on considère, s'approcher davantage de la courbe à double courbure. Par le moyen des plans et des cercles osculateurs, on pourra, dans les arts, avec une suite d'arcs de cercle qui se raccorderont tangentiellement, tracer par approximation et d'une manière très-continue, toutes les espèces de courbes à double courbure.

Il y aurait à développer, sur la courbure de ces lignes, beaucoup de considérations belles et importantes. Mais elles ne sont pas assez élémentaires et d'une application assez immédiate, assez fréquente, dans les travaux ordinaires de l'industrie, pour trouver ici la place qui leur convient.

La courbure des surfaces est, au contraire, d'une considération perpétuelle et indispensable dans les travaux de l'industrie.

*Courbure de la sphère.* La sphère est la surface dont la courbure est la plus facile à considérer et à mesurer. Prenons sur la sphère un point quelconque **A**, fig. 16, et menons du centre O, le rayon AO. Ce rayon mesurera la courbure en A, de toutes les sections faites dans la sphère, par un plan qui contienne le rayon AO. Il mesurera la courbure même de la sphère; courbure, comme on voit, constante dans tous les sens et pour tous les points de la surface. Ainsi, *partout, le rayon de la sphère est en même temps son rayon de courbure, et celui de toutes les sections faites par un plan dans lequel est situé ce rayon.*

Le cylindre droit circulaire, considéré dans le sens de sa base, a pour rayon de courbure, le rayon même de la sphère qu'il enveloppe et qu'il touche suivant le contour de sa base. Mais, considéré dans le sens de l'arête AB, fig. 17, il n'a point de courbure, et si l'on demandait quelle longueur devrait avoir le rayon du cercle osculateur du cylindre, dans le sens de son arête, on verrait que ce rayon doit être infini.

Il en est de même du cône droit circulaire. Dans le sens de sa base, il a pour rayon de courbure le rayon même de la sphère qu'il enveloppe ; dans le sens de l'arête, la courbure du cône *est nulle*.

Les autres espèces de cylindres et de cônes, et généralement les surfaces développables n'ont pas de courbure dans le sens de leurs arêtes rectilignes, tandis qu'elles en ont une plus ou moins marquée dans le sens perpendiculaire.

On remarquera que, dans le cylindre et le cône, les sections faites suivant un rayon AO de la base, fig. 17 et 18, ont toujours leur centre de courbure en dedans de la surface. Ainsi, dans toute l'étendue d'une même arête AA'A''...B des surfaces coniques et cylindriques, les rayons de courbure AO, A'O', A''O'',.... sont dirigés dans le même sens et parallèles.

Il n'en est pas ainsi pour les surfaces gauches. Si, par exemple, l'on regarde la surface gauche de l'escalier, on y verra toujours dans un sens la courbure tourner en bas sa concavité, et la tourner en haut dans le sens perpendiculaire.

La gorge d'un rouet de poulie, fig. 19, a sa

moindre courbure dirigée dans le sens perpendiculaire à l'axe du rouet, et son centre de moindre courbure placé sur cet axe même; tandis que, dans le sens parallèle à l'axe, la gorge du rouet a son centre de plus grande courbure en un point $n$, équidistant de $m$, $p$, bords de la gorge.

Voilà donc trois classes de surfaces bien distinctes, lorsqu'on les envisage par rapport à leur courbure.

Dans la première classe, les courbures des lignes qu'on peut tracer sur chaque surface sont toutes dirigées dans le même sens; cette classe comprend la sphère, les ellipsoïdes, la surface de l'œuf, du marron, du cocon de ver à soie, etc.

Dans la seconde classe, il n'y a plus qu'un sens suivant lequel les courbures sont marquées; elles sont nulles dans l'autre sens. Cette seconde classe ne comprend que les surfaces développables, les cylindres, les cônes, etc.

Enfin, dans la troisième classe, une partie des courbures est dirigée dans un sens, et l'autre dans le sens opposé. De manière qu'en menant par un point donné de la surface, la normale à cette surface, une partie des centres de courbure des sections se trouve sur cette normale, d'un côté de la surface, et l'autre partie se trouve de l'autre côté.

La surface variée du corps humain présente

ces trois classes de surfaces. Ainsi nous devons rapporter à la première classe les formes des extrémités saillantes : le talon, la rotule, le genou, l'épaule, le bout des doigts ont leurs deux courbures dirigées dans le même sens.

Une partie des cuisses, des jambes et des bras n'a pas de courbure dans un sens, et se rapporte aux surfaces de la seconde classe.

Enfin, nous voyons des surfaces de la troisième classe, c'est-à-dire, ayant leurs deux courbures dirigées en sens opposés, dans toutes les jointures des bras, des doigts, des aisselles, etc., dans l'attache de la tête et du corps avec le col, etc.

Parmi ces formes générales, l'œil exercé du sculpteur et du peintre découvre une foule de nuances dans la succession, dans la gradation des courbures de chaque partie du corps. Selon qu'il rend ces nuances avec plus ou moins de fidélité, il produit des chefs-d'œuvre dont la vérité fait l'admiration des connaisseurs, ou des ébauches dont la grossièreté repousse les regards d'un observateur éclairé.

Les courbures des diverses parties de la surface de notre corps dépendent beaucoup de la forme des os, des nerfs et des muscles que recouvre la peau. Ainsi, le dessinateur profond doit toujours se rendre compte de la vérité des formes qu'il veut exprimer, en ayant soin que cette expression révèle les formes cachées, mais sensibles des parties intérieures.

Un défaut remarquable dans les œuvres de quelques artistes, est de rendre trop saillantes, trop courbées, trop bombées, certaines parties de la surface de notre corps, afin d'indiquer plus distinctement des formes anatomiques, lors même qu'elles doivent échapper à l'œil. Cette affectation n'est qu'un charlatanisme, indigne du talent des grands maîtres.

La surface de notre visage jouit d'une mobilité précieuse, qui dépend beaucoup de nos affections intérieures, ou momentanées, ou constantes. Les affections constantes donnent, à la courbure des parties mobiles, et même à l'aspect des parties fixes, des formes durables, qu'une observation suivie fait reconnaître dans leurs moindres nuances. Tels sont les caractères des physionomies. Nos affections passagères impriment à nos traits des changements de forme plus ou moins prononcés, plus ou moins fugaces, et leur étude est aussi d'une très-haute importance, dans la culture des beaux-arts; elle offre des variétés infinies parmi lesquelles l'homme de génie sait choisir les formes précises qui conviennent le mieux au caractère gracieux ou sévère, ou profond, ou terrible de ses compositions.

Il me reste à vous parler d'une étude récemment imaginée, par rapport aux formes de la tête humaine. Outre une ordonnace générale des deux courbures principales du crâne, on remarque des inflexions, des variétés de courbures locales plus ou moins prononcées chez les divers individus.

On a considéré ces parties plus ou moins courbées, plus ou moins bombées, qu'on appelle *bosses*, comme offrant des signes extérieurs de nos facultés plus ou moins puissantes, et de nos penchants plus ou moins prononcés.

Il est aisé de jeter, sur de telles études, un vernis léger de ridicule et de dédain; mais le prudent observateur des lois de la nature, n'est jamais prompt à répandre le blâme, non plus qu'à prodiguer l'éloge, lorsqu'il s'agit d'études graves sur des objets nouveaux. Quand même il serait vrai que le désir de tout expliquer aurait fait beaucoup trop multiplier les indices supposés de nos penchants et de nos facultés, il suffirait qu'un petit nombre de rapports intellectuels eussent des indications plus ou moins éloignées, dans les formes de notre crâne, pour que l'étude profonde des variétés de ses courbures devînt l'un des objets les plus dignes d'occuper les méditations des sages.

Les diverses parties qui composent la stature des animaux, ont un volume et des formes droites ou courbées qui les rendent plus ou moins propres à certains mouvements. C'est l'objet d'une science encore nouvelle, connue sous le nom *d'anatomie comparée.* Cette science fera prendre à ses études une rigueur salutaire, et donnera beaucoup de perfection à ses résultats, en rapportant à des mesures géométriques non-seulement les dimensions principales de chaque partie de la charpente osseuse des animaux, mais la grandeur et le sens de la courbure de chaque élément de cette charpente : surtout pour les parties en contact, c'est-à-dire, les jointures.

En même temps que cette étude pourra servir aux progrès de l'anatomie comparée, elle fournira des résultats très-utiles aux travaux de l'industrie. Les animaux, pour satisfaire à leurs besoins, exécutent avec une perfection rare beaucoup d'opérations où nos arts et métiers s'élèvent à peine au-dessus de la médiocrité. Ils trouveront des modèles variés et très-ingénieux dans les moyens que la nature fournit aux êtres animés.

Les animaux herbivores ont les dents parfaitement disposées pour broyer des matières végétales. La forme de leurs dents se conserve malgré l'usé qu'elles éprouvent dans l'opération du broiement de la nourriture, tandis que la forme de nos meules de moulin se détruit promptement : ce qui oblige à renouveler souvent cette forme, ou, comme on dit, à *repiquer* les meules pour qu'elles recommencent à bien moudre. L'art est donc ici fort au-dessous de la nature. En partant de cette idée, M. Molard, membre de l'Institut, s'est occupé de former des machines à broyer, dans lesquelles il a pris pour modèles les dents molaires des chevaux, et n'a plus eu besoin de repiquer ces parties molaires, pour empêcher le broiement de devenir imparfait.

L'industrie même est donc intéressée à ce que les anatomistes, les géomètres et les méchaniciens étudient de concert les dimensions, *les courbures* et les fonctions des diverses parties des animaux.

Quittons maintenant ces considérations générales sur l'importance des études de la courbure des surfaces, dans l'industrie et dans l'histoire naturelle, pour revenir aux caractères géométriques propres à donner avec simplicité les éléments et les variétés de ces courbures.

Pour les surfaces de la première classe, on peut toujours tracer une ellipse projetée parallèlement à son plan, fig. 20, en ABCD, laquelle ellipse représente, à partir d'un point P, la forme d'une tranche de la surface, faite parallèlement au plan *mn* tangent à la surface en P, et très-près de MN; PO étant la distance du point P au plan coupant MN, si l'on fait passer par le point P une suite de cercles ayant leurs centres sur la normale ou perpendiculaire PO, et par le contour de l'ellipse, on aura tous les cercles osculateurs des sections faites dans la surface, par les plans mêmes de ces cercles.

Le plus petit de ces cercles passera par les sommets B, D, du petit axe de l'ellipse; le plus grand passera par les sommets A, C, du grand axe de l'ellipse. La fig. 20 bis représente tous les cercles rabattus sur un même plan qui passe par la normale PO$p$ de la fig. 20.

Donc, dans les surfaces de la première classe, lesquelles ont toutes leurs courbures dans le même sens, la direction de plus grande courbure AB, est perpendiculaire à la direction de moindre courbure CD.

Ainsi, pour toutes les surfaces dont les deux courbures sont dans le même sens, à partir de chaque point, la direction de plus grande courbure est perpendiculaire à la direction de moindre courbure.

Le contour de l'ellipse étant symétrique par rapport à ses deux axes, les cercles osculateurs qui passeront par le contour et par la perpendiculaire ou normale PO$p$, seront de même symétriques par rapport aux axes AC, BD, c'est-à-dire, par rapport aux deux directions de plus grande et de moindre courbure.

Ainsi, les courbures intermédiaires des sections perpendiculaires à la surface, courbures qui vont, par une dégradation continue, depuis la moindre jusqu'à la plus grande, sont disposées symétriquement par rapport à la direction de la plus grande et de la moindre courbure, à partir de chaque point de la surface.

Pour les surfaces de la troisième classe, un plan qui les coupe infiniment près du plan tangent, donne une section dont la forme est celle de l'hyperbole. La direction des axes de cette hyperbole donne la direction des deux axes de plus grande et de moindre courbure. Les courbures intermédiaires sont disposées symétriquement par rapport à la direction de ces axes. On représente, fig. 21, les sections faites dans une gorge de poulie, dont les deux courbures sont dirigées en sens contraires par deux plans très-voisins du plan MN, tangent en P à cette gorge; ces sections ont la forme de deux *hyperboles indicatrices*. Il sera bon qu'on ait cette figure en relief.

Les surfaces de la deuxième classe peuvent être considérées comme la limite commune des deux autres classes. A ce titre, elles jouissent des propriétés communes aux autres surfaces : d'avoir leurs directions de plus grande et de moindre courbure perpendiculaires entr'elles, avec toutes les courbures intermédiaires disposées symétriquement par rapport aux courbures principales.

J'ai donné le nom d'*indicatrices* à ces courbes qui ont la propriété d'*indiquer* la nature et les rapports de la courbure des surfaces, et j'ai présenté tous les moyens de s'en servir pour connaître les propriétés essentielles de la courbure des surfaces. Je ne puis que renvoyer aux recherches que j'ai données à ce sujet dans mes *Développements de géométrie*, et aux applications que j'en ai faites (*Applications de géométrie*), à la stabilité des corps flottants, à la construction des vaisseaux, aux déblais et remblais dans les travaux publics, et finalement aux phénomènes d'optique produits par la réflexion de faisceaux lumineux, sur des miroirs courbes quelconques.

Supposons maintenant, qu'en partant d'un premier point d'une surface, on s'avance toujours suivant la direction de la plus grande courbure; on va tracer une ligne. Toutes les lignes tracées ainsi couvriront en entier la surface : elles formeront le *système des lignes de plus grande courbure*.

Au contraire, si, partant d'un point donné de la surface, on s'avance en suivant partout la direction des moindres courbures, on va tracer une nouvelle ligne; toutes les lignes ainsi tracées vont encore couvrir en entier la surface. Elles formeront le *système des lignes de moindre courbure*.

Enfin, partout, les *lignes de plus grande*

*courbure seront perpendiculaires aux lignes de moindre courbure.*

Les lignes de courbure jouissent d'une propriété bien précieuse pour les arts; je me borne à vous l'indiquer sans démonstration. *Si, par chaque point d'une même ligne de courbure; on mène une perpendiculaire à la surface, toutes ces perpendiculaires vont former une surface qui sera nécessairement développable* (1).

Dans le cylindre, fig. 22, les lignes de moindre courbure sont les arêtes rectilignes pour lesquelles la courbure est *zéro*. Les lignes de plus grande courbure sont les sections faites dans des plans perpendiculaires à l'axe, et le contour de ces sections est évidemment perpendiculaire à chaque arête. Donc, dans le cylindre, les lignes de plus grande et de moindre courbure sont à angle droit.

Dans le cône, fig. 23, où les arêtes sont de même les lignes de moindre courbure, on trouve ainsi les lignes de plus grande courbure : on place la pointe d'un compas au sommet du cône, puis on trace avec l'autre pointe, des courbes diverses pour chaque ouverture de compas, mais toutes perpendiculaires aux arêtes; car, en développant le cône, ces courbes deviendront

---

(1) On trouve la démonstration de ce principe et celle de toutes les propriétés relatives à la courbure des lignes et des surfaces, dans mes *Développements de Géométrie*.

des cercles dont les arêtes seront les rayons.

Dans les surfaces de révolution, les méridiens sont les lignes d'une courbure, et les parallèles celles de l'autre courbure, et nous savons que les méridiens sont partout perpendiculaires aux parallèles.

Le célèbre Monge a fait, des propriétés que nous venons d'énumérer, une très-belle application à la coupe des pierres.

Lorsqu'on doit exécuter des voûtes ayant la forme de surfaces courbes, on divise ces voûtes en compartiments assez petits pour que chacun puisse être tiré d'une seule pierre.

Après avoir travaillé la partie de la pierre qui doit représenter le compartiment, et lui avoir donné la figure qui convient à la surface de la voûte (intrados), on travaille les faces appelées joints, suivant lesquelles les différentes pierres nommées voussoirs doivent porter les unes contre les autres. Pour satisfaire le mieux possible à toutes les conditions, on demande : 1°. que les faces de joints aient la forme la plus simple et la plus exactement exécutable; 2°. que l'assemblage ait la plus grande solidité. Cette dernière condition exige que les faces de joint soient partout perpendiculaires à la voûte; il est facile de voir de quelle manière. Si, pour un voussoir, la face de joint faisait un angle obtus avec la voûte, le voussoir adjacent ferait avec cette voûte un angle aigu; par l'effet de la pression, le voussoir terminé par une arête obtuse, écraserait le voussoir terminé par une arête aiguë ou le ferait éclater, au moindre effet produit par le tassement et la pression. La condition de la simplicité, de la facilité, demandera de faire les joints ou plans ou du moins développables. Lorsqu'on adoptera cette forme, on pourra toujours tailler en papier, en carton, en toute autre substance flexible, une feuille plane ayant le contour précis qui convient au joint; il suffira de la ployer convenablement, pour voir si elle s'ajuste partout sur le joint qu'on rendra perpendiculaire à la voûte, au moyen de l'équerre.

Or, les conditions qui viennent d'être énumérées exigeant qu'on trouve des surfaces développables partout perpendiculaires à la voûte, et perpendiculaires entr'elles, exigent aussi qu'on choisisse pour lignes de joints, sur la surface de la voûte, *les lignes de courbure de cette surface.*

Ainsi, quand on construit des surfaces cylindriques, fig. 24, on choisit pour joints : dans une *première* direction, des arêtes parallèles également espacées; ce sont les lignes de moindre courbure; dans une *seconde* direction, des courbes perpendiculaires à ces arêtes; ce sont les lignes de plus grande courbure. Les surfaces de joint formées par les normales de la surface, suivant ces arêtes et ces courbes, sont des plans qui se coupent à angle droit. Le travail du tailleur de pierre devient alors aussi simple que possible.

Quand on construit des surfaces coniques, fig. 25, comme pour des portes et des fenêtres évasées, des embrasures voûtées, comme celles des casemates, etc., on choisit de même, pour lignes de joints, les arêtes du cône et les courbes perpendiculaires à ces arêtes.

Lorsqu'on veut faire une voûte qui ait la forme d'une surface de révolution, fig. 26, un dôme, par exemple, on trace sur la voûte des compartiments réguliers, composés de méridiens et de parallèles. Les perpendiculaires à la voûte, suivant la direction du méridien, forment des plans ; ce sont les joints verticaux des voussoirs. Les perpendiculaires à la voûte, suivant la direction des parallèles, forment des cônes ; ce sont les joints du sens horizontal, et ces joints sont développables, parce qu'ils correspondent à des lignes de courbure. Enfin les joints coniques se trouvent coupés à angle droit par les joints plans qui sont, pour les cônes, des plans méridiens.

Je n'étendrai pas plus loin cette magnifique application, si simple, si générale, si féconde dans son principe et dans ses conséquences. Elle est propre à nous montrer toute l'importance qu'a pour les arts l'étude de la courbure des surfaces, et de ses principales propriétés. Les beaux-arts peuvent retirer un grand fruit de cette même étude.

Par l'effet varié de la lumière et des ombres, nous jugeons à la simple vue, non-seulement des points saillants ou brillants, et des arêtes prononcées, et des contours apparents qui donnent un caractère à la figure de chaque corps. Les nuances plus ou moins fortes de l'ombre et de la lumière, nous permettent, dans les parties mêmes où nul point, nulle ligne, ne sont particulièrement remarquables, de distinguer la forme des corps, et le genre, le degré de leur courbure en chaque partie de leur surface.

Cette étude ne convient pas seulement à l'artiste, elle est utile aux hommes de toutes les professions; elle leur donne des notions plus rapides, plus justes, plus complètes, sur la vraie forme des objets qu'ils considèrent ou par plaisir ou par besoin.

Examinons comment notre œil parvient à nous donner une idée de la courbure des surfaces.

Supposons qu'une sphère ABC, fig. 27, soit éclairée, suivant une certaine direction par des rayons solaires.

Je commencerai par tracer la ligne de séparation d'ombre et de lumière LLL, d'après les principes exposés dans la XIV° leçon. Je marquerai de hachures noires la partie dans l'ombre, et il ne restera plus d'éclairé que LLLBC, fig. 27.

## QUINZIÈME LEÇON.

C'est ainsi que la lune nous apparaît dans ses diverses phases; depuis le simple croissant éclairé, fig. 29, jusqu'au premier quartier, fig. 28, où la moitié de l'astre paraît éclairée, et la moitié dans l'ombre; et puis sous l'aspect, fig. 27, avant d'arriver jusqu'à la pleine lune qui est toute éclairée, et à la fin de la lune, dans une éclipse, où rien n'est plus éclairé pour le spectateur. Si je ne considère que la partie éclairée LLLB sans autres nuances, rien ne m'indique qu'elle appartienne à une sphère plutôt qu'à une surface allongée ou aplatie dans le sens du rayon visuel. Voyons comment nous apprécierons cette différence.

Il est sur la surface, supposée brillante comme un miroir, un certain point O, fig. 27, d'où le spectateur apercevrait l'image du soleil ou du corps lumineux. C'est le point où la lumière réfléchie par la surface est la plus considérable : on l'appelle *point brillant*. Il faut en déterminer la position. C'est ce qu'on fait aisément, si l'on peut mener la normale en O, à la surface du corps. Alors : 1°. les deux rayons, l'incident et le réfléchi, sont dans le même plan que cette normale; 2°. ils font le même angle avec elle. D'après ces conditions, la géométrie descriptive enseigne le moyen de trouver le point brillant des diverses surfaces, pour une position donnée de l'œil et pour une direction commune des rayons de lumière. Ensuite, à mesure que les rayons de lumière atteignent la surface sous un angle plus oblique, et se réfléchissent sous un angle plus oblique aussi, il y a plus de lumière de perdue, et la surface paraît moins lumineuse. On conçoit qu'autour du point O, l'on puisse tracer une suite de lignes sur tout le contour desquelles le corps semble au spectateur également éclairé ; telles sont les *lignes* qu'on appelle *d'égale teinte*. Ces lignes une fois tracées, il suffit de passer une suite de teintes plus ou moins faibles, suivant le degré de lumière qui correspond à chaque ligne ; et l'on aura peint, avec une extrême exactitude, la dégradation de la lumière, sur la portion de la surface éclairée.

Ces lignes, par leur forme et leur position, feront distinguer parfaitement la nature de la surface et le genre de ses courbures. Elles auront un caractère particulier et facile à reconnaître, pour le cylindre, pour le cône et pour les surfaces développables en général ; elles auront un autre caractère pour la sphère, pour les surfaces de révolution, pour les surfaces annulaires ; un autre encore, pour les surfaces spirales et pour les surfaces gauches, etc.

Quoique les lignes dont nous venons de vous donner une idée ne soient pas visibles sur les corps, et quoique la nature produise les dégradations de ses teintes par degrés insensibles et infinis, l'œil ne s'en habitue pas moins à étudier, à saisir, à reconnaître ces formes générales et caractéristiques qu'ont les **nuances d'ombre et de lumière des différentes espèces de surfaces.**

Cependant, à cet égard, on remarque de grandes différences, dans le degré d'habileté qu'acquièrent les diverses classes d'hommes, suivant que leurs professions les habituent davantage à considérer certaines espèces de surfaces. Ainsi le chaudronnier, le ferblantier, le boisselier, distingueront, avec une extrême facilité, si des surfaces ou des fractions de surfaces sont cylindriques ou coniques ou développables en général; mais ils seront moins habiles pour reconnaître d'autres formes.

Le tourneur en bois et en métaux, le potier, le fayencier, etc., qui fabriquent sans cesse des surfaces de révolution, distingueront d'un seul regard et sans le secours de la main, si une surface ou portion de surface est de révolution, ou si elle est en quelque portion, soit aplatie, soit allongée; mais ils seront moins habiles **pour distinguer** d'autres formes.

L'architecte jugera bien les formes très-variées, des cylindres, des cônes pareils à ceux des voûtes de ses édifices; il jugera bien les surfaces de révolution semblables à celles de ses dômes et de ses colonnes; mais il sera moins habile à distinguer les formes des surfaces étrangères à ses travaux.

Il importe beaucoup d'habituer tout un peuple à juger, d'après la simple vue, du caractère des surfaces et de leur exécution plus ou moins parfaite. C'est un moyen de hâter les progrès de l'industrie et ceux des beaux-arts. Nous en parlerons avec détails, lorsque nous expliquerons par quelles observations et par quelles études, nous pouvons ajouter à la perfection de nos sens, et multiplier, agrandir les secours qu'ils nous fournissent pour diriger nos travaux. Voyez III$^e$. volume, Forces motrices.

Les sculpteurs doivent s'habituer à distinguer d'après la simple vue, dans chaque partie de surface qu'ils ont à reproduire, si les deux courbures sont dans le même sens ou en sens contraires ; à discerner le sens de la plus grande et le sens de la moindre courbure ; à suivre, sur les surfaces, les directions de plus grande et celles de moindre courbure, afin de reproduire le caractère général des surfaces qu'ils conçoivent ou copient ; ce qui seul peut donner de la vérité à leurs travaux.

Le peintre qui, par ses teintes, doit figurer sur des surfaces, qui n'ont que deux dimensions, le relief des objets à trois dimensions, doit faire une étude approfondie de la manière dont chaque espèce de surfaces, dégrade les diverses teintes, afin de reproduire de tels effets avec le pinceau.

Enfin le graveur et le dessinateur, avec leurs hachures ou leur pointillé, doivent se livrer aux mêmes études, pour arriver à la même fidélité d'imitation, à la même vérité de conception.

# I. GÉOMÉTRIE. ARTS ET MÉTIERS

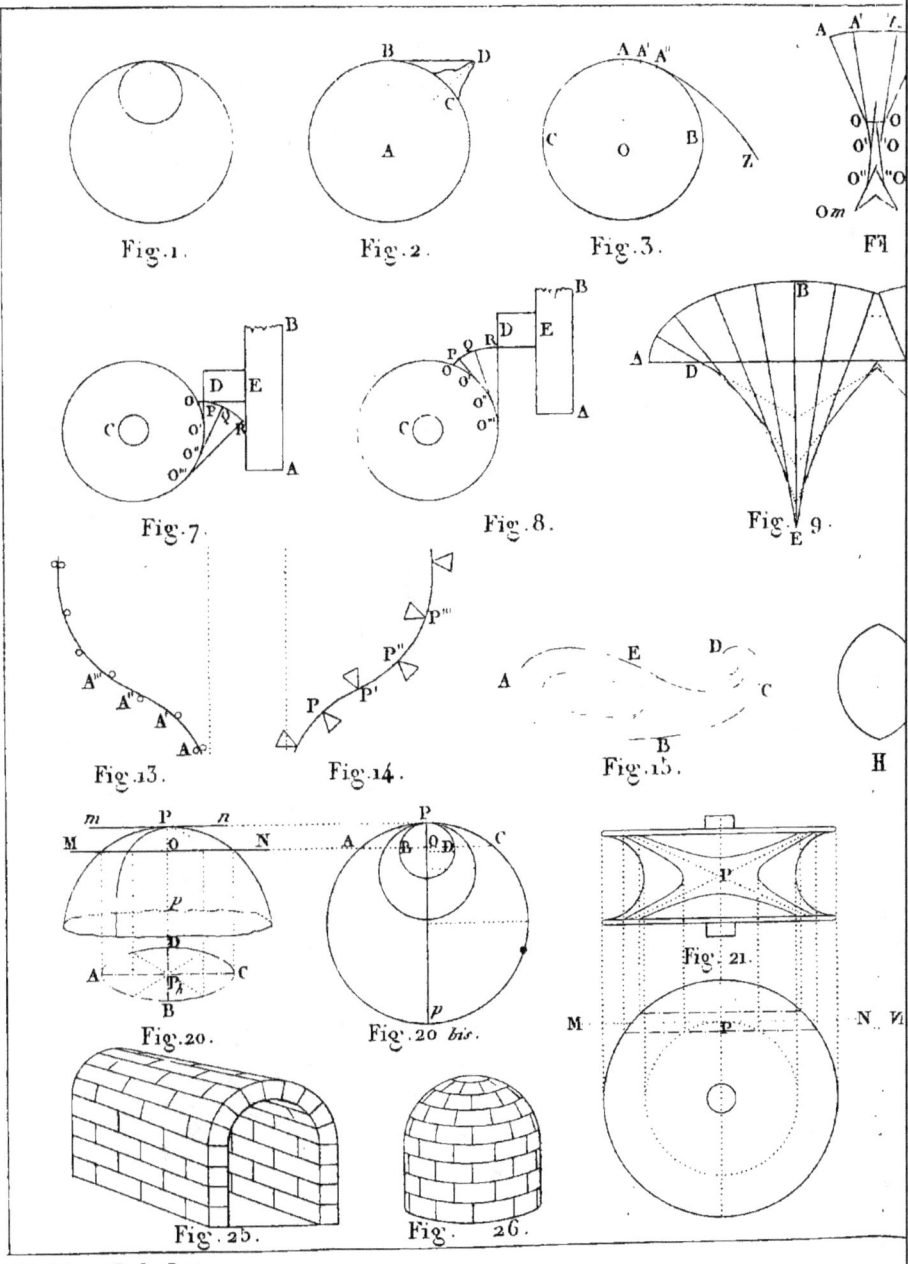

Dessiné par Charles Dupin.

BEAUX-ARTS.  XV.ÈME LEÇON.

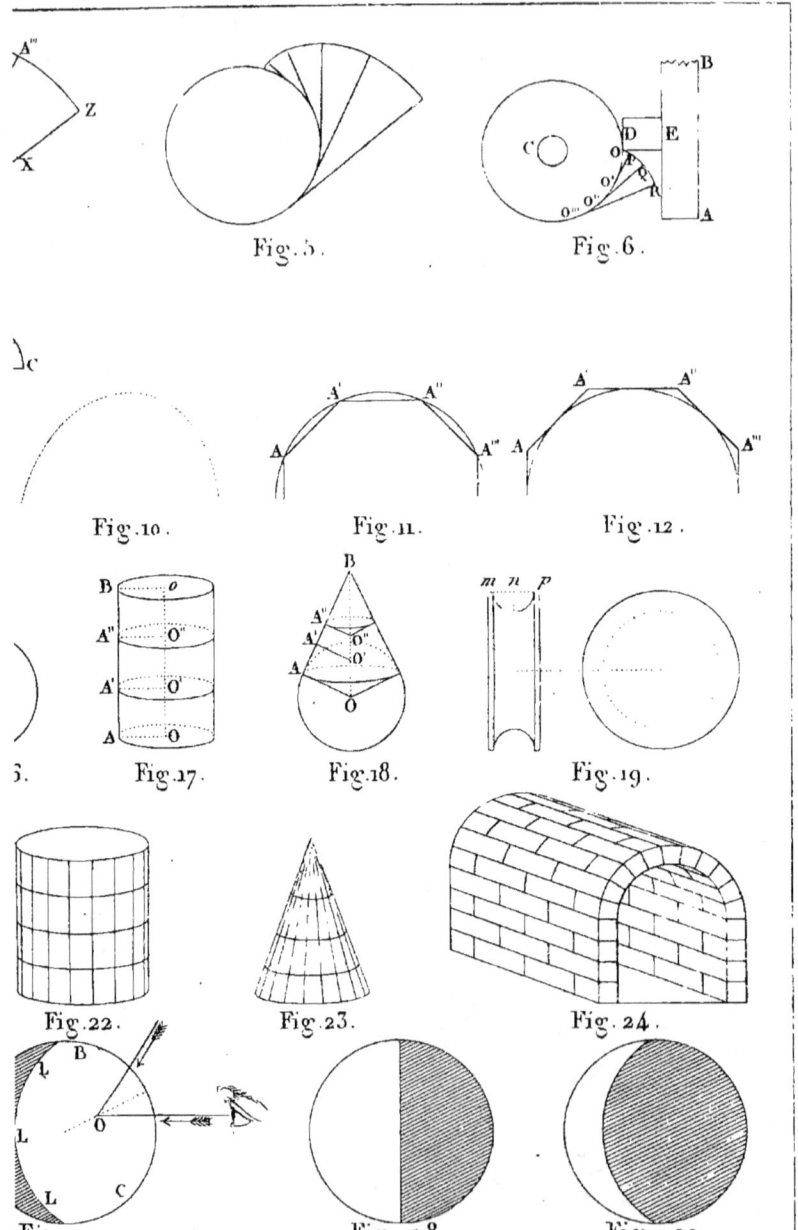

Gravé par Adam.

# EXPOSÉ

FAIT

## A LA SOCIÉTÉ D'ENCOURAGEMENT

POUR L'INDUSTRIE NATIONALE,

*Sur les progrès du nouvel enseignement de la géométrie et de la méchanique appliquées aux arts et métiers, en faveur de la classe industrielle.*

Messieurs,

Permettez-moi de vous présenter un rapport sur les progrès du nouvel enseignement de la géométrie et de la méchanique appliquées aux arts et métiers.

Le caractère essentiel de cet enseignement est de ne supposer, pour être suivi, d'autres connaissances préliminaires que celles des quatre règles de l'arithmétique : règles que le professeur peut enseigner, en cinq à six leçons, et qu'il fera bien d'enseigner, s'il reconnaît que ses auditeurs n'ont pas acquis déjà ces notions premières. Il pourra les conduire ensuite, par degrés faciles, à l'intelligence des vérités et des méthodes de géométrie et de méchanique, les plus essentielles pour les diverses branches de l'industrie.

Le nouvel enseignement n'est pas seulement utile aux villes manufacturières ; *il sera plus utile encore aux villes peu avancées en industrie* ; il y formera de meilleurs ouvriers, charpentiers, appareilleurs, menuisiers, forgerons, serruriers, horlogers, cordiers, charrons, etc., etc.

Il a pour premier but, d'acheminer les artisans et les chefs d'ateliers et de manufactures, vers la partie savante de leurs professions respectives ; soit pour donner aux produits d'industrie les formes précises qui leur conviennent, ce qui fait l'objet de la géométrie appliquée ; soit pour employer la force des ouvriers, les forces de la nature inanimée et celles des animaux, de manière à ce qu'elles produisent, en chaque cas, le plus grand et le meilleur effet possible, ce qui fait l'objet de la méchanique appliquée.

Un second but que le nouvel enseignement doit atteindre ; c'est de développer, dans les industriels de toute classe, et même dans les simples ouvriers, les facultés les plus précieuses de l'intelligence, la comparaison, la mémoire, la réflexion, le jugement et l'imagination ; c'est de leur offrir des moyens pour exécuter leurs travaux d'une manière moins pénible et plus fructueuse ; c'est de leur préparer un nouveau bien-être ; c'est de rendre leur conduite plus morale, en imprimant dans leurs esprits, des idées et des habitudes d'ordre et de raison, qui sont les plus sûrs fondements de la paix publique et du bonheur général.

Il est un troisième but que le nouvel enseignement doit atteindre. Vous savez, messieurs, que nos rivaux les plus redoutables en industrie, les Anglais et les Écossais ont reconnu, depuis quelques années, tout l'avantage d'un enseignement des sciences appliquées aux arts et métiers, fait en faveur de la classe industrielle; ils ont ouvert des écoles de ce genre, dans la plupart de leurs grandes villes manufacturières.

Ils ont commencé par Glasgow; bientôt cette ville en a ressenti les plus heureux effets. L'exemple de cet avantage, procuré par l'instruction, à la classe ouvrière, une fois démontré aux yeux du commerce et de l'industrie, des imitations sans nombre ont été produites en peu de temps. Édimbourg et Londres ont eu d'abord leur enseignement industriel; ensuite Liverpool, Manchester, Birmingham, Newcastle, Aberdeen, ont eu le leur. Ce mouvement s'est développé avec tant de rapidité, que, du 1er. janvier au 1er. juillet de cette année, on a compté dans la Grande-Bretagne, trente-une villes où les nouvelles écoles se sont établies.

Si la France était restée sans imiter un pareil exemple et sans chercher même à le surpasser, bientôt la classe de nos industriels se serait trouvée théoriquement et pratiquement inférieure à la même classe, en Angleterre et en Écosse; et nous aurions été, moins que jamais, en état de soutenir contre nos rivaux la concurrence du commerce.

Pénétré de cette vérité, j'ai regardé comme un devoir d'essayer, selon mes faibles moyens, de propager en France l'enseignement de la géométrie et de la méchanique appliquées à tous les arts; enseignement qui, par une fatalité déplorable, est à la fois le plus nécessaire et le plus reculé de tous.

En effet, l'enseignement des arts chimiques fondé par des savants illustres et puissants, par les Berthollet, les Guyton de Morveau, les Chaptal, les Fourcroy, les Vauquelin, et par leurs dignes élèves, les Gay-Lussac, les Thénard, les Darcet, les Dulong, les Chevreuil, les Clément, etc., s'est propagé, depuis une génération, dans nos villes manufacturières.

Les puissants efforts de pareils hommes ont placé la France au premier rang parmi les nations qui pratiquent les arts chimiques. Aujourd'hui même elle craint, moins que jamais, de perdre la prééminence, par l'effet d'aucune rivalité.

Nous sommes moins heureux et moins avancés, il faut en convenir, dans la pratique des arts géométriques et des arts méchaniques. C'est de ce côté qu'il importe de diriger tous nos efforts.

Ayant depuis vingt années, recueilli, pour mon instruction particulière, en France, en Italie, en Hollande, et dans les trois royaumes britanniques, les principales applications de la géométrie et de la méchanique, aux arts nautiques, militaires et civils, j'ai pensé que je pourrais, avec quelque fruit, composer et publier un cours normal que des professeurs de mathématiques répéteraient aisément, sans qu'ils aient besoin de passer un grand nombre d'années à visiter les manufactures, et à suivre les travaux publics, ou particuliers, de la France et des nations étrangères. J'ai l'honneur d'offrir à la société d'encouragement, les premières leçons de géométrie appliquée aux arts.

Chaque leçon forme un chapitre séparé, publié à part; afin que la modicité du prix de chaque cahier, accompagné de sa planche, permette au simple ouvrier de se le procurer, sans faire un sacrifice qui puisse le gêner.

Plusieurs amis éclairés de l'industrie désirent que ces cahiers se répandent dans les manufactures et dans les ateliers; non-seulement pour l'intérêt des ouvriers et des contre-maîtres, mais pour l'intérêt des chefs d'ateliers et de manufactures. Quelques manufacturiers, quelques protecteurs de l'industrie, l'ont senti, et ont fait présent à leurs principaux ouvriers et contre-maîtres, des cahiers dont je veux parler : il me suffira de vous citer parmi les Français, l'illustre duc de La Rochefoucault et MM. Jappy frères, et la maison devenue française, de MM. Wilson et Manby.

MM. Wilson et Manby se proposent de faire professer à leurs ouvriers, le soir, lors de la sortie du travail, les leçons exposées dans ces cahiers.

MM. Périer se proposent de procurer le même enseignement aux ouvriers de leur grande mine d'Anzin.

Je suis persuadé qu'un aussi bel exemple sera suivi dans les établissements principaux de nos manufacturiers opulents, surtout pour leurs fabriques isolées.

Je vais, maintenant, vous parler du même enseignement, développé sur un plan plus vaste, dans les principales villes de la France.

S. E. le ministre de la marine et des colonies, désirant contribuer aux progrès des arts industriels, dans nos ports de mer, marchands ou militaires, a donné l'ordre général à MM. les professeurs d'hydrographie, de professer deux fois par semaine, le soir, à l'heure où ferment les ateliers, le cours de géométrie et de méchanique, appliquées aux arts, tel qu'il est enseigné dans le Conservatoire de Paris.

Ainsi, par ce seul acte, qui consacre le nom de M. le comte de Chabrol, parmi les plus grands bienfaiteurs de l'industrie française, quarante-quatre ports de mer reçoivent à la fois, en faveur de la classe ouvrière, un enseignement gratuit; et parmi ces ports, nous comptons avec orgueil, des villes telles que Marseille, Bordeaux, Rouen, Nantes, le Hâvre, Caen, Dunkerque, Bayonne, Brest, Toulon, Rochefort, Lorient, Cherbourg, etc., etc.

Dans tous ces ports, les autorités civiles et militaires ont à l'envi concouru pour donner au bienfait du ministre de la marine, toute son efficacité.

Les commandants de la marine, les intendants, les commissaires généraux et ordonnateurs, et les commissaires des classes, ont sollicité, ont secondé MM. les maires, les sous-préfets et les préfets; ils ont rivalisé de zèle et d'émulation avec ces fonctionnaires, pour procurer, dans leurs ports respectifs, tous les moyens que pouvait réclamer le professeur ; un vaste local, le chauffage, l'éclairage, etc., etc.

Je me contenterai d'un seul fait, pour montrer à la France industrielle ce qu'elle peut attendre de la classe ouvrière de nos ports.

La ville de La Rochelle ne compte que 18,000 âmes. Cependant le cours provisoire ouvert cet été en faveur de la classe ouvrière, a reçu trois cents auditeurs, en commençant ; et six semaines plus tard, ce nombre s'était accru de quatre-vingts personnes, tant de la ville que des environs, auxquelles le professeur, par un zèle digne des plus grands éloges, a fait un cours préparatoire, pour qu'ils rejoignissent leurs trois cents devanciers.

A Nevers, ville de 12,000 âmes, un enseignement pareil, commencé dès janvier de cette année, a compté deux cents auditeurs ; ce qui est dans la même proportion que le premier auditoire de La Rochelle.

Je dois à présent vous parler des cours qui vont s'ouvrir incessamment dans les villes de l'intérieur.

Grâces aux soins éclairés de M. le baron de Rambaud, maire de Lyon, M. Tabaraud, ancien officier du génie militaire, va professer, dans la seconde ville du royaume, la géométrie et la méchanique appliquées aux arts.

M. le comte de Turmel, maire de la ville de Metz, vient de publier le programme très-remarquable d'un enseignement gratuit comme tous ceux dont j'ai déjà parlé, et dont je dois parler encore, qui va être donné le soir, à la classe ouvrière, par trois officiers de l'artillerie, du génie militaire et des ponts et chaussées, MM. Bergery, Poncelet et Lemoyne, anciens élèves de l'École Polytechnique.

A Nevers, où la première expérience a pleinement réussi, MM. Morin, Boucaumont, etc., également sortis de l'École Polytechnique, vont ouvrir des cours, non-seulement de géométrie et de méchanique appliquées aux arts, mais de physique et de chimie.

A Versailles, grâces aux soins réunis de M. le comte Destouches, préfet, de M. le Maire et de M. Polonceau, ingénieur en chef des ponts et chaussées, la géométrie et la méchanique appliquées aux arts vont être aussi professées par un ancien élève de l'École Polytechnique.

Il en sera de même à Saint-Étienne, qui devra ce service au zèle de M. Blavier, jeune professeur de l'école des mines.

Permettez-moi, messieurs, d'attirer un moment votre attention sur l'enseignement ouvert à Saint-Lô; vous verrez qu'une petite ville qui ne compte pas 8,000 âmes, peut offrir un très-bel exemple aux plus grandes cités de la France.

Dans une proclamation publiée par M. le chevalier Clément, maire de la ville, au sujet du sacre de S. M., on lit ce qui suit :

« Le 30 mai (lendemain du jour où seront célé-
» brées les réjouissances de la ville, au sujet du sacre
» de S. M., fixé au 29 mai), s'ouvrira pour la

» classe ouvrière, qui a tant de raisons de bénir le
» nouveau règne, un cours gratuit d'arithmétique,
» de géométrie-pratique, et de dessin linéaire ap-
» pliqué aux arts et métiers. Ces leçons seront don-
» nées dans un local provisoire, qui sera indiqué
» aux apprentifs dans les professions et arts indu-
» striels, lorsqu'ils viendront se faire inscrire à la
» mairie, où leurs cartes d'admission leur seront
» délivrées. »

Ne trouvez-vous pas, messieurs, quelque chose de touchant et d'heureux à commencer l'année première d'un règne de paix et de bonté, par un bienfait d'instruction pour les arts pacifiques, et pour la classe la moins opulente!....

Dès cet automne, un cours de géométrie et de méchanique appliquées aux arts, est enseigné, non plus simplement aux apprentifs; mais aux hommes faits de toutes les professions, dans la ville de S.-Lô.

A Clermont, chef-lieu du département du Puy-de-Dôme, ville riche et populeuse, un préfet connu par de savants travaux statistiques, M. le comte d'Allonville, a fondé une école de géométrie-pratique et de dessin linéaire, d'après l'excellente méthode donnée par M. Francœur.

Dans le mois d'août, M. le comte d'Allonville, faisant lui-même la distribution des prix de cette école, a prévenu le public que M. Darlay, professeur au collége royal de Clermont, se proposait d'ouvrir un cours gratuit de géométrie et de méchanique appliquées aux arts, le soir, en faveur des hommes faits.

M. Petit, ingénieur des ponts et chaussées, s'occupe des moyens d'établir ce même enseignement dans la ville manufacturière de Louviers.

Plusieurs grands fabricants ont promis d'employer toute leur influence pour rendre le même service aux villes d'Elbœuf et de Sédan.

Des professeurs et des ingénieurs, animés d'un généreux amour du bien public, ont proposé de donner des leçons à Limoges, à Poitiers, à Tonnerre, à Aix, à Strasbourg, à Rennes, à Douai, à Valence, etc., etc. Partout leurs offres sont accueillies avec une vive et juste reconnaissance.

Voilà, messieurs, tout ce dont je puis vous rendre compte jusqu'à ce jour.

Le 26 octobre 1824, l'enseignement de la classe ouvrière n'était donné, le soir, que sur un seul point de la France, et pour la capitale.

Au 26 octobre 1825, cet enseignement, partout gratuit est offert à tous les hommes industrieux de cinquante-neuf villes.

Ces villes comprennent une population totale de 2,040,000 âmes. Ainsi, déjà, la science peut dire aux hommes utiles compris dans ce nombre : quelle que soit la modicité de votre fortune, si vous avez reçu de la nature un esprit de raisonnement et de combinaison, voici le moyen gratuit et facile de mettre à profit ce présent et de le rendre fructueux.

C'est quelque chose. Mais c'est peu, quant à ce qui nous reste à faire. Nous n'avons encore travaillé que pour trente-quatre départements. Il en reste cinquante-deux à pourvoir. Puissions-nous, dès l'année prochaine, vous annoncer qu'une partie nouvelle de notre territoire est, en effet, pourvue du nouvel enseignement, et que les lumières utiles se propagent de plus en plus dans notre belle patrie.

Remarquez, messieurs, par quel admirable concours d'un grand nombre d'hommes en pouvoir, le nouvel enseignement s'est propagé ; le corps entier de la marine, le génie militaire, les ponts et chaussés et les mines ont payé noblement leur tribut. Parmi cinquante-neuf professeurs, vingt anciens élèves de l'école polytechnique, vrais disciples de l'illustre Monge, vont répandre chez la classe industrielle, les lumières qu'ils ont reçues du génie de leur maître.

Tandis que tant d'efforts se préparaient, se développaient sur notre sol, l'ambassadeur de France à Londres, rendait compte au ministère, des résultats de l'expérience sur les essais nombreux tentés dans le même genre, avec un admirable succès, dans la Grande-Bretagne. Ainsi le gouvernement acquérait une donnée sûre, positive et pleinement satisfaisante, relativement aux conséquences de toute espèce qu'il pouvait espérer du nouvel enseignement.

Monsieur le Dauphin, cherchant dans son cœur d'autres résultats d'expérience et de bonté, s'est prononcé dès le premier abord, en faveur d'un enseignement utile à la classe ouvrière; il a senti qu'une population qui le contemple auprès du trône, ne doit, en aucun genre, descendre au second rang, dans le parallèle avec les populations étrangères; et son âme s'est émue vivement au tableau d'un bien-être nouveau qui pourrait être répandu sur de nombreux français.

Ainsi, grâces à l'heureux concours des hommes et des circonstances, nous n'avons point à craindre que l'enseignement nouveau fasse nulle part ombrage à l'autorité. Il n'est point né dans un temps de trouble et de discorde : il ne peut être ni un emblême, ni une espérance, ni un signe de ralliement pour l'esprit de parti; il est un simple résultat de l'esprit d'utilité; il n'est pas moins utile aux hommes d'un âge mûr, qu'aux adolescents; il est exigé, commandé par l'époque où nous vivons, pour assurer le progrès de nos arts, et pour nous permettre de soutenir dignement la lutte contre l'étranger, qui s'imagine pouvoir aisément devancer en instruction et en lumières la population française! Non, messieurs, nous ne souffrirons pas que l'étranger remporte sur nous cette humiliante victoire. La patrie des Descartes, des Pascal, des Dalembert, des Monge, des Legendre et des La Place; la patrie des Vauban, des Borda, des Coulomb, des Mongolfier, des Riquet, des Vaucanson, des Bréguet et des Prony, ne veut céder à nulle autre, et la palme théorique des sciences mathématiques, et la palme pratique de la science appliquée et rendue populaire; la pensée de ces puissants génies, élèvera notre courage; elle nous donnera la force de soutenir une lutte difficile, et les moyens d'en sortir triomphants.

Mais un si beau résultat serait impossible aux

efforts des professeurs, si les grands manufacturiers et les premiers négociants, n'employaient leur juste et vaste influence, dans toutes les villes de la France, et dans leurs propres établissements pour y propager, y soutenir l'institution du nouvel enseignement. C'est à la société d'encouragement qu'il appartient de leur adresser un appel qui sera compris par toutes les intelligences et senti par tous les cœurs.

Depuis l'époque où la société d'encouragement a reçu l'exposé qu'on vient de lire, Son Excellence le ministre de l'Intérieur, d'après le rapport favorable de M. le directeur général des manufactures et du commerce, s'est fait un plaisir d'adopter un plan soumis à son approbation, sur l'enseignement de la géométrie et de la méchanique appliquées aux arts, dans les principales villes de l'intérieur. Elle a chargé l'auteur de cet exposé, de former des professeurs, dans un cours normal, pour les villes qui désireraient jouir d'un pareil enseignement. On a pensé que les magistrats consulteront avec fruit le tableau suivant des départements et des villes qui ont déjà des professeurs, ou pour lesquelles des professeurs généreux se sont *offerts*, et des départements, ainsi que des villes qui sont encore privées des moyens de pourvoir au nouvel enseignement.

# NOMS

| Des départements. | Des villes. | Des professeurs. |
|---|---|---|
| Ain. | Bourg. | » |
| Aisne. | Laon. | » |
|  | Saint-Quentin. | » |
| Allier. | Moulins. | » |
| Alpes (Basses). | Digne. | » |
| Alpes (Hautes). | Gap. | » |
| Ardèche. | Privas. | » |
| Ardennes. | Mézières. | » |
|  | Sedan. | » |
|  | Charleville. | » |
| Ariége. | Foix. | » |
| Aube. | Troyes. | » |
| Aude. | Carcassonne. | » |
|  | Narbonne. | Esmieu. * |
| Aveyron. | Rodez. | » |
| Bouches-du-Rhône. | Marseille. | Plassiard. * |
|  | Arles. | Jacquet. * |
|  | Martigues. | Sire. * |
|  | La Ciotat. | Nalis. * |
|  | Aix. | » |
| Calvados. | Honfleur. | Pottier. * |
|  | Caen. | Prudhomme. * |
| Cantal. | Aurillac. | » |
| Charente. | Angoulême. | » |
| Charente-Inférieure | La Rochelle. | Guigon. * |
|  | Rochefort. | Le Huen. * |
| Cher. | Bourges. | » |
| Corrèze. | Tulle. | » |
| Corse. | Bastia. | Rizzo. * |
|  | Ajaccio. | Chaillé. * |
| Côtes-d'Or. | Dijon. | » |
| Côtes-du-Nord. | Saint-Brieuc. | Dubus. * |
|  | Saint-Malo. | Michelle. * |
|  | Paimpol. | Pinard. * |
| Creuse. | Guéret. | » |
| Dordogne. | Périgueux. | » |
| Doubs. | Besançon. | » |
| Drôme. | Valence. | Papy. |
| Eure. | Évreux. | » |
|  | Louviers. | » |
| Eure-et-Loir. | Chartres. | » |
| Finistère. | Quimper. | » |
|  | Brest. | Porquet. * |
|  | Morlaix. | Dreppe. * |
|  | Audierne. | Vaultier. * |

## NOMS

| Des départements. | Des villes. | Des professeurs. |
|---|---|---|
| Gard. . . . . . . | Nîmes. . . . . . . | » |
| Garonne. . . . . | Toulouse. . . . . . | » |
| Gers. . . . . . . | Auch. . . . . . . | » |
| Gironde. . . . . | Bordeaux. . . . . | Lancelin |
|  | Libourne. . . . . | Burgade. * |
| Hérault. . . . . . | Montpellier. . . . | » |
|  | Cette. - . . . . . | Esmieu (J.-B.). * |
|  | Agde. . . . . . . | Martin. * |
| Ille-et-Vilaine. . . | Rennes. . . . . . | » |
| Indre. . . . . . . | Châteauroux. . . . | » |
| Indre-et-Loire. . . | Tours. . . . . . . | » |
| Isère. . . . . . . | Grenoble. . . . . | » |
| Jura. . . . . . . | Lons-le-Saulnier. . | » |
| Landes. . . . . . | Mont-de-Marsan. . | » |
| Loir-et-Cher. . . . | Blois. . . . . . . | » |
| Loire. . . . . . . | Montbrison. . . . | » |
|  | Saint-Étienne. . . | M. Blavier. |
| Loire ( Haute ). . . | Le Puy. . . . . . | M. Caillet. * |
| Loire-Inférieure. . | Nantes. . . . . . | Joubert. * |
|  | Paimbœuf. . . . . | » |
| Loiret. . . . . . | Orléans. . . . . . | » |
| Lot. . . . . . . | Cahors. . . . . . | » |
| Lot-et-Garonne. . . | Agen. . . . . . . | » |
| Lozère. . . . . . | Mende. . . . . . | » |
| Maine-et-Loire. . . | Angers. . . . . . | » |
| Manche. . . . . . | Saint-Lô. . . . . | M. Vachier. |
|  | Cherbourg. . . . | Lemonnier. * |
|  | Granville. . . . . | Decrevoisier. * |
| Marne. . . . . . | Châlons. . . . . . | » |
|  | Rheims. . . . . . | » |
| Marne ( Haute ). . . | Chaumont. . . . . | » |
| Mayenne. . . . . | Laval. . . . . . . | » |
| Meurthe. . . . . | Nanci. . . . . . . | » |
| Meuse. . . . . . | Bar-sur-Ornain. . . | » |
| Morbihan. . . . . | Vannes. . . . . . | Boyer. * |
|  | Lorient. . . . . . | Pelhaste. * |
|  | Le Croisic. . . . | Simonin. * |
| Moselle. . . . . . | Metz. . . . . . . | Bergery. |
|  | Idem. . . . . . . | Poncelet. |
|  | Idem. . . . . . . | Lemoyne. |
| Nièvre. . . . . . | Nevers. . . . . . | Morin. |
|  | Idem. . . . . . . | Boucaumont. |
|  | Idem. . . . . . . | » |
| Nord. . . . . . . | Lille. . . . . . . | » |
|  | Dunkerque. . . . | Petit Genêt. * |

| NOMS | | |
|---|---|---|
| Des départements. | Des villes. | Des professeurs. |
| Oise. . . . . . . . . | Beauvais. . . . . . | » |
| Orne. . . . . . . . . | Alençon. . . . . . | » |
| Pas-de-Calais. . . | Douay. . . . . . . | Chenoux. |
| | Arras. . . . . . . . | » |
| | Boulogne. . . . . . | Gambart. * |
| | Calais. . . . . . . | Legrand. * |
| Puy-de-Dôme. . . . | Clermont. . . . . . | Darlay. |
| Pyrénées ( Basses ). | Pau. . . . . . . . | » |
| | Bayonne. . . . . . | Paradis. * |
| | Saint-Jean-de-Luz. | Baudry. * |
| Pyrénées (Hautes). | Tarbes. . . . . . . | » |
| Pyrénées-Orientales | Perpignan. . . . . | » |
| | Collioure. . . . . . | Lair. * |
| Rhin ( Bas ). . . . | Strasbourg. . . . . | Finck. |
| Rhin ( Haut ) . . | Colmar. . . . . . . | » |
| | Mulhausen. . . . . | » |
| Rhône . . . . . . . | Lyon. . . . . . . . | Tabaraud, Prévost. |
| Saône (Haute). . . | Vesoul. . . . . . . | » |
| Saône-et-Loire. . . | Mâcon. . . . . . . | » |
| Sarthe. . . . . . . | Le Mans. . . . . . | » |
| Seine. . . . . . . . | Paris. . . . . . . . | Ch. Dupin. |
| Seine-Inférieure. . | Rouen. . . . . . . | Mabire. * |
| | Dieppe. . . . . . . | Blouet. * |
| | Fécamp. . . . . . . | Vasse. * |
| | Le Havre. . . . . . | Robert. * |
| | Quillebœuf. . . . . | Borius. * |
| Seine-et-Marne. . . | Melun. . . . . . . | » |
| Seine-et-Oise. . . . | Versaille. . . . . . | Lacroix. |
| Deux-Sèvres. . . . | Niort. . . . . . . . | » |
| Somme. . . . . . . | Amiens. . . . . . . | De Cayeu. |
| | Saint-Valery. . . . | Baumgarth Delisle. * |
| Tarn. . . . . . . . | Alby. . . . . . . . | » |
| Tarn-et-Garonne. . | Montauban. . . . . | » |
| Var. . . . . . . . . | Draguignan. . . . | » |
| | Toulon. . . . . . . | Barthélemy. * |
| | Saint-Tropez. . . . | Antiboul. * |
| | Antibes. . . . . . . | Barbaut. * |
| Vaucluse. . . . . . | Avignon. . . . . . | » |
| Vendée. . . . . . . | Bourbon-Vendée. . | » |
| | Sables d'Olonne. . | Veillon. * |
| Vienne. . . . . . . | Poitiers. . . . . . | Miet. |
| Vienne ( Haute ). . | Limoges. . . . . . | Lassimonne. |
| Vosges. . . . . . . | Épinal. . . . . . . | » |
| Yonne. . . . . . . . | Auxerre. . . . . . | ». |
| | Tonnerre. . . . . . | Édouard Gourré. |

# TABLE DES MATIÈRES.

|  | Pages. |
|---|---|
| Dédicace aux ouvriers français. | v |
| Note préliminaire sur les progrès faits par l'enseignement de la géométrie et de la méchanique appliquées aux arts et métiers, etc. | 1 |
| Première leçon. *La ligne droite, les angles, les perpendiculaires et les obliques.* | 5 |
| Tracé et vérification des lignes droites. | 7 |
| Du plan et de ses rapports avec la ligne droite. | 10 |
| Mesures de longueur. | 11 |
| Des échelles. | 12 |
| Des angles. | 13 |
| Des équerres et de leur vérification. | 16 |
| Propriétés des angles autour d'un point, des perpendiculaires et des obliques. | 16 |
| Deuxième leçon. *Des lignes parallèles, et de leurs combinaisons avec les perpendiculaires et les obliques.* | 25 |
| Les parallèles sont partout à égale distance. | 29 |
| Application aux routes en fer, aux routes ornières. | 30 |
| Application aux Mull-Jenny. | 31 |
| Équerre du dessinateur, employée pour tracer des parallèles. | 33 |
| Les parallèles comprises entre parallèles, sont égales. | 34 |

T. I. — Géom.

|  | Pages |
|---|---|
| Application au jeu des tiroirs, dans leur emboitement. | 34 |
| ——— Au jeu des pistons, dans les pompes. | 35 |
| ——— à l'ourdissage et au tissage des étoffes. | 36 |
| ——— aux tracés de l'architecture civile et de l'architecture navale. | 38 |
| Application des parallèles au dessin de la géométrie descriptive. Méthode des projections. | 39 |
| Application de la méthode des projections à la méchanique. | 41 |
| Application au tracé des courbes. Exemple offert dans la construction des vaisseaux. | 44 |
| Exemple offert par le tracé des routes et des canaux. | 45 |
| Représentation des terrains par lignes horizontales. | 46 |
| TROISIÈME LEÇON. *Le cercle.* | 49 |
| Définition du cercle, de la circonférence, du centre, des rayons et des diamètres. | 49 |
| De la corde, de la flèche. | 50 |
| La tangente au cercle est perpendiculaire au rayon. | 52 |
| Application au tournage d'un corps mobile, par le moyen d'un outil fixe; à la confection des meules, pour aiguiser les outils, ou polir les surfaces. | 53 |
| Application au tournage des corps fixes; au roulage. | 54 |
| ——— aux mouvements parallèles. | 55 |
| ——— à la construction des machines. | 56 |
| Transmission du mouvement circulaire, d'un axe à un autre. | 57 |
| Des courroies enveloppes des cercles. | 58 |
| Du mouvement d'un cercle dans un autre. | 60 |
| Application aux boîtes à vapeur. | 61 |
| Division du cercle, et son application à la mesure des angles. | Ibid. |
| Moyen de diviser le cercle en diverses parties égales. | 62 |

| | Pages. |
|---|---|
| Rapport de la circonférence au rayon. | 63 |
| Application des arcs à la mesure des angles. | 64 |
| Des degrés, minutes, secondes, etc. | 65 |
| Application à la géographie. | 66 |
| Application de la division du cercle à la construction des machines. | 67 |
| Instruments pour mesurer les angles. | 68 |
| Du rapporteur et du graphomètre. | 69 |
| Des quadrants, des sextants et des cercles répétiteurs. | 70 |
| Machine inventée pour diviser les cercles | 71 |
| QUATRIÈME LEÇON. *Formes diverses qu'on peut donner aux produits d'industrie, avec la ligne droite et le cercle.* | 37 |
| Du triangle rectiligne. | *Ibid.* |
| Des diverses espèces de triangles. | 74 |
| Triangle symétrique. | 75 |
| Conditions de l'égalité des triangles. | 76 |
| Figures de quatre côtés. | 78 |
| Du trapèze et du parallélogramme. | 79 |
| Du lozange. | 80 |
| Du rectangle et du quarré. | 81 |
| Symétrie des figures de quatre côtés. | 82 |
| Somme des angles du triangle et des figures de 4, 5, 6,... côtés. | 82-83 |
| Rapport du cercle avec la figure terminée par des lignes droites. | 83 |
| Des polygones réguliers. | 85 |
| Application aux fortifications régulières. | 86 |
| Application aux travaux de pavage, de marqueterie, de vitrage et de mosaïque. | 87 |
| Des polygones réguliers avec lesquels on peut couvrir exactement un espace. | *Ibid.* |

| | Pages. |
|---|---|
| Application à l'architecture. | 89 |
| Des figures terminées par des portions de ligne droite et de cercle. | 90 |
| Application à la figure des théâtres, des amphithéâtres, des voûtes en plein cintre, en tiers-point et en anse de panier. | 90-91 |
| Art de profiler. | 95 |
| Composition des plans d'architecture. | 95 |
| CINQUIÈME LEÇON. Des figures égales, des figures symétriques et des figures proportionnelles. | 97 |
| Conditions d'égalité des figures. | Ibid. |
| Production des figures par des poncifs et des calques. | 99 |
| Symétrie des figures. | Ibid. |
| Production de figures égales ou symétriques, par la gravure, l'imprimerie, la lithographie, etc. | 100 |
| Production des figures égales par le cliché. | 101 |
| Construction géométrique d'une figure égale à une autre, par les triangles. | Ibid. |
| ———— par les carreaux. | 104 |
| Figures proportionnelles. | 106 |
| Propriétés des lignes proportionnelles. | Ibid. |
| Leur application pour diviser les échelles. | 108 |
| Petites divisions des échelles importantes. | 109 |
| Vérification des tracés des modèles d'une machine ou d'un produit d'industrie. | Ibid. |
| Des proportions. | 110 |
| Le produit des deux extrêmes égale le produit des deux moyens. | 111 |
| Règle de trois. | 113 |
| Des triangles semblables. | 114 |
| Des polygones semblables. | 116 |
| Compas de proportion. | 117 |

## DES MATIÈRES.

|  | Pages. |
|---|---|
| Propriété des polygones réguliers semblables. | 118 |
| Les cercles sont des figures semblables. | Ibid. |
| Propriétés d'une corde, d'une demi-corde, élevée perpendiculairement sur un diamètre, et de la perpendiculaire abaissée de l'angle droit d'un triangle-rectangle sur le côté opposé. | 119 |
| SIXIÈME LEÇON. *De la superficie des figures planes, terminées par des lignes, droites ou circulaires.* | 121 |
| Le quarré sert à mesurer les autres figures. | Ibid. |
| Comment les nombres représentent des quarrés ou les quarrés des nombres. | 122 |
| Dans un triangle rectangle, le quarré construit sur le grand côté, égale la somme des quarrés construits sur les deux autres côtés. | 124 |
| La surface du rectangle est égale au produit de la base par la hauteur. | Ibid. |
| La surface d'un parallélogramme est égale au produit de sa base par la hauteur. | 125 |
| Du quarré de multiplication. | 126 |
| La surface d'un triangle égale la moitié du produit de sa base par sa hauteur. | Ibid. |
| La surface du trapèze égale la demi-somme de ses deux bases, multipliée par sa hauteur. | 127 |
| La surface d'un polygone régulier égale la moitié de son contour, multipliée par la distance du centre à l'un des côtés. | Ibid. |
| La surface du cercle est égale à sa circonférence multipliée par la moitié de son rayon, ou à sa demi-circonférence multipliée par son rayon. | 128 |
| Impossibilité de la quadrature du cercle. | Ibid |
| Comparaison de la surface des figures semblables. Le rapport de la surface de deux triangles semblables | |

## TABLE

|   | Pages. |
|---|---|
| est égal au rapport des quarrés des lignes correspondantes ou homologues. | 129 |
| Les surfaces des figures semblables sont entre elles comme les quarrés construits sur deux lignes correspondantes. | 130 |
| Les cercles ont leurs surfaces proportionnelles aux quarrés construits sur leurs rayons ou sur leurs diamètres comme côtés. | Ibid. |
| Propriétés des figures régulières plus grandes que toutes les autres. | 131 |
| Application aux formes des vitraux, à celle des tuyaux pour la conduite des eaux et du gaz, et à la forme des édifices. | Ibid. |
| Construction du plan. | Ibid. |
| Application à la faïencerie. | 132 |
| Application au recépage des pieux. | Ibid. |
| Production des plans par le rabot. | 133 |
| Production du plan par le scieur de long et le charpentier. | Ibid. |
| La perpendiculaire menée d'un point à un plan est la plus courte distance du point au plan ; elle est perpendiculaire à toutes les lignes menées, par son pied, dans ce plan. | 134 |
| Les obliques également éloignées de la perpendiculaire, menées d'un point à un plan, sont égales. | Ibid. |
| De l'axe d'un cercle. | 135 |
| Application au jeu des meules de moulin. | Ibid. |
| Application au tournage. | 136 |
| Application à la machine de Bramah, pour tailler des surfaces planes. | 136 |
| Deux perpendiculaires au même plan sont parallèles entr'elles. | 138 |

## DES MATIÈRES. 415

Pages.

| | |
|---|---|
| Le fil à plomb est un fil qu'on tient d'un bout, et qui, de l'autre, porte un plomb. Application du fil à plomb pour mener des parallèles verticales. | 139 |
| Deux plans verticaux se coupent nécessairement suivant une ligne droite verticale. | *Ibid.* |
| Application de cette propriété. | 140 |
| Deux plans qni se rencontrent se coupent en ligne droite. | 141 |
| Des angles formés par les plans. | *Ibid.* |
| Des plans horizontaux et inclinés. | 142 |
| Des lignes de plus grande pente. | 143 |
| Deux droites parallèles, comprises entre deux plans parallèles, sont égales. | 144 |
| Deux droites coupées par trois plans parallèles, sont coupées en parties proportionnelles. | *Ibid.* |
| SEPTIÈME LEÇON. *Des solides terminés par des plans.* | 145 |
| Égalité, symétrie des corps. | *Ibid.* |
| Définition de la tringle et du prisme, droit, oblique et tronqué. | 146 |
| Prisme symétrique. | 147 |
| Prisme triangulaire. | *Ibid.* |
| Applications à l'optique, à l'architecture. | *Ibid.* |
| Applications à la méchanique. | 148 |
| Prisme quadrangulaire. Parallélipipède. | *Ibid.* |
| Cube. | 149 |
| Applications variées. | *Ibid.* |
| Prismes des cristaux. | 150 |
| Confection d'un prisme droit en relief. | *Ibid.* |
| ————————————————— en creux. | 152 |
| De la languette et de la rainure; du tenon et de la mortaise. | 153 |
| Application des prismes à la charpente. | 154 |

| | Pages. |
|---|---|
| Des pyramides quelconques, symétriques, régulières. | 155 |
| Pyramides triangulaires et quadrangulaires. | Ibid. |
| Des obélisques et de leur construction. | 156 |
| Construction d'une pyramide triangulaire. | 157 |
| Mesure des solides terminés par des faces planes. | 159 |
| Mesure des cubes. | 160 |
| Le volume d'un prisme quadrangulaire égale le produit de sa base par sa hauteur. | Ibid. |
| Le volume d'un prisme droit triangulaire, ou polygonal quelconque, égale le produit de sa base par sa hauteur. | 161 |
| Le volume d'une pyramide est le tiers du produit de sa base par sa hauteur. | 162 |
| Cubage d'un corps terminé par autant de faces planes qu'on voudra. | 163 |
| Un tronc de prisme triangulaire équivaut à trois pyramides ayant même base que ce prisme, et leurs sommets respectifs à l'extrémité des trois arêtes. | 164 |
| Le volume d'un tronc de prisme droit quadrangulaire est égal au produit de la base par le quart de la somme des quatre arêtes. | Ibid. |
| Application au cubage de la carène des navires. | 165 |
| Deux corps symétriques sont égaux en volume. | 166 |
| Des solides semblables. | Ibid. |
| Les volumes des pyramides semblables sont proportionnels aux cubes des arêtes correspondantes. | 167 |
| Les volumes des solides semblables sont comme les cubes des lignes correspondantes. | 168 |
| HUITIÈME LEÇON. *Des cylindres.* | 169 |
| Arêtes des cylindres. | Ibid. |
| Des cylindres droits, obliques, tronqués, et de leurs bases. | 170 |

DES MATIÈRES. 417

Pages.

Du cylindre circulaire. 170
Confection du cylindre par arêtes. 171
Application à la construction des mâts de navires. 172
Confection du cylindre par courbes égales et parallèles. *Ibid.*
Application à la confection des bois de lances, des hampes d'écouvillon, etc. 173
Application aux treillis, aux grillages, etc. *Ibid.*
Des faisceaux de cylindres. 174
Des surfaces cylindriques formées par flexion. *Ibid.*
Application aux travaux du boisselier. *Ibid.*
Application aux travaux du chaudronnier et du ferblantier. 175
Construction des chaudières des machines à vapeur. 176
Travaux du plombier et du facteur d'orgues. 177
Fabrication des cylindres par l'étirage. *Ibid.*
Fabrication des cylindres par la fonte et le moulage. 178
Fabrication des cylindres par le forage. *Ibid.*
Fabrication des cylindres par le sciage. *Ibid.*
Construction des cylindres par les architectes. 177
La surface ronde du cylindre droit égale le contour d'une de ses bases, multiplié par la hauteur. 180
La surface totale du cylindre droit circulaire et de ses bases, égale la circonférence d'une des bases, multipliée par la longueur d'une arête, plus la longueur d'un rayon des bases. *Ibid.*
En regardant le cylindre comme terminé par des facettes d'égale largeur, la surface de ce cylindre, droit ou tronqué, est égale à la largeur d'une des facettes, multipliée par la somme des arêtes de ces facettes. 182
Le volume du cylindre est égal à la circonférence de

T. I. — Géom. 53

| | Pages. |
|---|---|
| ses bases, multipliée par la moitié du rayon de ces bases et par la hauteur du cylindre. | *Ibid.* |
| Deux cylindres, obliques ou droits, de même base et de même hauteur sont égaux en volume. | *Ibid.* |
| Des secteurs de cylindre. | 183 |
| Des segments de cylindre. | 184 |
| Application des propriétés du cylindre à la détermination des ombres. | *Ibid.* |
| Application des propriétés du cylindre à la géométrie descriptive. | 185 |
| Application du cylindre aux travaux agricoles. | 186 |
| Application du cylindre au feuilletage de la pâte. | *Ibid.* |
| Combinaisons des cylindres. Les laminoirs. | *Ibid.* |
| Application à la papeterie. | 187 |
| Application à l'imprimerie. | *Ibid.* |
| Impression lithographique. | 188 |
| Impression des gravures sur cuivre. | *Ibid.* |
| Application des paires de cylindres à la fabrication du fer et à sa réduction en barres. | 189 |
| Application des cylindres au cardage. | 190 |
| Application des cylindres au filage du coton. | *Ibid.* |
| De la cannelure des cylindres. | 191 |
| De l'emboîtement des cylindres. | 192 |
| Application à la confection des lunettes d'opéra et des lunettes marines. | *Ibid.* |
| Emboîtement des tuyaux de conduite pour l'eau et le gaz. | *Ibid.* |
| Neuvième leçon. *Surfaces coniques.* | 193 |
| Définition du cône, de ses arêtes, de son sommet. | *Ibid.* |
| Double cône. | 194 |
| Application au sablier. | *Ibid.* |
| Base du cône. | *Ibid.* |

## DES MATIÈRES. 419

| | Pages |
|---|---|
| Cône droit ou oblique, cône circulaire. | 194 |
| La surface courbe du cône droit circulaire égale le contour de sa base, multiplié par la moitié d'une arête. | 195 |
| Le volume d'un cône quelconque, est égal au produit du tiers de sa hauteur par la surface de sa base. | 196 |
| La surface d'un tronc de cône régulier égale la demi-somme du contour des deux bases, multipliée par la longueur d'une arête comprise entre ces bases. | Ibid. |
| La surface des cônes semblables est proportionnelle aux quarrés des lignes correspondantes. | Ibid. |
| Les volumes des cônes semblables sont proportionnels aux cubes des lignes correspondantes. | 197 |
| Volume d'un tronc de cône. | Ibid. |
| Surface d'un cône quelconque. | Ibid. |
| Fabrication du cône par l'architecte et le charpentier, par l'artilleur, le chapelier et le facteur d'orgues. | 198 |
| Application à la mâture des vaisseaux. | 199 |
| Confection du cône par facettes. | Ibid. |
| Confection du cône au tour. | 200 |
| Application du cône au physionotrace. | Ibid. |
| Application à la production des images de tous les objets, sur la rétine de notre œil. | 202 |
| Application des propriétés du cône aux ombres portées par les ombres opaques. | 202 |
| Des silhouettes. | Ibid. |
| Des ombres chinoises. | 204 |
| Principe de la perspective. | 205 |
| Du point de vue. | 206 |
| Perspective des lignes parallèles. | 207 |

Quand ces lignes ne sont pas parallèles au tableau, leur perspective aboutit en un point unique, qui s'appelle point de concours. 208

Application à la mise en perspective des dessins d'architecture. *Ibid.*

Application à la peinture. 210

Des divers plans imaginés par le peintre, pour mettre en perspective les objets qu'il représente. 211

Des raccourcis en perspective. 212

Importance de cette étude pour les peintres et les dessinateurs. *Ibid.*

Application de la perspective au dessin des machines et des produits d'industrie. 213

Application aux décorations théâtrales. 214

Projections coniques appliquées à la géographie. 215

Des surfaces coniques que présentent les surfaces cannelées et les roues d'angle dentées. 216

DIXIÈME LEÇON. *Surfaces développables, surfaces gauches, etc.* 217

Définition de la surface développable. *Ibid.*

Développement de cette surface. 218

Applications générales. *Ibid.*

Application aux tentures et aux draperies. 219

Construction d'une surface développable assujettie à passer par deux points donnés. 220

Sciage des pièces de tour. 221

Application des surfaces développables à la coupe des pierres. *Ibid.*

Exemple remarquable offert par le Panthéon, à Paris. 222

Des surfaces développables qui terminent les surfaces des joints d'un voussoir. 223

Application des surfaces développables à la couverture

| | Pages. |
|---|---|
| des dômes et des coupoles. | 224 |
| Application au doublage des navires. | Ibid. |
| Application aux ouvrages du cartonnier et du carrossier. | 225 |
| Application aux ouvrages du chaudronnier, du poëlier et du ferblantier. | 226 |
| Des surfaces développables construites par bandes. | Ibid. |
| Application aux anciennes armures. | Ibid. |
| Application aux bordages des vaisseaux. | 227 |
| Des modèles et des patrons développables. | 229 |
| Application à la coupe des étoffes pour les vêtements. | 230 |
| Considérations sur les surfaces développables des tissus qui servent aux vêtements et aux draperies. | 231 |
| Des surfaces gauches. | 234 |
| Des échelles gauches. | Ibid. |
| Exemple offert par les ailes de moulin et par les échelles de perroquet. | Ibid. |
| Application à la construction des vaisseaux. | 235 |
| Travail des pièces de tour. | 236 |
| Travail des lisses employées dans la construction des vaisseaux. | Ibid. |
| Application des surfaces gauches à la construction des escaliers, pour déterminer les faces de joint des marches. | 238 |
| ONZIÈME LEÇON. *Surfaces de révolution.* | 241 |
| Leur définition. | Ibid. |
| Du méridien et des cercles parallèles des surfaces de révolution. | 242 |
| Des surfaces de révolution engendrées par le mouvement d'une ligne droite : 1°. le cylindre; 2°. le cône; 3°. la surface gauche de révolution. | 243 |
| Application de cette dernière surface au dévidoir. | Ibid. |

Pages.

Application de cette dernière surface aux cisailles. 244
De la sphère. *Ibid.*
Définition des grands et des petits cercles de la sphère. 245
Moyens de décrire la sphère. 246
Forme sphérique des boulets, des obus et des bombes. *Ibid.*
Calotte, segment et secteur sphériques. 247
La surface d'une calotte sphérique est égale à la circonférence du grand cercle de la sphère, multipliée par la flèche de la calotte. 248
La surface de la sphère est égale à la circonférence de son grand cercle, multipliée par le diamètre de ce grand cercle. *Ibid.*
La surface de la sphère est égale à quatre fois celle de son grand cercle. *Ibid.*
La sphère a pour mesure de son volume sa surface multipliée par le tiers de son rayon, ou quatre fois la surface de son grand cercle, multipliée par le tiers de son rayon. 249
Le volume d'un secteur de sphère est égal au produit de la surface ou du secteur par le tiers du rayon de la sphère. 250
Développement d'une zone sphérique ou conique. *Ibid.*
Applications. 251
Formes approchant de la sphère, exécutées par les ferblantiers, les cartonniers, etc. : 1°. formes coniques; 2°. formes cylindriques. *Ibid.*
Application de la sphère à la géographie et à l'astronomie. 253
Axe, pôles, plans méridiens, cercles méridiens, parallèles, équateur de la terre. 254
Division par degrés de longitude et de latitude. 255
Division de la surface de la terre en carreaux sphé-

DES MATIÈRES. 423

Pages.

riques, pour la description des objets. 255
Application à la construction des cartes réduites. 257
Usage de ces cartes pour tracer les routes qu'il faut
 suivre sur mer. 258
Comment on détermine la position complète d'un
 point de la surface de la terre, par sa longitude,
 sa latitude et sa hauteur. 259
Sphères célestes. Ses divisions analogues à celles de la
 sphère terrestre. 261
Les propriétés géométriques de la sphère font voir
 que l'aspect du ciel reste le même, soit qu'on sup
 pose la terre immobile et tous les astres tournant
 autour de l'axe du monde, ou les étoiles immo-
 biles et la terre tournant sur le même axe. 263
Des surfaces annulaires. 265
Exemples variés des surfaces annulaires, dans l'ar-
 chitecture : le quart de rond, le boudin des co-
 lonnes, etc. 266
Les moulures poussées par le menuisier. 267
La cloche. *Ibid.*
La cosse employée par les marins. *Ibid.*
L'anneau de Saturne. *Ibid.*
Surface annulaire de la roue. *Ibid.*
Rouet de poulie. *Ibid.*
Roues de voiture, leur structure. *Ibid.*
Surface de révolution que présentent les tonneaux. 268
Travail des tonneaux, à la manière ordinaire ou par
 des machines. 269
Calcul de l'espace occupé par des piles de tonneaux. 271
Calcul de l'espace occupé par des piles de boulets. 272
DOUZIÈME LEÇON. *Surfaces spirales.* 273
Construction des courbes spirales ou hélices. *Ibid.*

|  | Pages. |
|---|---|
| La spirale est produite par un point qui, tournant autour d'un axe, avance dans le sens parallèle à cet axe, proportionnellement à la quantité dont il tourne autour du même axe. | 274 |
| Application aux travaux de tournage. | 275 |
| Des spirales tournées à droite, et des spirales tournées à gauche. | Ibid. |
| Figure spirale de la vis, du filet et de l'écrou de la vis. | 276 |
| Comment l'écrou peut tourner librement autour de la vis, sans cesser d'avoir avec elle un contact dans tous ses points. | 277 |
| Les propriétés géométriques de la vis la rendent avantageusement applicable, pour diviser avec beaucoup d'exactitude les lignes droites en parties égales. | 278 |
| Principe des machines à tailler les vis. | 279 |
| Usage de la vis pour éloigner ou pour rapprocher parallèlement des cylindres, avec une grande exactitude. | 280 |
| Usage des vis de rappel dans la fabrication des instruments. | Ibid. |
| Formes spirales présentées par la nature dans les végétations. | 281 |
| Forme spirale des colonnes torses et des guirlandes de fleurs, contournées sur des colonnes ou des cylindres. | 282 |
| Du serpenteau d'alambic. | Ibid. |
| Usage des formes spirales, dans la confection des chapeaux de paille. | 283 |
| Des spirales formées par les boucles de cheveux. | 284 |
| Application des formes spirales à la confection des fils et des cordages. | Ibid. |

## DES MATIÈRES.

Pages.

Filage du chanvre et du lin, usage du fuseau et du rouet. 285

Filage de la laine et du coton. Du rouet qu'on emploie pour cette opération. 287

Des métiers à filer le coton. 288-289

De la soie. Fabrication de l'organsin. 290

Torsion et commettage des cordages : 1°. torons ; 2°. aussières ; 3°. grelins ; 4°. archigrelins. 291

Moyen ingénieux et nouveau de commettre les cordages avec des machines. *Ibid.*

Surface spirale des escaliers. 292

Surface spirale de la vis d'Archimède ; manière de la construire. 293

Surface spirale des escaliers en vis à jour. 295

Surface spirale des escaliers dont la cage n'est pas circulaire. *Ibid.*

Combinaison des courbes spirales par le barillet et le cône sur lesquels s'enroule et se déroule alternativement la chaîne employée dans le mouvement des montres. *Ibid.*

TREIZIÈME LEÇON. *Intersection des surfaces.* 297

Moyens qu'offre la géométrie descriptive pour déterminer et représenter l'intersection des surfaces. 298

De l'intersection des plans. *Ibid.*

En architecture, la ligne de terre est l'intersection des deux plans de projection, l'un horizontal et l'autre vertical. *Ibid.*

Projection d'un point : c'est l'intersection d'une ligne droite avec un plan. 299

Projection de la ligne droite ; c'est l'intersection d'un plan mené par cette ligne perpendiculairement au plan de projection. 301

T. I. — Géom. 54

Traces d'un plan ; c'est l'intersection de ce plan avec les deux plans de projection. 301

Projection d'un polygone rectiligne : c'est encore un polygone rectiligne, base d'un prisme droit terminé, dans l'espace, au polygone projeté. 303

Application de ces principes aux tracés de la charpente. 305

Application de ces principes aux tracés de la taille des pierres. 306

Application aux tracés nécessaires pour construire des modèles. 307

Intersection des lignes droites et des plans avec des surfaces courbes. 308

La trace du cylindre est son intersection avec le plan de projection. *Ibid.*

Comment on détermine l'intersection du cylindre avec un plan. 309

Application à la construction des vaisseaux. 310

Application des intersections de cylindres aux ombres portées. 311

Utilité de cette application pour les peintres et les architectes. 312

Comment, dans les dessins au trait de l'architecture, par des lignes fortes et des lignes faibles, on désigne les parties éclairées et les parties dans l'ombre ; ce qui fait connaître le relief et le creux des objets qu'on représente. *Ibid.*

Application à la perspective. 313

Point de concours des rayons lumineux et parallèles et des ombres portées par des lignes parallèles. *Ibid.*

Intersection du cône et du plan. 314

Sections coniques. *Ibid.*

| | Pages. |
|---|---|
| Comment on détermine la projection horizontale et verticale de cette section du cône avec un plan. | 314 |
| De l'ellipse, de son centre et de son axe. | 315 |
| Elle est symétrique par rapport à ses deux axes. | Ibid. |
| L'ellipse est un cercle dont on raccourcit ou dont on allonge proportionnellement toutes les cordes, parallèles à une droite donnée. | Ibid. |
| Chaque ellipse a deux foyers, points tels que la somme de leur distance à chacun des points de l'ellipse est constante. | 317 |
| Un rayon de lumière qui part d'un foyer, et qui est réfléchi par le contour de l'ellipse, passe toujours par l'autre foyer. | 318 |
| Si l'ellipse peut réfléchir les sons, lorsqu'on fait entendre un bruit ou un chant à l'un des foyers, l'écho de ce bruit ou de ce chant se trouve à l'autre foyer. | Ibid. |
| Les planètes, dans leur mouvement, parcourent des ellipses, ayant le centre du soleil pour un de leurs foyers. | 319 |
| Des surfaces de révolution qu'on forme, en faisant tourner l'ellipse sur son grand axe. Propriétés optiques de ces surfaces. | Ibid. |
| Moyen de décrire l'ellipse avec une règle, dont deux points sont assujettis respectivement à se mouvoir sur deux lignes droites fixes. | 320 |
| On a généralisé ce moyen pour décrire des surfaces ellipsoïdes quelconques. | Ibid. |
| De la parabole. | 321 |
| C'est la section du cône où le plan coupant se trouve parallèle à l'une des arêtes de ce cône. | Ibid. |
| La parabole possède un axe et un foyer. | Ibid. |
| Tout rayon lumineux, émané de ce foyer, est réfléchi | |

|  | Pages. |
|---|---|
| par la parabole, parallèlement à l'axe. | 321 |
| Application aux phares, par le moyen des paraboloïdes de révolution. | 322 |
| De l'hyperbole. | 323 |
| L'hyperbole a, comme l'ellipse, un centre, deux axes et deux foyers. | Ibid. |
| Dans l'hyperbole, c'est la différence des rayons vecteurs, au lieu de la somme, qui est constante. | 324 |
| Intersection du cône avec des surfaces courbes. | Ibid. |
| Application à l'optique. | Ibid. |
| Des panoramas. | 325 |
| Moyen d'exécuter des panoramas. | Ibid. |
| Des miroirs magiques. | 326 |
| Perspectives peintes sur les coupoles ; ce sont les intersections de surfaces coniques, dont le sommet est au point de vue, avec la surface même de cette coupole. | 327 |
| Ombres coniques. | 328 |
| Indication de la méthode à suivre pour déterminer les intersections de diverses surfaces. | Ibid |
| QUATORZIÈME LEÇON. *Des tangentes et des plans tangents aux courbes et aux surfaces.* | 329 |
| Ce qu'on appelle la tangente d'une courbe. | 330 |
| Tangente du cercle. Elle est perpendiculaire au rayon. | Ibid. |
| On appelle normale la perpendiculaire à la tangente ou à la courbe menée par le point commun à la tangente et à la courbe. | 331 |
| Des polygones tangents ou circonscrits aux courbes et particulièrement au cercle. | Ibid. |
| Le cercle est la limite des polygones qui lui sont inscrits et circonscrits. | Ibid. |
| Esprit et objet de la méthode générale des limites. | 332 |

## DES MATIÈRES. 429

Pages.

| | |
|---|---|
| Fabrication des objets par des lignes tangentes au contour véritable qu'on veut obtenir. | 332 |
| Des lignes droites tangentes à diverses courbes, et des courbes tangentes entr'elles. | 333 |
| Des plans tangents aux surfaces. | 334 |
| Le plan tangent contient toutes les tangentes d'une surface qui passent par le point de contact. | Ibid. |
| La normale d'une surface est la ligne droite menée par ce point, perpendiculairement au plan tangent. | 335 |
| Plan tangent au cylindre. | Ibid. |
| Formation des plans par des cylindres tangents. Exemple pris dans les arts du boulanger, du jardinier et du carrossier. | 336 |
| Suspension des carrosses à des courroies planes, tangentes à la caisse cylindrique du carrosse. | Ibid. |
| Construction des cylindres par des plans tangents. | 337 |
| Plans tangents au cône. | Ibid. |
| Application à la construction des cônes. | 338 |
| Plans tangents aux surfaces développables. | Ibid. |
| Cylindres tangents l'un à l'autre, suivant une arête. | Ibid. |
| Cône et cylindre tangents, suivant une de leurs arêtes. | 339 |
| Application aux arts du forgeron, du ferblantier, du chaudronnier, etc. | Ibid. |
| Cylindres tangents et enveloppes d'autres surfaces. | 340 |
| Cylindre enveloppant la sphère. | Ibid. |
| Application à la configuration des armes à feu, au calibrage des projectiles, etc. | 341 |
| Application aux ombres. | 342 |
| L'ensemble des points qui limitent dans l'espace, l'ombre portée par un corps, forme un cylindre dont toutes les arêtes sont tangentes à ce corps. | Ibid. |
| Des surfaces enveloppes. | 343 |

|   |   |
|---|---|
| | Pages. |
| Applications au perçage. | 343 |
| Application à la menuiserie. | 344 |
| Des cônes tangents à la sphère. | 345 |
| Enveloppe conique de l'espace parcouru par une sphère variable de rayon. | *Ibid.* |
| Application aux ombres coniques. | *Ibid.* |
| Explication des éclipses, et déterminations géométriques qui s'y rapportent. | 346 |
| Du contour apparent des objets. | 347 |
| Application à la peinture | *Ibid.* |
| Des ombres et des pénombres. | 348 |
| Indication de l'application au défilement. | 349 |
| Emploi des corps enveloppes des surfaces, dans plusieurs arts tels que celui du sabotier, du tourneur, etc. | 350 |
| Application au cerclage des tonneaux et des mâts de navires. | *Ibid.* |
| Des surfaces enveloppes qu'on peut former par la flexion de certaines lignes auxquelles on attache les surfaces enveloppées. | 351 |
| Des surfaces ainsi formées, en supposant qu'on attache des sphères par leur centre, sur un fil flexible. | *Ibid.* |
| Sphères ayant même rayon. | 352 |
| Application au serpentin de l'alambic. | *Ibid.* |
| ——————— à l'escalier tournant à voûte circulaire. | *Ibid.* |
| ——————— à la forme des torons qui composent les cordages. | *Ibid.* |
| ——————— à la structure des reptiles. | *Ibid.* |
| ——————— aux surfaces-canaux. | 353 |
| Dans le second tome on donnera les moyens méchaniques de mesurer les volumes terminés par des surfaces-canaux. | 354 |
| Applications que le forgeron, le plombier, le verrier, | |

DES MATIÈRES. 431

Pages.

le fayencier, le chaudronnier, font des surfaces-
canaux. 354
Perfection avec laquelle les ferblantiers et les chaudronniers de quelques villes exécutent, avec des
feuilles de métal, des surfaces-canaux. 355
De l'enveloppe d'une surface mobile qui change de
grandeur, sans changer de forme. *Ibid.*
Cas particulier où cette surface est une sphère. 356
Surface enveloppe de la sphère, offerte par la forme
des serpents. *Ibid.*
Application à la configuration de plusieurs instruments de musique. *Ibid.*
——————— à la configuration des coquillages. 357
——————— à la configuration des cornes des animaux. *Ibid.*
Considérations géométriques sur le polissage, le fourbissage, etc. Dans ces opérations, la surface que
parcourt le corps employé pour produire le poli,
enveloppe le corps même qu'il s'agit de polir. 358
Application au fourbissage des armes. 358
——————— au fourbissage de la sphère. *Ibid.*
——————— au polissage des glaces. 359
——————— au paré de la surface des navires. *Ibid.*
Importance pour les artistes d'un examen attentif des
moyens variés d'engendrer les différentes espèces
de surfaces, par les mouvements réguliers de lignes
continues. *Ibid.*
QUINZIÈME LEÇON. *Courbure des lignes et des surfaces.* 361
La courbure d'une ligne est la quantité dont il faut
tourner lorsqu'on parcourt une très-petite longueur
donnée, sur cette ligne. *Ibid.*
La courbure d'un cercle est la même dans toutes ses
parties. *Ibid.*

Pages.

La courbure des cercles est en raison inverse de la grandeur de leur rayon. 362

Application à la courbure de la terre. Détermination de la distance d'un point au spectateur, par la hauteur dont il s'élève au-dessus de l'horizon. *Ibid.*

Détermination de la hauteur d'un point au-dessus de la surface de la terre, par la distance de ce point au spectateur. 363

Comment la courbure du cercle est la mesure de la courbure des autres lignes. *Ibid.*

Du cercle osculateur, du rayon de courbure et du centre de courbure. 364

Du tracé des courbes par le mouvement d'un fil plié sur la développée. *Ibid.*

Application au jeu des cames et des mentonnets. 365

Des courbes formées par une suite d'arcs de cercle, représentant des cercles osculateurs : l'ellipse. 366

Des différents degrés de continuité des lignes angulaires, des lignes tangentielles, et des lignes dont la courbure varie par degrés insensibles. 368

Moyen employé par les constructeurs de vaisseaux, pour tracer des courbes continues avec des règles flexibles. 370

——————— avec des pistolets. 371

Des lignes à double courbure. 372

Du cercle et du plan osculateur de ces lignes. *Ibid.*

De la courbure des surfaces. 373

Courbure de la sphère. Le rayon de la sphère est, en même temps, son rayon de courbure, et celui de toutes les sections faites dans la sphère, par un plan qui contient ce rayon. *Ibid.*

De la courbure du cylindre ; nulle dans un sens ; et,

DES MATIÈRES. 433
Pages.
dans l'autre sens, égale à la courbure de la section perpendiculaire à ses arêtes. *Ibid.*
De la courbure du cône. 374
Courbure des surfaces développables. *Ibid.*
Des deux courbures en sens contraires, que présentent les surfaces gauches. *Ibid.*
Des deux courbures de la gorge d'un rouet de poulie. *Ibid.*
Division des surfaces, relativement à leur courbure, en trois classes. Première classe : surfaces dont les deux courbures sont dirigées dans le même sens. Deuxième classe : surfaces ayant une de leurs courbures nulle. Troisième classe : surfaces ayant leurs courbures dirigées en sens contraires. 375
Exemple de ces divers genres de courbure, offert par la surface du corps humain. *Ibid.*
Utilité, pour le peintre et le sculpteur, d'étudier les diverses espèces de courbures. 376
Excès et charlatanisme qui peuvent résulter de cette étude. *Ibid.*
Des courbures variables de certaines parties de notre face ; ce qui constitue la physionomie. 377
Des courbures variées du crâne humain : observations sur leurs formes, relativement à certaines facultés et à certains penchants. *Ibid.*
Application de la courbure des surfaces aux études de l'anatomie comparée. 378
Services que ces études peuvent rendre à l'industrie. 379
Exemple remarquable offert par la trituration de la mouture. *Ibid.*
Ellipse indicatrice des formes de la courbure, pour les surfaces de la première classe. 380
Hyperbole indicatrice de la courbure des surfaces de la troisième classe. 382

T. I.—GÉOM. 55

                                                                Pages.
Symétrie des deux courbures principales, et direction
    à angle droit, de ces deux courbures : c'est une
    conséquence nécessaire de la symétrie des indica-
    trices par rapport à deux axes.                381-382
Les indicatrices ont des propriétés applicables à la
    stabilité des corps flottants, à la construction des
    vaisseaux, aux déblais et remblais, aux phénomè-
    nes de l'optique et de l'acoustique. Elles sont ex-
    pliquées dans l'ouvrage intitulé : *Applications de
    géométrie*.                                       383
Du système des lignes de plus grande courbure, tra-
    cées sur une surface. Du système des lignes de moin-
    dre courbure. Les lignes de plus grande courbure sont
    perpendiculaires aux lignes de moindre courbure.
    La normale d'une surface menée de chaque point
    d'une ligne de courbure, forme une surface déve-
    loppable. Les surfaces développables produites ainsi
    par les lignes de plus grande courbure sont par-
    tout coupées, à angle droit, par les surfaces déve-
    loppables formées avec les lignes de moindre cour-
    bure.                                             *Ibid.*
Des lignes de plus grande et de moindre courbures
    du cylindre.                                      384
————— du cône.                                        *Ibid.*
————— des surfaces de révolution.                     385
Application des propriétés des lignes de courbure à la
    coupe des pierres.                                *Ibid.*
Exemple pris sur les surfaces.... cylindriques.       386
————— coniques.                                       *Ibid.*
————— de révolution.                                  *Ibid.*
Comment nous jugeons des deux courbures d'une sur-
    face par les nuances d'ombre et de lumière qu'elles
    nous présentent ; détermination de la position
    du point brillant sur les surfaces.                588

## DES MATIÈRES. 435

Pages.

Des lignes d'égale teinte. 389

Comment les artistes de différentes professions acquièrent une habileté plus ou moins grande, pour distinguer, à la simple vue, les surfaces qui se rapportent à des familles particulières. 391

Exemples offerts par le ferblantier, le chaudronnier, le boisselier. *Ibid.*

———— Par le tourneur, le potier, le fayencier. *Ibid.*

———— L'architecte. *Ibid.*

———— Le sculpteur. 392

———— Le peintre. *Ibid.*

———— Le graveur et le dessinateur. *Ibid.*

Exposé fait à la société d'encouragement pour l'industrie nationale, sur les progrès du nouvel enseignement, de la géométrie et de la méchanique appliquées aux arts et métiers, en faveur de la classe industrielle. 393

Tableau des départements, des villes et des professeurs de l'enseignement de la géométrie et de la méchanique appliquées aux arts et métiers. 406

Table des matières. 409

FIN DE LA TABLE ET DU PREMIER VOLUME.

Tout exemplaire du présent ouvrage qui ne porterait pas ma signature comme ci-dessous, sera contrefait ; conformément à la loi, je poursuivrai les contrefacteurs et les débitants de cet exemplaire.

Je poursuivrai également dans l'étranger, comme *faussaire*, tout contrefacteur qui, pour tromper le public sur l'édition originale, apposerait ma signature.

# I<sup>re</sup>. LISTE

## DES SOUSCRIPTEURS.

(La seconde sera publiée avec le second volume.)

---

S. A. R. LE DAUPHIN, amiral de France.
S. A. R. LE DUC D'ORLÉANS.
S. A. R. LE DUC DE CHARTRES.
55. S. Ex. le comte de CHABROL, ministre de la marine et des colonies.
1. L'amiral comte de MISSIESSY, membre de l'amirauté de France.
1. M. le comte DESBASSYNS, membre de l'amirauté de France.
6. M. le duc de la ROCHEFOUCAULT-LIANCOURT, pour ses ouvriers.
10. M. le vicomte SOSTHÈNE de la ROCHEFOUCAULT, pour la direction des beaux-arts de la maison du Roi.
2. M. le baron DESROTOURS, pour la manufacture royale des Gobelins.
1. LE DÉPOT CENTRAL D'ARTILLERIE, à Paris.
1. LA BIBLIOTHÈQUE PUBLIQUE, de Libourne.
1. LA CHAMBRE DE COMMERCE, de TROYES.
39. L'ÉCOLE DE COMMERCE, dirigée par le chevalier DESTAILLADES, à Paris.

### MESSIEURS

**A.**

1. ACARD, à Paris.
3. ACCARDY, à Saint-Étienne.
1. ACHIN, à Paris.
1. ALLARD, à Paris.
1. ALLEIN, à Paris.
1. ALISE (Jules), à Paris.
4. ALLO, libraire, à Amiens.
15. ANDRÉ, libraire, à Paris.
1. ANCINELLE, employé à l'hôpital militaire, à Bayonne.
5. ANSELIN et POCHARD, libraires, à Paris.
1. APPERT, à Montargis.
1. ARIBERT DUFRENE, à Paris.
1. ARNAO, à Paris.
2. ARTARIA, libraire, à Manheim.
1. AUGUSTIN, à Paris.

1. AUBERT, à Paris.
1. AVESSENS, à Paris.

**B.**

1. BALLAND (Pierre-François), à Paris.
4. BARON, libraire, à Lyon.
1. BARRE.
1. BART, opticien, à Paris.
4. BARBEZAT et DELARUE, libraires, à Genève.
1. BARITOT, commissaire des poudres et salpêtres, à l'Arsenal.
1. BARRES, à Privas.
1. BARBIER (Hippolyte), à Paris.
1. BARBIER, rue du Bac, passage Sainte-Marie.
1. BARBIER, à Versailles.

T. I. — GÉOM.

LISTE

1. BASTIEN, à Paris.
4. BAUDIN, libraire, à Nantes.
1. BEA, à Montauban.
1. BEAUVISAGE, à Paris.
4. BÉCHU DE PIERRE BROU.
1. BELLAVOINE, libraire, à Paris.
4. BERGERET (madame veuve), libraire, à Bordeaux.
1. BERQUET, libraire, à Paris.
1. BERNARD, architecte, à Cirey.
1. BERNARD (Claire-Jean-Faure), chef du collége, à Sainte-Foix.
1. BERTERA, à Paris.
1 BERTIN DELAUNAY, à Paris.
8. BELLUC, libraire, à Toulon.
1. BENOIST, à Paris.
1. BERTHIER, à Paris.
1 BELON, libraire, au Mans.
1. BERET, officier d'artillerie, à Vincennes.
1 BERTRAND, libraire, à Paris.
1. BILLET MASSY, à Reims.
1 BINTOT, libraire, à Besançon.
1. BIBERT, toiseur-vérificateur, à Paris.
13. BLAC-YOUNG et YOUNG, libraires, à Londres.
43. BLOUET, professeur, à Dieppe.
1. BOCCA, libraire, à Turin.
1. BONNETZ, au dépôt d'artillerie.
1. BOREL, libraire, à Valence.
1. BORNEQUE, à Bitschwiller.
1. BOULANGER, entrepreneur des travaux publics, à Bayonne.
41. BOULLANGER, libraire, à Cherbourg.
1. BOULON, à Paris.
1. BOUGENEL, à Paris.
1. BOURDON ainé, à Paris.
1. BOURDON, à Paris.
14. BOURGADE, professeur d'hydrographie, à Libourne.
2. BOYER, à Bergerac.
1. BONNARD DEMARET, à Douai.
1. BONJOUR (Louis), à Paris.
1. BOISMARET, à Paris.
13. BOHAIRE, libraire, à Lyon.
3. BOULLAND, libraire, à Paris.
1. BOUYET.
30. BRONNER BAUWENS, libraire, à Lille.
1. BREUGNOT, ingénieur-géographe, à Paris.
1. BROUX.
1. BRUN, de Paris.
1. BRUAND, conseiller de préfecture, à Besançon.
1. BRUNETIÈRE, à Paris.
1. BRÉGUET, horloger, à Paris.
1 BRÉDIF, libraire, à Paris.
1. BRICOGNE, à Paris.

1. BRESSON père, à Paris.
1. BRICAILLES, à Paris.
1. BRICHARD fils, à Paris.
13. BUROLLEAU, libraire, à Nantes.
1. BUSCHE, à Paris.
1. BUSSON, à Paris.
2. BUSSEUIL (madame), libraire, à Nantes.
6. BUSSEUIL frères, libraire, à Nantes.

C.

2. CARDON, libraire, à Troyes.
1. CASTE, à Paris.
6. CARIS, à Lorient.
1. CARREAU, dentiste, à Paris.
1. CAIEUX (de), avocat, à Amiens.
1. CARON VITET, libr., à Amiens.
1. CACHOD, à Paris.
1. CAHIER, orfèvre, à Paris.
1. CARON, libraire, à Versailles
9. CAMOIN frères, libraires, à Marseille
19. CARILLIAN-GOEURY, libraire à Paris.
1. CÉSAR, instituteur, à Rochefort.
1. CHAROLLAIS, à Clermont-Ferrand.
1. CHESNEAU, à La Flèche.
1 CHARLES, architecte, à Paris.
1. CHORIS, à Paris.
1. CHENANTAIS, à Tours.
1. CHENOU, professeur de Mathématiques, à Douai
1. CHEVALIER ainé, opticien, à Paris.
3. CHOLIOL frères, à Castres.
1. CHARPENAY, à Paris.
78. CHAPELLE, libraire, au Havre.
18 CHARLES BÉCHET, libraire, à Paris.
3. CLECH (madame), libr., à Nantes.
1. COCQUARD, fils ainé, à Saint-Dizier.
3. COLLARDIN, libraire, à Liége.
1. CORMEILLE (de), à Paris.
1 CORNOUAILLES, potier de terre, à Paris
1. COLNET, libraire, à Paris.
1. CONTY, à La Haye-Descartes.
1. COLLIER (John), à Paris.
1. CRÉTÉ, libraire, à Paris.

D.

1. DARCET, de l'institut.
1. DARNAUT-MEURANT, à Orléans.
1 DAREMBIDE, à Paris.
1. DAUFRESNE, à Paris.

## DES SOUSCRIPTEURS. 439

1. DAUTHEREAU, libraire, à Paris.
1. DEHANSY, libraire, à Paris.
2. DELAROQUE, libraire.
50. DELAUNAY, à Honfleur.
1. DELAUNAY, à Paris.
2. DELAUNAY, libraire, à Paris.
1. DELHOSTE, chef de bureau à la division de la réserve, à Paris.
1. DELESSERT, à Paris.
1. DEMAT, à Paris.
1. DESFORGES, libraire, à Sillé-le-Guillaume.
2. DEBRIE, à Paris.
1. DESGRANGES frères, fabricants de papier, à Luxeuil.
1. DESPLACES, libraire, à Paris.
1. DESPRETZ, à L'Aigle.
1. DETERVILLE, libraire, à Paris.
1. DEGEORGES, à Paris.
1. DEJUSSIEUX, à Autun.
1. DESMARET, de Douai.
1. DEROYS, à Paris.
1. DESCHENEAUX, à Grenoble.
1. DEBONO, à Villefranche.
3. DENTU, libraire, à Paris.
2. DEVERS, libraire, à Toulouse.
4. DEVILLY, libraire, à Metz.
1. DIGEON, à Paris.
1. DIDIEZ, professeur de mathématiques, à Paris.
1. DOMINGO, à Paris.
1. DUBOIS (Hyacinthe), négociant, à Privas.
1. DUBOIS, architecte, à Paris.
1. DUBOIS, à Paris.
1. DUBOS, capitaine d'artillerie, à Vincennes.
1. DURAND, professeur de mathématiques, à Rennes.
1. DUCHESNE, libraire, à Rennes.
1. DUPOTET, officier d'artillerie.
1. DURIEUX, à Paris.
2. DURVAL, à Lyon.
1. DUPONT, imp., à Paris.
1. DULYS, à Paris.
1. DUC, à Paris.
1. DUNAN PRÉVOT.
20. DUBUS, professeur de navigation, à Saint-Brieuc.
1. DUVAL, à Paris.

### E.

1. ENGELMANN, à Paris.
1. EHLEN, à Paris.
2. ESMIEU, professeur d'hydrographie, à Agde.
1. ESTABEL CRÉPY, à Douai.

### F.

2. FAVERIO, à Lyon.
1. FAREL, à Montpellier.
1. FANOST, à Tours.
1. FARCOT, à Paris.
2. FERRA, libraire, à Paris.
1. FERARI, à Aurillac.
1. FERRET, libraire, à Paris.
1. FERIOT, professeur de mathématiques au collège de Grenoble.
7. FEVRIER, libraire, à Strasbourg.
1. FLANDIN, à Paris.
1. FLEURY, à Paris.
45. FOREST, libraire, à Nantes.
1. FOULON aîné, à Pont-Authou.
1. FOURNIER, à Paris.
3. FOURIER-MAME, libraire, à Angers.
1. FRAPPIER, à Paris.
13. FRÈRE père, libraire, à Rouen.

### G.

4. GABON et compagnie, libraires, à Paris.
2. GASSIOT, libraire, à Bordeaux.
1. GAGUIN aîné, architecte, à Louhans.
1. GARBENSKI, à Varsovie.
3. GALLON, libraire, à Toulouse.
1 GATINERIE (de la), commissaire de la marine à Bordeaux
1 GAUTHIER, libraire, à Paris.
3. GAYET, à Bordeaux.
1. GENGEMBRE, à Paris.
1. GIROD, à Paris.
1. GOURÉ, professeur de mathématiques au collège, à Tonnerre.
1. GLATIGNY, à Paris.
1. GLAUCUS MASI, à Libourne.
3. GLUKSBERG, à Varsovie.
1. GONDINET, à Paris.
1. GONTIER, à Paris.
1. GOY, employé des postes.
1. GOUILLY, ingénieur des ponts et chaussées, au Puy.
1. GREMILLET, à Paris.
1. GRÉMOND, à Paris.
1. GREVENISH, à Sorel.
1. GRISET aîné.
1. GROS et DAVILLIERS, à Paris.
1. GROS, à Paris.
1. GUÉRARD, à Paris.
20. GUIGON, professeur de navigation, à La Rochelle.
1. GUIRAU, officier retraité de la marine, à Villeneuve-lès-Avignon.
1. GUITTON et comp, à Paris.

2. GUITTEL, libraire, à Paris.
1. GUILLOT, à Paris.
1. GUILLARD, à Paris.
1. GUINARD, à Paris.
1. GUILLAUME, libraire, à Paris.
1. GUÉRIN, ROSE et comp, fabricants de papier, à Cusset.
1. GUILLIMANE, à Paris.
1. GUIBAL, à Paris.

### H.

1. HALE, à Paris.
1. HACHETTE, à Paris.
1. HAUSMANN frères, à Paris.
1. HAUSEN, près Saint-Avold, aux forges de Hombourg.
1. HEILMAN (Rodolphe), à Mulhausen.
1. HERVÉ, à Paris.
1. HOÉFER (Math.), à Paris.
1. HOTTINGUER (le baron), à Paris.
1. HOUSSAYE.
1. HOENER.
1. HOUSSIER, à Saint-Omer.
1. HUBERT LA FAMILLE, à Bernay.
1. HUBERT, libraire, à Paris.
1. HUBERT, à Paris.
1. HUGUENIN (Auguste), à Paris.
7. HUSSON, libraire, à Metz.
2. HUZARD (madame), libraire, à Paris.

### J.

6. JAPY frères, à Beaucourt.
1. JAY, à Paris.
1. JOLLY ainé, à Paris.
1. JUBÉ, chef d'institution, à Paris.
1. JUGEL, libraire, à Francfort.
11. JULLOT, à Paris.

### K.

1. KERDREL (le chevalier de), maire, à Lorient.
1. KOESTNER, père et fils, à Thann.

### L.

1. LABIE, à Paris.
1. LAMARZELLE (de) ainé, libraire, à Vannes.
1. LARESCHE, à Paris.
1. LAGIER jeune, libraire, à Paris.
1. LA MESANGE, entrepreneur de bâtimens, à Dreux.
1. LAURANS, à Paris.
1. LAURENT, libraire, à Toulon.
1. LANJUINAIS (Victor), à Paris.

1. LASSUS, à Paris.
1. LANGREMY, à Paris.
1. LARIVE (de), professeur de physique, à Genève.
1. LAGUERRE, libr., à Bar-le-Duc.
1. LACROIX (Théod. de), à Paris.
1. LAGORCE, à Paris.
1. LABANHOFF (le prince de), à Paris.
1. LACABANNE, à Paris.
1. LARIVIERE, à Paris.
1. LALOGE, fabric. de cuirs vernis.
1. LASSIMONNE, directeur de l'école de dessin de la société des arts, à Limoges.
1. LAISNÉ DE VILLEVESQUE, père et fils, à Orléans.
1. LANDRY, à Paris.
1. LAVALARD, à Paris.
13. LALOYE, libraire, à Troyes.
2. LARUELLE, à Aix-la-Chapelle.
7. LAWALLE, libraire, à Bordeaux.
1. LEBEAU, à Paris.
4. LECHARLIER, libraire, à Bruxelles.
26. LELEUX, libraire, à Calais.
4. LEMAITRE, libraire, à Valenciennes.
3. LEMONNIER, à Paris.
44. LEROUX, libraire, à Mons.
1. LEROUX, libraire, à Mayence.
4. LEROUX-CASSART, libraire, à Lorient.
1. LEVAVASSEUR, à Paris.
1. LEPORT, à Fécamp.
1. LEBOEUF, à Paris.
1. LEPAGE, à Paris.
1. LEHODEY, à Paris.
1. LESUEUR, ingénieur en chef du cadastre, à Arras.
27. LEVRAULT, libraire, à Strasbourg.
29. LECOINTE et DUREY, libraires, à Paris.
54. LEFOURNIER et DESPERRIER, libraires, à Brest.
39. LA LIBRAIRIE DE L'INDUSTRIE.
1. LINET, à Paris.
1. LIPKENS, ingénieur en chef du cadastre, à Luxembourg.
1. LONGARD, à Paris.
6. LORENZO sœurs, libraires, à Dunkerque.
2. LORIOT, libraire, à Paris.
1. LUCAS, à Paris.

### M.

1. MALPEYRE, libraire, à Paris.

## DES SOUSCRIPTEURS. 441

1. MARY, à Paris.
2. MAIRE, à Lyon.
1 MALO, libraire, à Lille.
1. MAERKLIN, à Paris.
1. MARÉCHAL et DUPLESSIS, directeurs du collége, à Vendôme.
1. MANTEAU (Alex.), méchanicien, à Paris
1. MAGNAC (de), ancien officier, à Paris.
1. MAYER, chef d'instution préparatoire pour l'école Polytechnique.
1. MAITRE, employé aux ponts et chaussées, à Libourne.
1. MAZARIN (Auguste), docteur en médecine, à Sainte-Affrique.
6. MANBY et WILSON, à Charenton.
2. MANBY, à Charenton.
1. MANBY fils, à Paris.
1. MAISON et BERGER, à Tonnerre.
13. MANCEL, libraire, à Caen.
1. MAUGET, libraire, à Dieuze.
15. MELLINET MALASSIS, à Nantes.
1. MENOU (de), à Paris.
1. MEISSAS, à Paris.
1. MELLIER, propriétaire de la manufacture de toiles peintes de la Minière, près Versailles.
1. MERTIAN, à Paris.
1. MEGNIE, à Paris.
1. MEYER, à Thann.
1. MELLET, à Paris.
1. MILBERT, à Paris
1. MIET, professeur de mathématiques au collége, à Poitiers.
1. MIGNON, fils, à Paris.
1. MONTANDON.
1. MOREAU (Auguste), filateur, à Lille.
1. MORIN, ingénieur des ponts et chaussées, à Nevers.
1. MONTAIGNAC (de).
5. MOTTE, libraire, à Saint-Étienne.
1. MULDON, à Paris.

### N.

1. NAVARE, professeur de mathématiques, à Paris.
1. NEUFLIZE (le baron de), à Paris.
1. NEVO DEGOUY, libraire, à Saumur.
1. NOWOZILZOFF (S. Exc. le sénateur de).

### O.

1. OGIER, à Moretz.

### P.

1 PARIS, libraire, à Paris.
1. PECHINAY, au dépôt d'artillerie, à Paris.
2. PANNETIER, libraire, à Colmar.
1. PAPY, répétiteur de mathématiques à l'école d'artillerie, à Valence.
1. PASCHOUD, libraire, à Paris.
5 PATRY, sœurs, libraires, au Havre.
1. PENOT, professeur de chimie appliquée aux arts, à Mulhausen.
1. PERIER (A.), à Paris.
1. PERRAIN fils, à Rochefort.
1. PERIOLAT, ancien magistrat, à Grenoble.
1. PERIN, libraire, à Rouanne.
1. PERISSE, frères, à Paris.
2. PESCHE, libraire, au Mans.
1. PESCHERARD, à Paris.
1. PEYRE, professeur à l'École militaire.
1. PICHARD aîné, libraire, à Paris.
1. PIOT (Alexandre), à Cambrai.
2. PIC, libraire, à Turin.
1. PILLARINOS, à Paris.
1. PILLER, à Paris.
1. PLACE et BUJON, à Moulins.
1. PORCHER DE LAFONTAINE, à Paris.
1. PONZ aîné, horloger, à Dieppe.
1. PORQUET.
1. POTTIER, à Paris.
1. POUCHON, libraire, à Nismes.
1. PONTOIS.
1. PONCELET, professeur, à Metz.
1. PRUNET.
1. PROUHARAM, à Paris.
1. PRETOT, à Belleville.
1. PREVEL, libraire, à Lorient.

### R.

1. RAUX frères, maîtres de forges, à Belleval.
1. RAPPIN, à Paris.
13. RENAULT (madame veuve), libraire, à Rouen.
1. RENAUT (H.), à Paris.
7. RENARD, libraire, à Paris.
1. RETHORE, libraire, à Montauban.
1. REYDET, à Paris.
2. REY ET GRAVIER, libraire, à Paris.
1. RICARD, à Paris.
1. RICHARD-CHAMBOVET, à Saint-Chamond.

1. RICHARD, à Paris.
1. RICHARD, directeur de la filature de MM. Jacqueminot, Aubert et compagnie, à Bar-le-Duc.
2 RICHOUX, professeur de topographie à Saint-Cyr.
1. RIFFAUT, près Arpajon.
1. ROMANIS (Louis de), à Rome.
2. ROBET, libraire, à Paris.
2. ROBIN, libraire, à Niort.
1. RODIGER, à Paris.
1. ROUSSELON, libraire, à Paris.
1. ROUX DUFORT, frères, libraires, à Paris.
13. ROUSSEAU, libraire, à Paris.
1. ROUY, neveu, raffineur, à Paris.
1. RUZÉ, maître carrier, à Bercy.

## S.

1. SADOUX, professeur au collége Louis-le-Grand, à Paris.
1. SAINT-AGATHE (de), libraire, à Besançon.
1. SAINT-AIGNAN (Edmond de), à Paris.
1. SAINT-JORE, libraire, à Paris.
4. SAUTELET, libraire, à Paris.
2. SCHLESINGER, libr, à Berlin.
2. SCHALBACHER, libraire, à Vienne.
1. SCHLOMBERGER (Nicolas), à Paris.
1. SCHWARTZ, directeur de l'institution technologique de Stockholm.
1. SEJOURNÉ, à Paris.
1. SELVES, libraire, à Paris.
2. SERRE, à Paris.
1. SENEUZE, à Paris.
1. SEYDOUX, au Cateau, près Cambrai.
1. SEWALLE, libraire, à Montpellier.
3. SENEF, libraire, à Nanci.
1. SHANDER, directeur des houillères de Ronchamp, à Lière.
1. SHEE, à Paris.
1. SHEPGSKANKS, à Londres.
1. SIGNORET.
1. SIRODOT-ROCHET, maître de forges, à Bèze.
1. SUEUR-MOUSETTE.

## T.

26 TARGE, libraire, à Lyon.
1. TASTU, libraire.
1. TESTOT FERRY, à Paris.
1. TERNAUX aîné, à Paris.
2. THIÉBAUT, à la Garre.
1. THIÉBAUT jeune, à Paris.

1. THIÉBAUT fils, à Paris.
2. THIBIERGE, professeur, à Paris.
1. THIOLLET, au dépôt d'artillerie, à Paris.
81. THIEL, libraire, à Metz.
1. THIBAUD-LANDRIOT, libraire, à Clermont-Ferrand.
1. TISSERAND, professeur de mathématiques, à Paris.
1. TONNELIER, à Paris.
2. TORQUET, libraire.
1. TOUGARD, à Paris.
1. TREMBLAY, professeur de mathématiques, à Beauvais.
1. TREMBLEY, ancien notaire, à Grenoble.
19. TREUTTELL et WURTZ, libraires, à Paris.
1. TRUCHY, libraire, à Paris.
1. TUSSA, libraire, à Dijon.

## U.

1. URBAIN CANEL, libr., à Paris.

## V.

1. VALSERY (le baron de), à Paris.
1. VAILLOIS, horloger, à Paris.
3. VANDECKERCKHOVE fils, libraire, à Gand.
1. VARNOUT, architecte, à Sens.
1. VARNIER, à Paris.
13. VACHIER, professeur, à Saint-Lô.
3. VALLÉE-ÉDET, libr., à Rouen.
1. VALEJO (Jose-Maria), à Paris.
1. VANACKERE, libraire, à Lille.
1. VANECHOUT, capitaine du génie, à Saint-Omer.
1. VALIN-PONSART, professeur, à Charonne.
3. VERDIÈRE, libraire, à Paris.
1. VINCENT, professeur au collége royal, à Reims.
1. VINCENT, à Paris.
1. VIGOUREUX, à Paris.
1. VIARD OLLIER, géomètre, à Tonnerre.
1. VILLETTE, lib. à Verdun.
3 VOSS, de Leipsick.
1. VOUGNY (de), à Clermont.

## W.

1. WENTZEL (Adolphe), à Paris.

## Z.

1. ZUBER, à Rixheim.

# OUVRAGES DU BARON CHARLES DUPIN,

*Qui se trouvent à la Librairie de* BACHELIER, *quai des Augustins, n°. 55, à Paris.*

Tableau des arts et métiers et des beaux-arts, pour servir d'introduction aux Cours de Géométrie et de Méchanique appliquées aux arts, professés dans les villes industrielles de la France.

Discours et leçons sur l'industrie, le commerce, la marine, et sur les sciences appliquées aux arts, 2 vol. in-8°., 1825. 10 fr. 50 c.

*On vend séparément :*

Quatrième discours. *Progrès des sciences et des arts de la Marine française, depuis la paix*, in-8°., 1820, 1 fr. 25 c.

Sixième discours. *Considérations sur les avantages de l'Industrie et des machines, en France et en Angleterre*, in-8°., 1821, 1 fr. 25 c.

Septième discours. *Influence du Commerce sur le savoir, sur la civilisation des peuples anciens, et sur leur force navale*, in-8°., 1822, 1 fr. 50 c.

Huitième discours. *Du Commerce et de ses travaux publics, en Angleterre et en France*. Paris, in-8°., 1823, 1 fr. 50 c.

Dixième discours. *Inauguration de l'amphithéâtre du Conservatoire des Arts et Métiers*, in-8°., 1822, 1 fr. 25 c.

Onzième discours. *Progrès de l'Industrie française depuis le commencement du 19e. siècle*. Paris, in-8°., 1824, 1 fr. 50 c.

*Avantages sociaux d'un enseignement public appliqué à l'industrie*, etc., 1824, 1 fr.

Douzième discours. *Introduction d'un nouveau Cours de géométrie et de méchanique appliquées aux arts en faveur de la classe ouvrière*. Paris, in-8°., 1824, 1 fr. 50 c.

Treizième discours. *Résumé général des applications de géométrie du nouveau Cours*, etc. Paris, in-8°, 1825, 1 fr. 50 c.

Quatorzième discours. *Résumé général des applications de méchanique du nouveau Cours de méchanique*. Paris, in-8°., 1825, 1 fr. 50 c.

*Voyages dans la Grande-Bretagne.*

Première partie. *Force militaire*, 2 vol. in-4°. avec atlas, 2e. édit., 1825, 25 fr.

Deuxième partie. *Force navale*, 2 vol. in-4°. avec atlas, 2e. édit., 1825, 25 fr.

Troisième partie. *Force commerciale*. Travaux publics des Ponts et Chaussées, Ports de commerce, 2 vol. in-4°. avec atlas, 1824, 27 fr.

*Système de l'Administration britannique* en 1822, considérée sous les rapports des finances, de l'industrie, du commerce et de la navigation. Paris, 1823, in-8°., 3 fr.

*Développements de Géométrie, avec applications à la stabilité des vaisseaux, aux déblais et remblais, au défilement, à l'optique*, etc., pour faire suite à la Géométrie descriptive et à la Géométrie analytique de Gaspard Monge, in-4°., 1813, 15 fr.

*Application de Géométrie et de Méchanique à la Marine et aux Ponts et Chaussées*; pour faire suite aux Développements de Géométrie, in-4°. Paris, 1822, 15 fr.

*Essai historique sur les services et les travaux scientifiques de Gaspard Monge*, in-8°. et in-4°., 1819, 4 fr. 50 c. et 7 f. 50 c.

*Rapport sur le Mémoire de M. Navier, sur les ponts suspendus*, 1823, 1 fr.

*Rapport fait à l'Académie des sciences, sur les avantages, sur les inconvénients et sur les dangers des machines à vapeur, dans les systèmes de simple, de moyenne et de haute pression*, in-8°., 1813, 1 fr.

*Analyse du tableau de l'architecture navale aux dix-huitième et dix-neuvième siècles*, in-4°., 1815, 1 fr. 50 c.

*Du rétablissement de l'Académie de marine*, in-8°., 1815, 1 fr. 50 c.

*Mémoires sur la Marine et les Ponts et Chaussées de France et d'Angleterre*, contenant deux relations de voyages faits par l'auteur dans les ports d'Angleterre, d'Écosse et d'Irlande, durant les années 1816, 1817 et 1818; la description de la jetée de Plymouth et du canal Calédonien, etc.; in-8°., 1818. (L'édition est épuisée.)

*Réponse au discours de mylord Stanhope, sur l'occupation de la France par l'armée étrangère*; imprimée à Londres et à Paris, 1818.

*Examen des travaux de César au siège d'Alexia*, œuvre posthume de Léopold Vacca Berlinghierry, avec la vie de cet auteur, par Ch. Dupin; in-8°., 1812, 3 fr.

*Essais sur Démosthènes et sur son éloquence*, contenant la traduction des Olynthiaques, avec le texte en regard, et suivis de considérations sur l'éloquence de l'orateur athénien, in-8°., 1814, 4 fr.

*Lettres à Milady Morgan sur Racine et Shakspeare*, in-8°., 1818, 2 fr. 50 c.

*Observations sur la puissance de l'Angleterre et sur celle de la Russie*, au sujet du parallèle établi par M. de Pradt, entre ces puissances, 2e. édit. Paris, 1824, 1 f. 50 c.

Cet ouvrage s'imprimera par cahiers contenant chacun une leçon, avec la planche de figures relatives à cette leçon :

Les *leçons de Géométrie* formeront un premier volume.

Les *leçons sur les Machines* formeront un second volume.

Les *leçons sur les Forces de l'homme et des animaux*, et sur les Forces matérielles qu'on peut employer dans les arts, formeront un troisième volume.

Le prix de chaque volume, format in-8°., sera de 6 francs, à Paris.

MM. les professeurs de province, par eux-mêmes ou par leurs libraires, peuvent demander ou faire demander un certain nombre d'exemplaires brochés par leçons séparées, pourvu qu'ils fassent souscrire pour autant de volumes complets.

*Dans chaque ville, les élèves de l'industrie auront plus de facilités à se procurer ces leçons, en ne dépensant que 40 centimes à la fois, ou 50 c. franc de port, qu'en dépensant 6 francs par volume, ou 18 francs, prix de l'ouvrage.*

Cet ouvrage ne suppose, chez les personnes qui voudront l'étudier, d'autres connaissances que celle des quatre règles de l'arithmétique.

MM. les chefs d'ateliers et de manufactures, qui voudront propager dans leurs établissemens des connaissances si utiles à la prospérité de leurs travaux, pourront adresser à M. Bachelier, libraire à Paris, quai des Augustins, n°. 55, une souscription pour leurs sous-chefs et leurs meilleurs ouvriers; on leur enverra les leçons à mesure qu'elles paraîtront. Il suffira qu'ils paient d'avance les souscriptions d'un volume.

Les souscripteurs ajouteront 2 francs par volume qu'on devra leur envoyer de Paris, à cause des frais de port, pour les leçons brochées séparément, et 1 fr. 50 cent. seulement par volume broché. On souscrira pour les trois volumes si l'on veut, ou pour un, ou pour deux volumes.

Les souscripteurs de Paris recevront leurs exemplaires à domicile, sans avoir besoin de payer aucune commission

www.ingramcontent.com/pod-product-compliance
Lightning Source LLC
Chambersburg PA
CBHW050149230526
45470CB00001B/24